U0241238

动物
冠状病毒病
DONGWU GUANZHUANG BINGDU BING

刘华雷　主编

中国农业出版社
北　京

图书在版编目（CIP）数据

动物冠状病毒病/刘华雷主编．—北京：中国农业出版社，2021.5
ISBN 978-7-109-28183-7

Ⅰ．①动⋯　Ⅱ．①刘⋯　Ⅲ．①动物病毒—日冕形病毒
Ⅳ．①S852.65

中国版本图书馆 CIP 数据核字（2021）第 079288 号

中国农业出版社出版
地址：北京市朝阳区麦子店街 18 号楼
邮编：100125
责任编辑：刘　玮
版式设计：王　晨　责任校对：周丽芳
印刷：北京通州皇家印刷厂
版次：2021 年 5 月第 1 版
印次：2021 年 5 月北京第 1 次印刷
发行：新华书店北京发行所
开本：787mm×1092mm　1/16
印张：20
字数：450 千字
定价：180.00 元

版权所有·侵权必究
凡购买本社图书，如有印装质量问题，我社负责调换。
服务电话：010-59195115　010-59194918

动物冠状病毒病
DONGWU GUANZHUANG BINGDU BOING

编 审 人 员

主　编　刘华雷

副主编　王楷成　周　斌　崔尚金

编　者　（按姓氏笔画排列）

于晓慧　马静云　王　芳　王玉燕　王素春

王楷成　王静静　朱来华　庄青叶　刘　朔

刘华雷　李　阳　吴发兴　张　锋　张建峰

周　斌　贺文琦　袁丽萍　黄　兵　崔　进

崔尚金　梁瑞英　董雅琴　蒋文明　潘子豪

主　审　王志亮

序

习近平总书记指出，只有构建人类命运共同体才是人间正道。 人类始终与动物和微生物在同一个生态环境中共存，病原微生物可严重影响动物健康，也时刻威胁动物源性食品安全与公共卫生安全。

冠状病毒作为自然界广泛存在的一类病原体，在人和猪、禽、牛、马、犬、猫等多种动物都有特定的冠状病毒种群，有些还是人畜共患的。 很多动物冠状病毒，如鸡传染性支气管病毒、猪流行性腹泻病毒、猫传染性腹膜炎病毒等，仍然在我国呈广泛流行状态，对我国养殖业的健康发展带来巨大影响。 2019 年底新型冠状病毒肺炎 COVID-19 疫情发生后，给全球人类生命健康和社会稳定带来巨大挑战。 截至 2021 年 2 月，疫情已造成全球 1 亿多人感染，死亡人数超过 230 万。 值得注意的是，这种新型冠状病毒还可感染犬、猫、水貂、雪貂等多种宠物和家养动物，甚至在水貂中还引发多起疫情。 另外，狮子、老虎等也有偶发感染的报道。 在全球普遍关注冠状病毒的大背景下，有必要对动物冠状病毒进行系统梳理，分析当前不同动物冠状病毒的流行现状，明晰相关疫病的诊断方法，探讨科学的防控措施，进一步提高对动物冠状病毒危害性的认识。 为此，中国动物卫生与流行病学中心刘华雷研究员组织国内多位从事动物冠状病毒研究的一线专家，系统收集相关领域最新研究进展，结合自身研究成果，精心编写了这部《动物冠状病毒病》学术专著。 书中内容翔实，数据准确，系统阐述了动物冠状病毒病的流行现状、病原学特性、流行病学特点、临床及实验室诊断及防控措施等，力求权威性、科学性、指导性和实用性，必将为广大科研工作者和相关从业人员提供重要的参考资料。

在此，我十分荣幸为本书作序，以表达我心中的祝贺和期许。希望参与编写的专家们能及时跟踪动物冠状病毒的发展动态，不断更新相关领域的研究成果，为我国动物冠状病毒病的防控做出新贡献，努力践行"同一个世界，同一个健康"的伟大梦想。

中国工程院院士 陈焕春

2021 年 3 月

前　言

　　诺贝尔奖获得者 Joshua Lederberg 有一句名言："人类统治地球最大的威胁是病毒"。 在人类社会发展历史上，从天花、大流感、严重急性呼吸综合征，乃至当前全球大流行的新型冠状病毒肺炎，这些由病毒所导致的烈性传染病给全球人类健康带来严重威胁，甚至在一定程度上影响了历史的发展方向。自 2019 年 12 月首次确认一种新型冠状病毒导致人感染肺炎疫情之后，病毒迅速传播，目前在全球 200 多个国家和地区均有分布，累计确诊人数超过 1 亿，死亡人数超过 230 万。 这种新出现的冠状病毒给人类健康带来巨大威胁，严重影响了社会稳定和经济发展。

　　冠状病毒作为自然界广泛存在的一类病原体，具有遗传多样性和宿主多样性。 近年来，随着畜禽养殖模式的不断变化，鸡传染性支气管炎、猪流行性腹泻等传统的动物冠状病毒病呈现出新的流行特点。 此外，还先后发现了猪急性腹泻综合征冠状病毒、猪 δ 冠状病毒等新发动物冠状病毒，给养殖业健康安全带来巨大挑战。 此外，有些动物携带的冠状病毒可以跨物种传播给其他动物，如在我国南方地区出现的猪急性腹泻综合征冠状病毒就是从蝙蝠传播到猪。 有些动物携带的冠状病毒还可以跨物种传播感染人，近年来多种新出现的冠状病毒病，如严重急性呼吸综合征、中东呼吸综合征等，充分证实冠状病毒可在动物与人之间进行传播。 值得注意的是，人感染冠状病毒后，也有可能将病毒传染给动物，如荷兰报道了多起水貂感染新型冠状病毒疫情。

　　因此，在同一健康理念的大背景下，特别是近年来在公共卫生领域和动物卫生领域出现越来越多的新型冠状病毒，使我们认识到有必要对动物冠状病毒进行系统梳理，分析当前不同动物冠状病毒的流行现状，明晰相关疫病的危害及诊断方法，探讨科学的防控措施，以加深广大科技工作者和动物疫病防控技术人员对动物冠状病毒的认识，更好地为我国畜禽冠状病毒病防治提供及时可靠的技术支撑。鉴于此，我们组织国内从事动物冠状病毒研究的相关专家，系统搜集相关领域最新的研究进展，结合编者自身的研究成果，精心编写了《动物冠状病毒病》这部专著。我们相信，本书的出版将对我国动物冠状病毒病的防控起到重要的指导作用。

本书可供科研院所的科研人员、疫病防控机构的专业技术人员、养殖环节的技术管理人员以及第三方检测机构等相关从业人员进行参考，也可作为兽医专业研究生的专题教材。

由于参加编写的专家较多，编写风格不尽相同，加上编者的水平有限，书中难免有疏漏和不当之处，敬请读者不吝赐教，以便再版时予以纠正。

感谢中国农业出版社对本书出版给予的大力支持。

刘华雷

2021 年 3 月

目　录

序
前言

动 物 冠状病毒病 >>>

第一章
冠状病毒总论

　　冠状病毒是一类广泛存在于自然界中的 RNA 病毒。冠状病毒具有宿主多样性，人和多种动物，如猪、牛、羊、禽、犬、猫、鼠、骆驼、蝙蝠、鲸等均可感染，甚至引发严重疾病，严重威胁人类健康和畜牧业生产安全。冠状病毒还具有遗传多样性，容易发生基因重组和变异，导致新亚型或新毒株不断出现，防控难度较大。目前鉴定出的人和动物冠状病毒至少包括 46 个种（species），有的种还包含多个不同的病毒株（strains），如严重急性呼吸综合征相关冠状病毒种（SARSr-CoV）包括分离自人和蝙蝠的几百个已知病毒株。此外，有的冠状病毒可感染多种宿主，如严重急性呼吸综合征冠状病毒（SARS-CoV）除了可以感染人之外，还可感染果子狸、雪貂、恒河猴、猫等多种动物。一种宿主也可感染多种冠状病毒，如目前可感染人的冠状病毒有 7 种，包括引起普通感冒症状的人冠状病毒 229E、NL63、OC43 和 HKU1，以及造成较严重疾病的中东呼吸综合征冠状病毒（MERS-CoV）、严重急性呼吸综合征冠状病毒（SARS-CoV）和 2019 年新出现的新型冠状病毒（2019-nCoV/SARS-CoV-2）。2019 年 12 月以来，湖北省武汉市部分医院陆续发现了多例不明原因肺炎病例，现已证实是由一种新型冠状病毒（SARS-CoV-2/2019-nCoV）引起的急性呼吸道传染病，命名为新型冠状病毒肺炎（Corona virus disease 2019，COVID-19），世界卫生组织（WHO）总干事谭德塞于 2020 年 3 月 11 日正式宣布新型冠状病毒肺炎疫情为全球大流行（Pandemic）。目前已经蔓延至全球 200 多个国家和地区，全球累计确诊病例超过 1 亿人，死亡人数超过 230 万人，平均病死率为 2.2%。新型冠状病毒肺炎疫情发生以来，全球对冠状病毒高度关注。本章对冠状病毒的分类、宿主分布以及病原学研究进展等进行了综述。

第一节　冠状病毒分类

　　冠状病毒在分类地位上属于套式病毒目（*Nidovirales*）、冠状病毒亚目（*Cornidovirineae*）、冠状病毒科（*Coronaviridae*）。2019 年国际病毒学分类委员会（International Committee on Taxonomy of Viruses，ICTV）将冠状病毒科（*Coronaviridae*）分为 *Letovirinae* 病毒亚科和正冠状病毒亚科（*Orthocoronavirinae*）共

2 个亚科（Subfamily）、5 个属（Genus）、26 个亚属（Subgenus）、46 个种（species）。*Letovirinae* 病毒亚科仅包括一个属、一个亚属的一个种，即 *Alphaletovirus* 属、*Milecovirus* 亚属的 *Microhyla letovirus* 1。正冠状病毒亚科则包括 α、β、γ 和 δ 共 4 个属、25 个亚属、45 个种，其中 α、β 冠状病毒属主要感染哺乳动物和人，γ 和 δ 冠状病毒属主要感染禽和猪（图 1-1）。

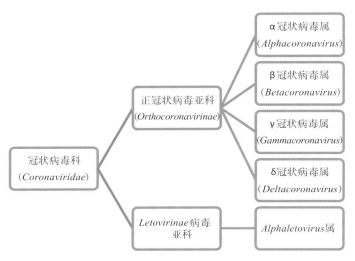

图 1-1　冠状病毒分类

Patrick C. Y. Woo 等采用分子钟分析表明，所有冠状病毒最近的共同祖先估计出现在公元前 8100 年，而 α 冠状病毒、β 冠状病毒、γ 冠状病毒和 δ 冠状病毒则分别出现于公元前 2400 年、3300 年、2800 年和 3000 年。他们推测，蝙蝠冠状病毒是 α 冠状病毒和 β 冠状病毒的基因库，而禽冠状病毒是 γ 冠状病毒和 δ 冠状病毒的基因库，分别推动冠状病毒的进化和传播（图 1-2）[1]。

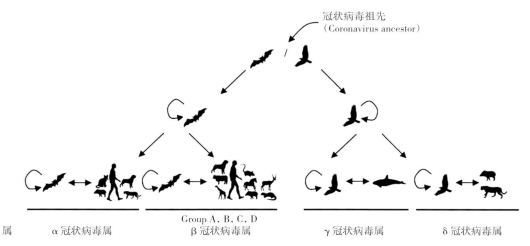

图 1-2　冠状病毒进化模式示意[1]

一、α 冠状病毒属

α 冠状病毒属也称甲型冠状病毒属，可分为 14 个亚属 19 个种，主要感染人和猪、犬、猫、蝙蝠等哺乳动物（详见表 1-1）。有的种还包括多种病毒，如 *Alphacoronavirus 1* 是 α 冠状病毒属的一个种，其成员包括猫冠状病毒、犬冠状病毒和猪传染性胃肠炎病毒等。α 冠状病毒属中对人危害较大的主要包括人冠状病毒 HCoV-229E 和人冠状病毒 HCoV-NL63，这两种病毒是造成人感冒的常见病原体。对动物危害较大的主要包括猪传染性胃肠炎病毒（Transmissible gastroenteritis virus，TGEV）、猪流行性腹泻病毒（Porcine epidemic diarrhea virus，PEDV）、猪呼吸道冠状病毒（Porcine respiratory coronavirus，PRCV）、犬冠状病毒（Canine coronavirus，CCoV）、猫传染性腹膜炎病毒（Feline infectious peritonitis virus，FIPV）、猫肠道冠状病毒（Feline enteric coronavirus，FECV）等。马静云等于 2018 年从广东某猪场发生急性腹泻的病例中分离到一种新的冠状病毒，即猪急性腹泻综合征冠状病毒（Swine acute diarrhoea syndrome coronavirus，SADS-CoV），遗传进化分析表明其属于 HKU2 相关蝙蝠冠状病毒[2]。这种新出现的 SADS-CoV，也有专家称为猪肠道 α 冠状病毒，主要分布在广东、福建等地[3-6]。

表 1-1 α 冠状病毒属的分布

亚属 (Subgenus)	种 (Species)	缩写	代表毒株 (Strain)	GenBank 登录号	基因组长度
Colacovirus	*Bat coronavirus CDPHE15*	BtCoV-CDPHE15	CDPHE15/USA/2006	KF430219	28035
Decacovirus	*Bat coronavirus HKU10*	BtCoV-HKU10	HKU10/175A	JQ989271	28489
	Rhinolophus ferrumequinum alpha-CoV HuB-2013	BtRf-AlphaCoV	BtRf-HuB2013	KJ473807	27608
Duvinacovirus	*Human coronavirus 229E*	HCoV-229E	229E	AF304460	27317
Luchacovirus	*Lucheng Rn rat coronavirus*	LRNV	Lucheng-19	KF294380	28763
Minacovirus	*Mink coronavirus 1*	MCoV	WD1127	HM245925	28941
Minunacovirus	*Miniopterus bat coronavirus 1*	Mi-BatCoV-1A	AFCD62	EU420138	28326
	Miniopterus bat coronavirus HKU8	Mi-BatCoV-HKU8	AFCD77	EU420139	28773
Myotacovirus	*Myotis ricketti alphacoronavirus Sax-2011*	BtMr-AlphaCoV	BtMr-AlphaCoV/SAX2011	KJ473806	27935
Nyctacovirus	*Nyctalus velutinus alphacoronavirus SC-2013*	BtNv-AlphaCoV	BtNv-SC2013	KJ473809	27783
	Pipistrellus kuhlii coronavirus 3398	PK-BatCoV-3398	Bat-CoV/P. kuhlii/Italy/3398-19/2015	MH938449	28128
Pedacovirus	*Porcine epidemic diarrhea virus*	PEDV	CV777	AF353511	28033

（续）

亚属 (Subgenus)	种（Species）	缩写	代表毒株（Strain）	GenBank 登录号	基因组 长度
	Scotophilus bat coronavirus 512	Sc-BatCoV-512	BtCoV/512/2005	NC_009657	28203
Rhinacovirus	*Rhinolophus bat coronavirus HK-U2*	Rh-BatCoV-HKU2	HKU2/HK/46/2006	EF203065	27164
Setracovirus	*Human coronavirus NL63*	HCoV-NL63	Amsterdam I	AY567487	27553
	NL63-related bat coronavirus st-rainX BtKYNL63-9b	BtKYNL63	BtKYNL63-9b	KY073745	28679
Soracovirus	*Sorex araneus coronavirus T14*	Sa-CoV-T14	Common shrew Cov Tibet-2014	KY370053	—
Sunacovirus	*Suncus murinus coronavirus X74*	Sm-CoV-X74	Suncus murinus Cov Xingguo-74	KY967715	—
Tegacovirus	*Alphacoronavirus 1*	TGEV	TGEV	AJ271965	28586

二、β 冠状病毒属

β冠状病毒属也称乙型冠状病毒属，主要包括 5 个亚属 14 个种，主要感染人和牛、马、猪、鼠、蝙蝠等哺乳动物（表 1-2）。有的种包括多种病毒，如牛冠状病毒、人类冠状病毒 OC43、猪凝血性脑脊髓炎病毒等均属于 *Embecovirus* 亚属的 *Betacoronavirus 1* 种。β冠状病毒属中对动物危害较大的冠状病毒主要包括：牛冠状病毒（Bovine coronavirus）、马冠状病毒（Equine coronavirus）、猪血凝性脑脊髓炎病毒（Porcine hemagglutinating encephalomyelitis virus，PHEV）、犬呼吸道冠状病毒（Canine respiratory coronavirus）、小鼠肝炎病毒（MHV）等。对人类健康危害较大的 β 冠状病毒主要包括：人冠状病毒 HKU1、严重急性呼吸综合征冠状病毒（SARS-CoV）、中东呼吸综合征冠状病毒（MERS-CoV）以及近期导致新型冠状病毒肺炎（Coronavirus disease 2019，COVID-19）疫情的新型冠状病毒（SARS-CoV-2）。现有研究证明，SARS-CoV-2 在分类地位上属于 *Sarbecovirus* 亚属的严重急性呼吸综合征相关冠状病毒种（Severe acute respiratory syndrome-related coronavirus，SARSr-CoV），但其致病性、传播方式等与 SARS-CoV 存在明显差异。国际病毒学分类委员会将 2019-nCoV 命名为 SARS-CoV-2。

表 1-2　β冠状病毒属的分布

亚属 (Subgenus)	种（Species）	缩写	代表毒株（Strain）	GenBank 登录号	基因组 长度
Embecovirus	*Betacoronavirus 1*	HCoV-OC43	ATCC VR-759	AY585228	30741
	China Rattus coronavirus HKU24	ChRCoV-HKU24	HKU24-R05005I	KM349742	31249
	Human coronavirus HKU1	HCoV-HKU1	HKU1	AY597011	29926
	Murine coronavirus	MHV	A59	AY700211	31335
	Myodes coronavirus 2JL14	MrufCoV-2JL14	RtMruf-CoV-2/JL2014	KY370046	31393

（续）

亚属 (Subgenus)	种（Species）	缩写	代表毒株（Strain）	GenBank 登录号	基因组 长度
Hibecovirus	Bat Hp-betacoronavirus Zhejiang 2013	Bat-Hp-BetaCoV	Zhejiang2013	KF636752	31491
Merbecovirus	Hedgehog coronavirus 1	EriCoV	EriCoV/2012-174/GER	KC545383	30148
	Middle East respiratory syndrome-related coronavirus	MERS-CoV	HCoV-EMC/2012	JX869059	30119
	Pipistrellus bat coronavirus HKU5	Pi-BatCoV-HKU5	LMH03f	EF065509	30482
	Tylonycteris bat coronavirus HKU4	Ty-BatCoV-HKU4	B04f	EF065505	30286
Nobecovirus	Eidolon bat coronavirus C704	Ei-BatCoV-C704	CMR704-P12	MG693168	28975
	Rousettus bat coronavirus HKU9	Ro-BatCoV-HKU9	BF-005I	EF065513	29114
	Rousettus bat coronavirus GCCDC1	Ro-BatCoV-GCCDC1	GCCDC1 356	KU762338	30161
Sarbecovirus	Severe acute respiratory syndrome-related coronavirus	SARS-CoV	Tor 2	AY274119	29751

三、γ 冠状病毒属

γ冠状病毒属也称丙型冠状病毒属，可分为 Brangacovirus 亚属、Igacovirus 亚属和 Cegacovirus 亚属共 3 个亚属 5 个种（表 1-3），主要感染鸡、火鸡、鸭和鹅等禽类以及白鲸、海豚等水生动物。Brangacovirus 亚属目前只有 1 个种，即鹅冠状病毒 CB17。Igacovirus 亚属包括 3 个种，即禽冠状病毒、禽冠状病毒 9203 和鸭冠状病毒 2714，以鸡传染性支气管炎病毒为代表（Avian infectious bronchitis virus，IBV）。IBV 是世界上首个分离鉴定到的冠状病毒。研究表明，禽冠状病毒具有多样性和宿主特异性，从鸽、鸭、鹅等不同宿主分离到的冠状病毒在基因组上具有明显差异。Cegacovirus 亚属包括 1 个种，即白鲸冠状病毒 SW1（Beluga whale coronavirus，BWCoV）。这种白鲸冠状病毒 SW1 是在 2008 年从一只死亡白鲸的肝脏中检测到的，由于仅检测到病毒的核酸，对于其对水生动物的致病性尚未确定[7]。此外，Patrick C. Y. Woo 等从 3 只宽吻海豚的粪便样品中检测到一种新的 γ 冠状病毒，命名为宽吻海豚冠状病毒 HKU22（Bottlenose dolphin coronavirus，BdCoV）。HKU22 与 SW1 具有类似的基因组特性，基因组大小约为 32 000bp，是所有冠状病毒中基因组最长的。虽然 BdCoV HKU22 和 BWCoV SW1 属于同一个种，但它们的纤突蛋白（Spike）仅有 74.3%～74.7% 的氨基酸同源性[8]。

表 1-3　γ冠状病毒属的分布

亚属 (Subgenus)	种（Species）	缩写	代表毒株（Strain）	GenBank 登录号	基因组 长度
Brangacovirus	Goose coronavirus CB17	BcanCoV-CB17	Cambridge-Bay-2017	MK359255	28539
Cegacovirus	Beluga whale coronavirus SW1	BWCoV	SW1	EU111742	31686

（续）

亚属 (Subgenus)	种（Species）	缩写	代表毒株（Strain）	GenBank 登录号	基因组 长度
Igacovirus	*Avian coronavirus*	IBV	Beaudette	NC-001451	27608
	Avian coronavirus 9203	ACoV-9203	Ind-TN92-03	KR902510	27464
	Duck coronavirus 2714	DuCoV-2714	DK/GD/27/2014	KM454473	27754

四、δ 冠状病毒属

δ 冠状病毒属也称丁型冠状病毒属，主要包括 3 个亚属、7 个种，主要感染野禽、猪（详见表 1-4）。2009 年，Woo 等首次从野鸟中发现了 3 种新型冠状病毒，分别是夜莺冠状病毒（Bulbul coronavirus HKU11）、画眉冠状病毒（Thrush coronavirus HKU12）以及文鸟冠状病毒（Munia coronavirus HKU13），遗传进化分析显示这三种病毒之间同源性较高，且与其他已知冠状病毒基因组差异较大、遗传关系较远，最后确定为第 4 种冠状病毒属——δ 冠状病毒属[9]。随后，Woo 等于 2012 年从猪和野鸟中鉴定出 7 种新的 δ 冠状病毒，分别是猪冠状病毒（Porcine coronavirus HKU15）、绣眼鸟冠状病毒（White-eye coronavirus HKU16）、麻雀冠状病毒（Sparrow coronavirus HKU17）、鹊鸲冠状病毒（Magpie robin coronavirus HKU18）、夜鹭冠状病毒（Night heron coronavirus HKU19）、赤颈鸭冠状病毒（Wigeon coronavirus HKU20）和黑水鸡冠状病毒（Common moorhen coronavirus HKU21）[1]。研究发现，猪 δ 冠状病毒 HKU15 与麻雀冠状病毒 HKU17 非常相近，意味着猪 δ 冠状病毒可能是鸟类冠状病毒跨种传播的结果。试验证实，猪 δ 冠状病毒可以通过鸡胚连续传代，SPF 鸡感染后可出现腹泻症状，在鸡的肺、肾、肠道、泄殖腔等多种组织器官中检测到病毒核酸[10]。因此，猪 δ 冠状病毒具有跨种传播感染禽的能力。Patricia 等也通过试验证实禽可以感染猪 δ 冠状病毒且产生特异性抗体[11]。此外，在亚洲野生豹猫（*Prionailurus bengalensis*）和中国鼬獾（*Chinese ferret badgers*）等体内也检测到新型 δ 冠状病毒[12]。现有研究表明，δ 冠状病毒是冠状病毒中基因组最小的，大小为 25 421～26 674 bp。

表 1-4　δ 冠状病毒属的分布

亚属 (Subgenus)	种（Species）	缩写	代表毒株 （Strain）	GenBank 登录号	基因组 长度
Andecovirus	*Wigeon coronavirus HKU20*	WiCoV-HKU20	HKU20-9243	JQ065048	26227
Buldecovirus	*Bulbul coronavirus HKU11*	BuCoV-HKU11	HKU11-934	FJ376619	26487
	Coronavirus HKU15	PoCoV-HKU15	HKU15-155	JQ065043	25425
	Munia coronavirus HKU13	MuCoV-HKU13	HKU13-3514	FJ376622	26552
	White-eye coronavirus HKU16	WECoV-HKU16	HKU16-6847	JQ065044	26041
	Common moorhen coronavirus HKU21	CMCoV-HKU21	HKU21-8295	JQ065049	26223
Herdecovirus	*Night heron coronavirus HKU19*	NHCoV-HKU19	HKU19-6918	JQ065047	26077

五、*Alphaletovirus* 属

Alphaletovirus 属是 *Letovirinae* 病毒亚科的唯一成员，仅包括 1 个种，即 *Microhyla letovirus* 1（MLeV 1）。近年来随着宏转录组学（Meta-transcriptomics）的不断发展，通过对特定样品的所有 RNA（包括 mRNA 和非编码 RNA）进行分析来发现和鉴定新的物种已经成为一个新的研究热点。随着 RNA 转录组测序和同源分析技术的发展，通过对细胞内总 RNA 库进行深度测序（deep-sequencing）来获得一种生物体完整的感染性 RNA 已经成为可能[13]。*Microhyla letovirus* 1 是从饰纹姬蛙（*Microhyla fissipes*）的总 RNA 库中检测到的（TSA 编号 GECV01031551）。通过对冠状病毒保守的 5 个复制区构建的遗传进化分析发现，*Microhyla letovirus* 1 与冠状病毒科遗传关系较近（图 1-3），与其他已经鉴定的冠状病毒具有一定差异，应属于一个新鉴定的属。Mordecai 等利用宏转录组测序技术从三文鱼体内首次发现了一种太平洋鲑套式病毒（Pacific salmon nidovirus，PsNV），其主要分布在三文鱼的鳃组织。PsNV 在养殖和野生的大鳞大麻哈鱼（Chinook）

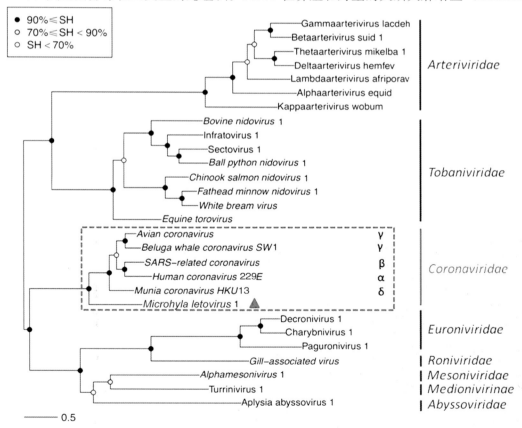

图 1-3 套式病毒遗传进化分析[13]

虚线方框内为冠状病毒科代表株，▲标记为 *Alphaletovirus* 属，其余的属名在虚线方框右侧标出，如 α、β、γ、δ 等

体内也可检测到。PsNV 在遗传进化关系上与 MLeV 较为接近，形成单独分支，与其他已知的冠状病毒差异较大。PsNV 基因组长约 36.7 kb，与正冠状病毒亚科病毒相比，PsNV 多出 LAB1C-like 蛋白，其功能有待进一步研究[14]。

第二节　冠状病毒宿主分布

冠状病毒广泛存在于自然界中，感染宿主范围较广，包括人、脊椎动物和无脊椎动物（详见表 1-5），可导致各种严重程度不一的呼吸系统、肠道、肝脏和神经系统疾病。冠状病毒具有多样性，基因组容易发生变异。多种冠状病毒还可发生跨物种传播，给人类健康和养殖业健康发展带来巨大威胁。

表 1-5　冠状病毒的主要宿主[15]

宿主	属	病毒名称
人	α 冠状病毒属	人冠状病毒 229E（HCoV-229E）、人冠状病毒 NL63（HCoV-NL63）
	β 冠状病毒属	2019 新型冠状病毒（SARS-CoV-2/2019-nCoV）、人冠状病毒 OC43（HCoV-OC43）、人冠状病毒 HKU1（HCoV-HKU1）、严重急性呼吸综合征冠状病毒（SARS-CoV）、中东呼吸综合征冠状病毒（MERS-CoV）
蝙蝠	α 冠状病毒属	长翼蝠冠状病毒 HKU1（Miniopterus bat coronavirus HKU1）、长翼蝠冠状病毒 HKU8（Miniopterus bat coronavirus HKU8）、菊头蝠冠状病毒 HKU2（Rhinolophus bat coronavirus HKU2）、小黄蝠冠状病毒 512（Scotophilus bat coronavirus 512）
	β 冠状病毒属	菊头蝠 SARS 样冠状病毒（Rhinolophus bat SARS-like CoV，SL-CoV-W1V1）、扁颅蝠冠状病毒 HKU4（Tylonycteris bat coronavirus HKU4）、伏翼蝠冠状病毒 HKU5（Pipistrellus bat coronavirus HKU5）、棕果蝠冠状病毒 HKU9（Rousettus Bat coronavirus HKU9）
猪	α 冠状病毒属	猪流行性腹泻病毒（PEDV）、猪呼吸道冠状病毒（PRCV）、猪传染性胃肠炎病毒（TGEV）、猪急性腹泻综合征冠状病毒（SADs-CoV）
	β 冠状病毒属	猪血凝性脑脊髓炎病毒（PHEV）
	δ 冠状病毒属	猪丁型冠状病毒（Porcine delta coronavirus，PDCoV）
牛	β 冠状病毒属	牛冠状病毒（Bovine coronavirus）
犬	α 冠状病毒属	犬冠状病毒（Canine coronavirus）
	β 冠状病毒属	犬呼吸道冠状病毒（Canine respiratory coronavirus）
猫	α 冠状病毒属	猫传染性腹膜炎病毒（FIPV）、猫肠道冠状病毒（FECV）
兔	β 冠状病毒属	兔冠状病毒 HKU14（Rabbit coronavirus HKU14）
马	β 冠状病毒属	马冠状病毒（Equine coronavirus）
鼠	α 冠状病毒属	鹿城褐家鼠冠状病毒（Lucheng Rn rat coronavirus，LRNV）
	β 冠状病毒属	小鼠肝炎病毒（MHV）、大鼠冠状病毒（Rat coronavirus）、鼠涎泪腺炎病毒（Sialo dacryoadenitis coronavirus）、中国鼠冠状病毒 HKU24（China Rattus coronavirus HKU24）、龙泉黑线姬鼠冠状病毒（Longquan Aa mouse coronavirus，LAMV）、龙泉罗赛鼠冠状病毒（Longquan RI rat coronavirus，LRLV）

（续）

宿主	属	病毒名称
水貂	α冠状病毒属	水貂冠状病毒（Mink coronavirus）
雪貂	α冠状病毒属	雪貂冠状病毒（Ferret coronavirus）
臭鼩	α冠状病毒属	文成鼩鼱病毒（Wénchéng shrew virus，WESV）
羊驼	α冠状病毒属	羊驼冠状病毒（Alpaca coronavirus）
骆驼	β冠状病毒属	单峰骆驼冠状病毒（Dromedary camel coronavirus）
黑貂羚羊	β冠状病毒属	黑貂羚羊冠状病毒（Sable antelope coronavirus）
长颈鹿	β冠状病毒属	长颈鹿冠状病毒（Giraffe coronavirus）
家禽	γ冠状病毒属	鸡传染性支气管炎病毒（IBV）、火鸡冠状病毒（Turkey coronavirus）、鸭冠状病毒（Duck coronavirus）、鹅冠状病毒（Goose coronavirus）、鸽冠状病毒（Pigeon coronavirus）
野禽	δ冠状病毒属	夜莺冠状病毒HKU11（Bulbul coronavirus HKU11）、文鸟冠状病毒HKU13（Munia coronavirus HKU13）、画眉冠状病毒HKU12（Thrush coronavirus HKU12）、鸟嘴海雀冠状病毒（Puffinosis coronavirus）
亚洲豹猫	δ冠状病毒属	亚洲豹猫冠状病毒（Asian leopard cats coronavirus，ALCCoV）
中国鼬獾	δ冠状病毒属	中国鼬獾冠状病毒（Chinese ferret badgers coronavirus，CFBCoV）
白鲸	γ冠状病毒属	白鲸冠状病毒SW1（Beluga whale coronavirus SW1）
宽吻海豚	γ冠状病毒属	宽吻海豚冠状病毒HKU22（Bottlenose dolphin coronavirus HKU22）

一、人冠状病毒

自 1965 年分离出人冠状病毒至今，共发现了 7 种冠状病毒可导致人感染发病，分别为 HCoV-OC43、HCoV-229E、SARS-CoV、HCoV-NL63、HCoV-HKU1、MERS-CoV 和 SARS-CoV-2（表 1-6）。其中人冠状病毒 229E 和 NL63 在分类地位上属于 α 冠状病毒属的成员，其余的 5 种人冠状病毒属于 β 冠状病毒属的成员（图 1-4）。HCoV-OC43、HCoV-229E、HCoV-NL63 和 HCoV-HKU1 主要引起相对温和的急性上呼吸道感染，多数患者为轻、中度，预后良好。而 SARS-CoV、MERS-CoV 和 SARS-CoV-2 多引起较为严重的下呼吸道病症。研究显示，所有 7 种人冠状病毒均系由动物传染给人的，其中 SARS-CoV、MERS-CoV、HCoV-NL63、HCoV-229E 和 SARS-CoV-2 可能来源于蝙蝠，而 HCoV-OC43 和 HCoV-HKU1 则可能与啮齿类动物有关[16,17]。家养动物可能是重要的中间宿主，将病毒从自然宿主传染给人（图 1-5）。

表 1-6 7 种人冠状病毒特性

病毒	发现时间	属	可能宿主	病毒受体	病死率	目前流行
HCoV-229E	1966	α冠状病毒属	蹄蝠	APN	低	是
HCoV-OC43	1967	β冠状病毒属	鼠/牛	乙酰神经氨酸	低	是

（续）

病毒	发现时间	属	可能宿主	病毒受体	病死率	目前流行
SARS-CoV	2003	β冠状病毒属	菊头蝠	ACE2	约10%	否
HCoV-NL63	2003	α冠状病毒属	蝙蝠	ACE2	低	是
HCoV-HUK1	2004	β冠状病毒属	蝙蝠	未知	低	是
MERS-CoV	2012	β冠状病毒属	埃及墓蝠	DDP4	约40%	是
2019n-CoV	2019	β冠状病毒属	未知	ACE2	低	是

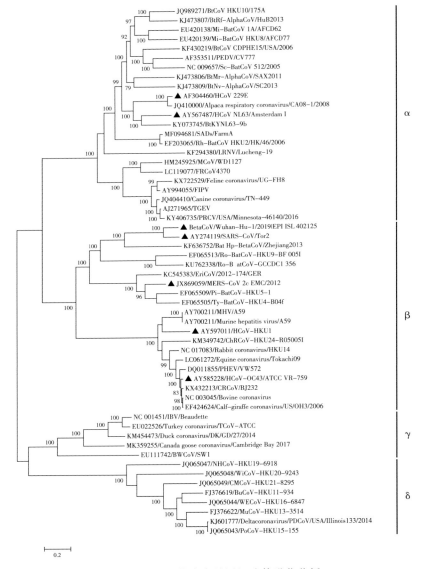

图 1-4 人冠状病毒基因组遗传进化分析

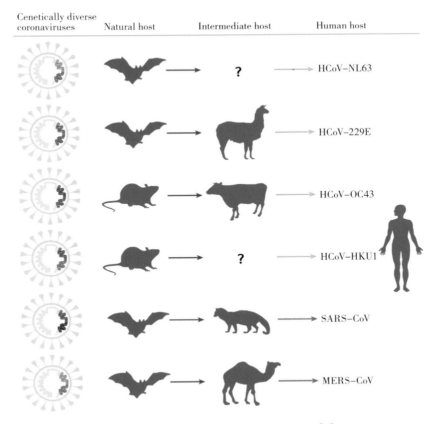

图 1-5　六种人冠状病毒的可能来源分析[16]

1. 人冠状病毒 229E（HCoV-229E）

Tyrrel 等于 1965 年从普通感冒患者体内分离到一种病毒，随后 Hamre 等用人胚肾细胞分离到类似的病毒，命名为 229E。HCoV-229E 是轻度呼吸道疾病的主要原因，主要定位在人呼吸道上皮最表层。基因组分析显示，HCoV-229E 与从非洲加纳蝙蝠体内分离到的冠状病毒具有共同的祖先，大约形成于公元 1686—1800 年[18]。肯尼亚蝙蝠冠状病毒监测项目发现了 16 种 229E 样冠状病毒，进一步证实了非洲蹄蝠冠状病毒与 HCoV-229E 具有共同的祖先[19]。分析表明，骆驼可能是 HCoV-229E 从蝙蝠传播到人的中间宿主[20]。

2. 人冠状病毒 OC43（HCoV-OC43）

人冠状病毒 HCoV-OC43 最早于 1967 年从美国一名上呼吸道感染患者鼻咽分泌物中分离获得[21]。HCoV-OC43 是目前引起人普通感冒的常见病原体之一，有 15％～25％的感冒是由 HCoV-OC43 引起的。正常人在感染 HCoV-OC43 后仅出现普通感冒症状，但免疫功能低下的人群则可能出现严重的下呼吸道感染。基因组分析显示，HCoV-OC43 与牛冠状病毒同源性最高，分子钟分析显示两者具有共同的祖先，大约形成于 1890 年[22]。

3. 严重急性呼吸综合征冠状病毒（SARS- CoV）

严重急性呼吸综合征冠状病毒（Severe acute respiratory syndrome coronavirus，SARS- CoV）是 21 世纪以来第一个造成全球大流行的新型病毒，于 2002 年首次在中国广东省出现，以不明原因肺炎为主要特征，主要传播方式为近距离飞沫传播或接触患者呼吸道分泌物。本病最初被称为"非典型肺炎"，后来 WHO 根据疾病的严重程度命名为"严重急性呼吸综合征"。2002 年底，本病迅速扩散到全球 29 个国家和地区，2002—2003 年共造成全球 8 096 人感染，774 人死亡，病死率高达 9.6%，给经济社会和人类健康造成严重影响。2004 年之后没有人感染并造成传播和流行的报道。流行病学调查显示，SARS-CoV 通过中间宿主果子狸传染给人，其原始宿主可能是菊头蝠。最新的研究证实，SARS-CoV 是蝙蝠 SARS 相关冠状病毒（SARS-Related coronavirus，SARSr-CoV）重组形成的一种新病毒[23]。有研究表明，SARS-CoV 也可以感染猫和雪貂[24]。

4. 人冠状病毒 NL63（HCoV-NL63）

人冠状病毒 NL63（HCoV-NL63）系 2003 年从一名荷兰 7 月龄支气管炎患儿鼻咽抽出物分离到的，且从其余的临床样品中也检测到 7 份 HCoV-NL63 阳性[25]。Fouchier 等同时报道了从 1988 年采集的荷兰 8 月龄肺炎患者鼻拭子样品中分离到类似的病毒 HCoV-NL，通过对 139 份不明原因呼吸道疾病患者样品进行 HCoV-NL 检测，结果发现 4 份阳性[26]。随后相继在全球多个国家检测到这种病毒，目前呈全球分布[27]。HCoV-NL63 主要感染婴幼儿及免疫功能低下或缺陷的成人，既能感染上呼吸道，引起发热、咳嗽等普通感冒症状，又能感染下呼吸道，引起支气管炎、肺炎等急性呼吸道症状。分子钟分析显示，HCoV-NL63 与从北美三色蝙蝠（*Perimyotis subflavus*）检测到的一种新 α 冠状病毒具有共同的祖先，推测 HCoV-NL63 可能来源于蝙蝠，在 563～822 年前跨种传播给人[28]。最新的研究推测可能是由两种蝙蝠源 NL63 样病毒重组而来[19]。

5. 人冠状病毒 HKU1（HCoV-HKU1）

人冠状病毒 HKU1（HCoV-HKU1）系香港大学 Patrick C. Y. Woo 等于 2005 年从一名 71 岁肺炎患者鼻咽抽吸物中首先发现的[29]。回顾性研究发现，巴西在 1995 年保存的儿童鼻咽拭子中检出 HCoV-HKU1[30]。HCoV-HKU1 在人群中的感染率明显低于其他呼吸道冠状病毒，易感染有基础疾病尤其是呼吸系统和心血管系统基础疾病的患者。主要通过呼吸道分泌物进行传播，冬春多发，在世界范围内普遍存在。基因组分析显示，HKU1 多个基因与小鼠肝炎病毒（Murine hepatitis virus）遗传关系较为接近，可能经过重组进化而来[31]。

6. 中东呼吸综合征冠状病毒（MERS-CoV）

中东呼吸综合征是由 MERS-CoV 感染而引起的病毒性呼吸道疾病，可引发多种严重的并发症，病死率高。2012 年在沙特阿拉伯首次被发现，随后传播到全球其他国家。截至 2019 年 11 月，已造成 2 494 人感染，858 人死亡，病死率高达 34.4%，波及 28 个国家和地区。目前本病仍在中东部分地区呈散发流行。2015 年，中国报道 1 例来自韩国的输入性中东呼吸综合征病例。本病主要通过飞沫经呼吸道传播，也可通过密切接触患者的分泌物或排泄物而传播。流行病学调查显示，单峰骆驼可能为本病的中间宿主，从单峰骆驼体内分离到的 MERS-CoV 与人源的 MERS-CoV 几乎完全一样。研究表明，MERS-CoV 特异性抗体在中东、非洲和南亚的单峰骆驼中普遍存在[16]。基因组分析显示，MERS-CoV 与扁颅蝠冠状病毒 HKU4 和伏翼蝠冠状病毒 HKU5 遗传关系最为接近，至少已经从 14 种蝙蝠中检测到 MERS 相关冠状病毒（MERS-related coronavirus），因此推测病毒可能来源于蝙蝠[32]。从 1983 年采集的骆驼血清样品中检测出 MERS-CoV 抗体，说明骆驼中 MERS-CoV 感染至少已经持续了 30 年，从蝙蝠到单峰骆驼的跨种传播在 30 年前就已经发生了[33]。

7. 新型冠状病毒（2019-nCoV/SARS-CoV-2）

新型冠状病毒肺炎（Corona virus disease 2019，COVID-19）是由一种新型冠状病毒（2019-nCoV）引起的呼吸道传染病，以发热、乏力、干咳为主要表现，多数患者预后良好，少数患者病情危重，甚至死亡。主要通过呼吸道飞沫传播和密切接触传播。本病最初称为 Novel coronavirus pneumonia，WHO 后来命名为 "COVID-19"（Corona virus disease 2019）。WHO 于 2020 年 3 月 11 日正式宣布新型冠状病毒已造成全球大流行（Pandemic）。截至 2021 年 2 月，疫情造成超过 1 亿人感染，导致 230 多万人死亡。病毒遗传进化分析表明，2019-nCoV 与云南中菊头蝠冠状病毒分离株 RaTG13 基因组同源性为 96.2%，遗传关系最近[17]。与 SARS-CoV 基因组同源性为 79.9%，基因特征有明显区别。国际病毒分类委员会（ICTV）将新型冠状病毒命名为 SARS-CoV-2[34]。动物感染试验证实，SARS-CoV-2 在犬、猪、鸡和鸭复制能力很弱，但在雪貂和猫的呼吸系统和消化系统能高效复制，且猫感染后可通过空气传播，部分猫感染后可导致严重发病甚至死亡[35]。荷兰报道了多起养殖的水貂感染新型冠状病毒并引发疫情[36]。此外，也有犬、猫等宠物感染 SARS-CoV-2 的报道[37,38]。美国还向世界动物卫生组织（OIE）通报了动物园饲养的狮子、老虎等大型猫科动物感染新型冠状病毒的个案。

二、猪冠状病毒

目前已经鉴定出 6 种猪冠状病毒，包括 4 种 α 冠状病毒，即猪传染性胃肠炎病毒（TGEV）、猪呼吸道冠状病毒（PRCV）、猪流行性腹泻病毒（PEDV）、猪急性腹泻综合征冠状病毒（SADS-CoV），1 种 β 冠状病毒，即猪血凝性脑脊髓炎病毒（PHEV），一种

δ冠状病毒，即猪丁型冠状病毒（PDCoV）（表1-7）。遗传进化分析显示，PEDV和SADS-CoV可能来源于蝙蝠的冠状病毒，而PDCoV则可能来源于鸟类，再次证实了冠状病毒跨种传播的重要意义（图1-6）。

表1-7　6种猪冠状病毒特性

病毒	发现时间	属	传播方式	组织嗜性	受体	疫苗
猪传染性胃肠炎病毒	1946	α冠状病毒属	粪-口传播	消化系统	APN	有
猪血凝性脑脊髓炎病毒	1962	β冠状病毒属	气溶胶	神经系统		无
猪流行性腹泻病毒	1971	α冠状病毒属	粪-口传播	消化系统	APN	有
猪呼吸道冠状病毒	1984	α冠状病毒属	气溶胶传播	呼吸系统	APN	无
猪丁型冠状病毒	2014	δ冠状病毒属	粪-口传播	消化系统	APN	无
猪急性腹泻综合征冠状病毒	2018	α冠状病毒属	粪-口传播	消化系统		无

1. 猪流行性腹泻病毒

猪流行性腹泻（Porcine epidemic diarrhea，PED）是由猪流行性腹泻病毒（Porcine epidemic diarrhea virus，PEDV）感染引起的一种高度接触性肠道传染病，以呕吐、急性水样腹泻、脱水和体重减轻为特征。该病最早于20世纪70年代初在英国首次报道，随后于1977年首次分离到病毒。PEDV仅有一个血清型。我国于1973年首次报道疑似发生该病，1984年首次分离到病毒，随后证实该病在我国呈点状散发或地方性流行。2010年底我国南方地区开始大面积暴发该病，并迅速波及全国，呈现高发病率和高死亡率的特征，给养猪业造成了极大的经济损失[39]。本病的潜伏期一般为5～8d，所有年龄的猪均可感染，但感染猪发病的严重程度和死亡率与猪的年龄成反比，7日龄以内的哺乳仔猪发病率和病死率可高达100%。粪-口传播是本病传播的主要途径，目前采用的疫苗包括灭活疫苗和弱毒苗。PEDV仅感染猪，对公共卫生没有影响。

2. 猪传染性胃肠炎病毒

猪传染性胃肠炎（Transmissible gastroenteritis，TGE）是由猪传染性胃肠炎病毒（Transmissible gastroenteritis virus，TGEV）感染引起的一种急性、高度接触性肠道传染病，以引起仔猪呕吐、严重腹泻和高死亡率为特征，具有明显的季节性，一般在冬季流行。本病于1946年首次在美国发生，目前在全球大多数国家都有发生和流行的报道。TGEV可在猪小肠内繁殖，损害小肠上皮细胞，使肠绒毛萎缩并引起肠炎，引起不同年龄猪腹泻和呕吐，对新生仔猪的致死率最高。潜伏期短，一般为1～3d，可很快波及全群，《OIE陆生动物卫生法典》将本病感染期定为40d。TGEV和PEDV经常混合感染，因此需要鉴别诊断[40]。猪是TGEV自然感染的唯一宿主，目前还没有人感染的报道。

3. 猪呼吸道冠状病毒

猪呼吸道冠状病毒（Porcine respiratory coronavirus，PRCV）是猪传染性胃肠炎病

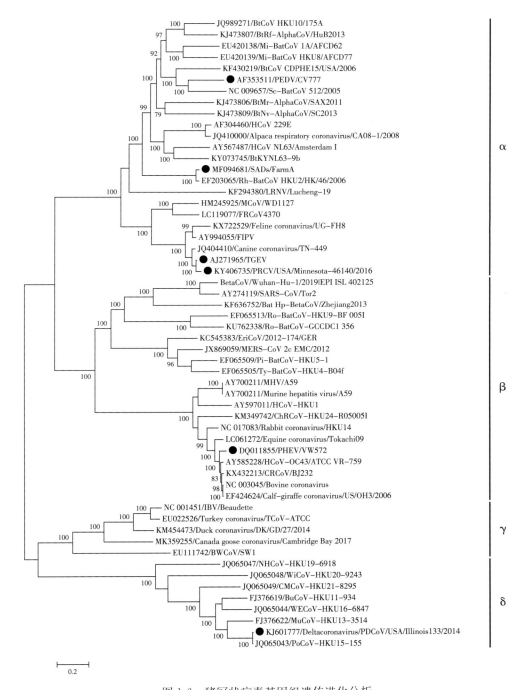

图 1-6　猪冠状病毒基因组遗传进化分析

毒的变种。PRCV 是在欧洲屠宰猪血清调查及世界贸易中发现的，于 1984 年首次从比利时分离到，随后在欧洲多个国家迅速蔓延，目前本病在亚洲、欧洲和北美洲等很多地区已成为地方流行性疫病。PRCV 可通过空气或相互接触而感染所有年龄的猪。PRCV 感染大多数呈呼吸道亚临床症状，临床上以精神沉郁、厌食、咳嗽和呼吸困难等为主要特征。发病猪和带毒猪是主要的传染源。PRCV 所引起的临床症状还与其他细菌或病毒混合感染有关。猪是 PRCV 自然感染的唯一宿主，目前还没有人感染的报道。

4. 猪血凝性脑脊髓炎病毒

猪血凝性脑脊髓炎（Porcine hemagglutinating encephalomyelitis，PHE）是由猪血凝性脑脊髓炎病毒（Porcine hemagglutinating encephalomyelitis virus，PHEV）感染引起的猪的一种急性、高度传染性疾病，以呕吐、消瘦、衰弱和中枢神经系统障碍为主要特征。1962 年首次从加拿大患脑脊髓炎的哺乳仔猪脑组织中分离到[41]。猪感染 PHEV 较为普遍，在全球多个国家呈地方性流行。PHEV 主要在呼吸道中复制，通常呈现亚临床感染或导致温和型症状，疾病的严重程度与感染猪的年龄和病毒毒力有关。PHEV 可通过口、鼻分泌物排出，通过直接接触或空气传播。PHEV 仅有一个血清型，猪是自然感染的唯一宿主，对公共卫生无严重威胁。

5. 猪丁型冠状病毒

猪丁型冠状病毒（Porcine delta coronavirus，PDCoV）也称猪 δ 冠状病毒，是一种新发现的猪 δ 冠状病毒，临床以急性水样腹泻、呕吐和脱水等为特征，发病率和死亡率可高达 50%～100%，尤其以哺乳阶段仔猪发病最为严重。2012 年从猪的样品中检测出猪丁型冠状病毒 HKU15，这是首次在猪体内检测到 δ 冠状病毒的报道，随后在美国[42,43]、韩国[44]、中国[45]、泰国[46]、越南、老挝[47]、日本[48]、加拿大[49]、墨西哥[50]等多个国家相继发现了猪 δ 冠状病毒的流行。国内首次证实在 2012 年四川就有猪 δ 冠状病毒的流行[51]。回顾性研究发现，安徽在 2004 年可能就存在猪 δ 冠状病毒的流行[52]。目前猪是 PDCoV 自然感染的唯一宿主，还没有人感染的报道。

6. 猪急性腹泻综合征冠状病毒

猪急性腹泻综合征冠状病毒（Swine acute diarrhea syndrome coronavirus，SADS-CoV），也称猪肠道 α 冠状病毒（Swine enteric alphacoronavirus，SeA-CoV）（Porcine enteric alphacoronavirus，PEAV），是 2017 年首次在广东出现的一种新型猪 α 冠状病毒，能引发严重的猪急性腹泻综合征，以急性腹泻、急性呕吐和仔猪急性死亡为特征，5 日龄内新生仔猪死淘率可达 90% 以上[2,5,6]。基因组分析显示，这种新出现的病毒与蝙蝠冠状病毒 HKU2 基因组同源性为 95%，与 2016 年从马蹄蝠（Rhinolophus spp.）中分离到的冠状病毒基因组同源性高达 98.48%，推测这种新型病毒可能来源于蝙蝠[2]。2018 年从福建也分离到类似的变异株[4]，2019 年广东再次发生[53]。通过对与发病猪密切接触的 35 名饲养员进行检测，没有发现人感染证据，证实这种病毒可能不具有感染人的能力。回顾性调查发现，这种新型 SADS-CoV 至少在 2016 年就在广东的部分猪场流行[53]。在广东地区先后有多次类似的研究报道，证实本病在当地呈现流行趋势[3,5,6]。

三、禽冠状病毒

禽冠状病毒包括禽 γ 冠状病毒和禽 δ 冠状病毒。其中禽 γ 冠状病毒以鸡传染性支气管炎病毒为代表，主要是从鸡、火鸡、鸭、鹅、鸽等家禽中分离到的，而禽 δ 冠状病毒则主要是从野鸟中分离到的。近年来的监测表明，禽冠状病毒具有遗传多样性，越来越多的新型禽冠状病毒不断被发现，尤其是从野鸟中分离得到的冠状病毒越来越多。从不同宿主分离到的禽冠状病毒具有一定的遗传差异性。

1. 鸡传染性支气管炎病毒

鸡传染性支气管炎（Infectious bronchitis，IB）是由鸡传染性支气管炎病毒（Infectious bronchitis virus，IBV）引起的一种急性、高度接触性的呼吸道传染病。1931年本病首先报道于美国，1937 年正式分离到病毒。目前该病广泛流行于世界各地，是严重危害养禽业的一种重大传染病。IBV 主要感染鸡，不同年龄、性别和品种的鸡均易感，但主要侵害 1～4 周龄的仔鸡。IBV 基因组容易发生点突变、插入、缺失和同源重组等多种突变，新的变异株不断出现，造成 IBV 基因型众多，已经报道的血清型超过 30 种，不同血清型、基因型之间交叉保护效果弱。中国首例鸡传染性支气管炎病禽于 1972 年出现于广东。先后将病毒分为嗜肾型、嗜输卵管型、嗜腺胃型及嗜肠型。目前国内流行的基因型以 QX 型为主（GI-19），其次为 4/91 型（GI-13），还存在 TW 型（GI-7）等其他基因型[54]。国内 QX 型（GI-19）最早于 1996 年从青岛分离获得，推测可能来源于韩国。4/91 型（GI-13）最早于 1991 年在欧洲出现，2000 年前后传入我国。目前国内常用的活疫苗包括 H120、H52、Ma5、M41、28/86、W93 等 Mass 血清型，以及肾型 LDT3-A 和4/91 型疫苗 NNA 株[55]。2018 年，农业部批准了国内首个 QX 型活疫苗 QXL87 株。

2. 火鸡冠状病毒

火鸡蓝冠病（Bluecomb）是由火鸡冠状病毒（Turkey coronavirus，ToV）引起的火鸡的一种急性、高度传染性疾病。该病于 1951 年始发于美国，此后加拿大和澳大利亚也有该病的报道。1971 年首次分离到病毒，1973 年确定为火鸡冠状病毒[56]。火鸡蓝冠病主要侵害 7～28 日龄的雏火鸡，临床上以食欲不振、羽毛蓬乱、剧烈腹泻、体重降低、发育受阻甚至停止生长为特征。我国于 2003 年首次分离到火鸡冠状病毒[57]。

3. 其他禽冠状病毒

近年来通过主动监测，先后从鸭[58]、鹅[59]、鸽[60]等家禽体内分离出多种不同的禽冠状病毒，尽管在分类地位上与 IBV 同属于 γ 冠状病毒属，但遗传学上具有较大的差异性。此外，从野禽中也分离到大量冠状病毒，如夜莺冠状病毒（Bulbul coronavirus HKU11）、画眉冠状病毒（Thrush coronavirus HKU12）、文鸟冠状病毒（Munia coronavirus HKU13）、绣眼鸟冠状病毒（White-eye coronavirus HKU16）、麻雀冠状病毒（Sparrow coronavirus HKU17)、鹊鸲冠状病毒（Magpie robin coronavirus HKU18）、夜鹭冠状病毒（Night heron coronavirus HKU19）、赤颈鸭冠状病毒（Wigeon coronavirus HKU20）和黑水鸡冠状病毒（Common moorhen coronavirus HKU21）等，这些野禽源的冠状病毒均属于 δ 冠状病毒属[1,9]。

四、蝙蝠冠状病毒

蝙蝠是属于脊索动物门、哺乳纲、翼手目（Order Chiroptera）的一类动物，是哺乳动物中唯一能够真正飞行的兽类。蝙蝠具有生态学多样性，翼手目可以分为两个亚目：大蝙蝠亚目（食果蝠）和小蝙蝠亚目（食虫蝠），超过 1 300 种。蝙蝠分布很广，除南极、北极和某些大洋岛屿外，东西半球均有分布，以热带和亚热带地区种类和数量最多。蝙蝠是狂犬病病毒、马尔堡病毒、尼帕病毒、亨德拉病毒等多种人类病毒的储存宿主，同时也是 SARS-CoV、MERS-CoV、PEDV、SADs-CoV 等多种冠状病毒的储存宿主。蝙蝠可以自然感染或人工感染多种冠状病毒，但不表现明显的临床症状。许多人和动物的冠状病毒证实来源于不同种类的蝙蝠。随着高通量测序技术（Next generation sequencing，NGS）的应用和野生动物监测频率的增加，越来越多的新冠状病毒被鉴定出来。到目前为止，已经从蝙蝠中鉴定出 200 多种新冠状病毒，从蝙蝠中测定的病毒中大约有 35％ 为冠状病毒[61]。蝙蝠源冠状病毒大多属于 α 冠状病毒属和 β 冠状病毒属。导致人和动物严重疾病的蝙蝠源冠状病毒详见表 1-8。由于人类活动的扩张和生态系统的变化，人与野生动物接触的机会越来越多，新发人畜共患病毒出现的风险增加，对公共卫生和动物健康造成严重威胁。需要加强对新型冠状病毒的监测和跨种传播机制研究，提高对潜在疫病流行风险的预警能力。

表 1-8　人和动物常见冠状病毒与蝙蝠之间的关系[62]

冠状病毒	感染宿主	病毒属	中间宿主	原始宿主	蝙蝠源类似病毒
PEDV	猪	α 冠状病毒属	未知	高头蝠	BtCoV/512/05
SADs-CoV	猪	α 冠状病毒属	未知	菊头蝠	HKU2-CoV
SARS-CoV	人	β 冠状病毒属	果子狸/浣熊	菊头蝠	SARSr-CoV
MERS-CoV	人	β 冠状病毒属	单峰骆驼	埃及墓蝠/小鼠尾蝠/白边油蝠	BatCoV Rhhar/Pikuh/taper

五、牛冠状病毒

牛冠状病毒（Bovine coronavirus，BCoV）是牛的一种致病性病毒，可引起新生犊牛腹泻，也可引起成年牛冬季血痢及呼吸道感染。BCoV 属于冠状病毒科 β 冠状病毒属 *Embecovirus* 亚属 *Betacoronavirus* 1 的成员。牛冠状病毒于 1971 年首次发现于美国，目前呈全球分布。病牛与带毒牛是主要的传染源，主要通过消化道传播，也可经呼吸道传播，根据临床表现可分为肠炎型和呼吸道型。肉牛、奶牛和牦牛等不同品种的牛均可感染。不同年龄的牛均易感，但 1～2 周犊牛多发，潜伏期为 1～2d。成年牛冬季可发生血痢，常呈急性发生，发病率高达 50%～100%，但死亡率较低。临床上常与牛轮状病毒、细小病毒、大肠杆菌等混合感染。临床无有效治疗方法，尚无有效的疫苗。调查显示，我国牛冠状病毒血清阳性率高，病原分布广泛，近年来在奶牛中还发现了血凝素酯酶蛋白（Hemagglutinin-esterase，HE）重组变异株的流行[63]。

六、 犬冠状病毒

目前的研究证实，感染犬的冠状病毒主要包括犬冠状病毒（Canine coronavirus，CCoV）和犬呼吸道冠状病毒（Canine respiratory coronavirus，CRCoV）。

1. 犬冠状病毒

犬冠状病毒于 1971 年首次从德国发生腹泻的军犬中分离到，在分类地位上属于 α 冠状病毒属的成员。犬科动物感染后产生胃肠炎为主的临床症状，以呕吐、腹泻、脱水等为特征。一年四季均可发生，冬季发病率较高。各种品种和年龄的犬均易感，其中 6～12 周龄幼犬最易感，幼龄犬发病率和死亡率较高。犬冠状病毒主要感染犬科动物，也可发生跨种感染，如水貂等多种特种经济动物，以及大熊猫、虎和狮子等动物也可感染。主要经消化道传播。自然感染潜伏期为 1～3d，人工感染潜伏期为 1～2d。犬冠状病毒可分为两种基因型，即 CCoV-Ⅰ 和 CCoV-Ⅱ，呈全球分布，近年来在欧洲还出现了高致病性的变异株，即泛嗜性冠状病毒（Pantropic canine coronavirus）[64]。我国在 1985 年首次证实有犬冠状病毒的流行[65]，1996 年首次成功分离到病毒[66]。

2. 犬呼吸道冠状病毒

2003 年从英国的流浪动物中心首次检测到犬呼吸道冠状病毒 CRCoV[67]。此后该病毒在世界各国广泛流行[68,69]。犬呼吸道冠状病毒属于 β 冠状病毒属 *Betacoronavirus* 1 种的成员，与牛冠状病毒 BCoV 和人冠状病毒 OC43 同源性较高，与临床上较为常见的犬冠状病毒同源性低。研究证实，牛冠状病毒对犬也有感染性，有研究认为犬呼吸道冠状病毒是牛冠状病毒跨种传播到犬之后突变形成的[70]。鉴于 CRCoV 和 BCoV、HCoV-OC43、PHEV（猪血凝性脑脊髓炎病毒）同源性较高，推测这四种病毒可能具有共同的祖先[71]。CRCoV 常见于犬传染性呼吸道疾病的早期，主要侵害上呼吸道并引起轻度呼吸道症状，在临床上易与其他呼吸道病原体混合感染。该病毒最常存在于气管和咽扁桃体，主要通过呼吸道传播。目前尚无针对犬呼吸道冠状病毒的疫苗。调查显示，CRCoV 在我国犬中具有较高的流行率，且与犬瘟热病毒等混合感染较为普遍[72]。近年来还有 CRCoV 与 BCoV 发生重组的报道，证实了 β 冠状病毒种内重组的存在[73]。

3. 其他冠状病毒

最近有研究表明，新型冠状病毒 SARS-CoV-2 可感染犬，但犬不表现特征性的临床症状[35,37]。血管紧张素转化酶 2（ACE2）是 SARS-CoV-2 的受体，而犬 ACE-2 与人的类似，因此犬具有感染 SARS-CoV-2 的可能性。

七、 猫冠状病毒

猫冠状病毒（Feline coronavirus，FCoV）在分类地位上属于冠状病毒科 α 冠状病毒属，与犬冠状病毒和猪传染性胃肠炎病毒同属于 *Alphacoronavirus* 1 种。FCoV 是猫体内普遍存在的病原体，可分为两种血清型，即 Ⅰ 型和 Ⅱ 型。根据致病性差异分为猫肠道冠状病毒（Feline enteric coronavirus，FECV）和猫传染性腹膜炎病毒（Feline infectious peritonitis virus，FIPV）。这两种病毒在生物学特性上有所不同，但在形态和抗原性方面相同，FIPV 可能是 FECV 的突变株，这两种不同致病性的病毒均存在 Ⅰ 和 Ⅱ 型血清型。有研究认为，猫冠状病毒与犬冠状病毒可能具有共同的祖先，一方面经过逐步进化形成了血清 Ⅰ 型，另外经过与未知冠状病毒 S 基因重组突变形成了血清 Ⅱ 型，猪传染性胃肠炎病毒则是从 Ⅱ 型不断进化而来的，猪传染性胃肠炎病毒的 S 基因部分缺失后即形成了猪呼吸道冠状病毒[74]（图 1-7）。本病呈世界分布，无明显季节性。不同品种、年龄的猫均易感。猫肠道冠状病毒感染一般仅引起轻微的肠炎症状，部分幼猫表现轻微腹泻，少数病例可出现呕吐症状。猫肠道冠状病毒主要危害断奶后幼猫，初期多数呈亚临床感染，数天后可发生轻度腹泻和呕吐、厌食等；猫传染性腹膜炎病毒能引起致死性的腹膜炎，猫在感染初期表现为发热、食欲不振等，随后出现典型症状，可表现为有大量腹水的渗出型（又称湿性腹膜炎）和胸腹腔无渗出液、临床无特异性的非渗出型（又称

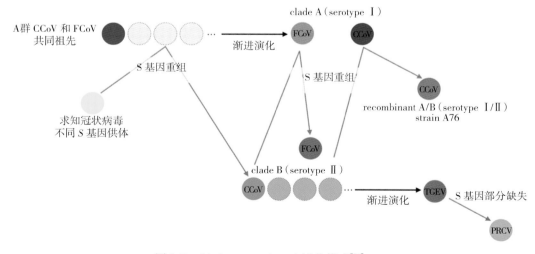

图 1-7 *Alphacoronavirus* 1 进化模式[74]

干性腹膜炎）。此外，猫冠状病毒不仅可感染猫，也可感染虎、狮、豹等大型猫科动物，死亡率较高。

之前已经有研究证实，SARS-CoV 可以感染家猫和雪貂[24]。最近有研究证实，猫可被新型冠状病毒（SARS-CoV-2）感染，且可以将病毒传播给其他猫[35,38]。需要关注的是，目前猫感染新型冠状病毒主要是与新冠病毒确诊患者接触导致的，因此猫在暴露于感染新冠病毒的人群时，具有感染风险。对于新冠肺炎确诊患者，应尽量避免与猫接触，同时减少猫与其他人和动物的接触。目前没有猫将新型冠状病毒传染给人的报道。此外，还有亚洲野生豹猫感染 δ 冠状病毒的报道[12]。

八、 马冠状病毒

马冠状病毒（Equine coronavirus，ECoV）在分类地位上属于冠状病毒科 β 冠状病毒属 *Embecovirus* 亚属的成员，可导致马产生以腹泻、发热和淋巴组织病变为特征的肠道感染。1975 年从美国发病的新生幼驹中首次分离到病毒，1983 年从严重腹泻的病马分离到病毒[75]。ECoV 主要通过消化道传播，各种年龄和品种的马均易感，但主要危害幼驹，成年马则以隐性感染为主。但近年来在美国、日本等成年马中也有发病报道，成年马感染后也可产生发热、腹泻等症状[76]。此外，也有从马鼻腔分泌物中检出 ECoV 的报道[77]。目前在美国、日本、法国、英国、爱尔兰、沙特、阿曼等地均有本病的流行[78-80]。我国尚未有马冠状病毒感染的报道。目前没有可用的疫苗。

九、 鼠冠状病毒

鼠等啮齿类动物是冠状病毒重要的宿主。能感染鼠的冠状病毒主要包括感染小鼠的小鼠肝炎病毒（Mouse hepatitis virus，MHV）和感染大鼠的大鼠冠状病毒（Rat coronavirus，RCoV）以及大鼠涎泪腺炎病毒（Sialo dacryoadenitis coronavirus，SDAV）等。这三种病毒均属于 β 冠状病毒属 *Embecovirus* 亚属的成员，都是我国 SPF 级实验动物标准中需要排除的病原。此外，有研究证实，鼠也可以感染鹿城褐家鼠冠状病毒（Lucheng Rn rat coronavirus，LRNV）等 α 冠状病毒。

1. 小鼠肝炎病毒

小鼠肝炎病毒于 1949 年首次从小鼠中枢神经系统中分离到，呈世界分布，我国于 1979 年首次从裸鼠中分离到。小鼠肝炎病毒可分为呼吸株（Respiratory）和嗜肠株（Enterotropic）两类。通常情况下，小鼠大多呈隐性感染，只有在某些应激状态下才出现急性发病和死亡，以肝炎、脑炎和肠炎为特征。一年四季均可发生，但冬春多发。主要经口和呼吸道传播，也可垂直传播。现在小鼠肝炎病毒已经成为研究冠状病毒常用的模式病毒。

2. 大鼠冠状病毒

大鼠冠状病毒与小鼠肝炎病毒抗原性密切相关，可引起大鼠呼吸道和肺部炎症。大鼠为大鼠冠状病毒的自然宿主，不同年龄和品种的大鼠均易感，其中新生大鼠最易感，病死率较高。大鼠冠状病毒传染性较强，感染后发病急，传播迅速，病程可持续7d左右。成年大鼠一般具有抵抗力，发病轻微或呈现隐性感染。

3. 大鼠涎泪腺炎病毒

大鼠涎泪腺炎病毒与大鼠冠状病毒形态和理化特性相同，抗原性一致，但致病性和组织亲嗜性不同。大鼠涎泪腺炎病毒主要侵害大鼠的唾液腺和泪腺，引发急性炎症，特别是颌下腺和包括内眼角的哈德氏腺在内的泪腺。大鼠感染后唾液腺肿胀，颈部变粗，可持续3~7d，食欲减退，体重减轻，雌鼠性周期显著紊乱，有时幼鼠可见明显的眼炎症状。剖检可见唾液腺周围明胶样水肿和哈德氏腺肿胀。常表现为一过性，恢复较快，无需治疗。

4. 其他鼠冠状病毒

近年来在浙江省龙泉市和温州市鹿城区的褐家鼠中发现了一种新型冠状病毒，命名为鹿城褐家鼠冠状病毒（Lucheng Rn rat coronavirus，LRNV），遗传进化分析显示这种病毒属于α冠状病毒属 *Luchacovirus* 亚属[81]。此外，还鉴定出两种β冠状病毒属的龙泉黑线姬鼠冠状病毒（Longquan Aa mouse coronavirus，LAMV）、龙泉罗赛鼠冠状病毒（Longquan Rl rat coronavirus，LRLV）。

十、 其他动物冠状病毒

近年来还有兔[82]、水貂[83]、羊驼[84]、长颈鹿[85]、臭鼬[86]、中国鼬獾[12]等陆生动物以及白鲸[7]和宽吻海豚[8]等水生动物感染冠状病毒的报道。冠状病毒宿主分布广泛，以及自身基因组易变的特征使得新的亚型和新的病毒不断出现，冠状病毒跨种传播可能会长期存在。建立包括野生动物在内的监测体系，不断强化主动监测，加强病原生态学和分子流行病学研究，开展公共卫生风险预警评估，为保障养殖业健康安全和公共卫生安全奠定基础。

第三节 冠状病毒病原学

一、病毒的形态结构

冠状病毒粒子在电镜下呈球形，表面具有囊膜，病毒粒子直径大小为100~160 nm。囊膜内含有一条单股正链RNA。病毒颗粒中的核衣壳蛋白（Nucleocapsid protein，N）

是一种磷酸化蛋白，形成的螺旋衣壳与基因组 RNA 组成核糖核蛋白复合体（核衣壳）。冠状病毒的囊膜中至少包括 3 种蛋白：纤突蛋白（Spike protein，S），为Ⅰ型糖蛋白，能够在病毒粒子表面形成包膜突起，在电镜下具有冠状病毒典型的形态特征（图 1-8）；膜蛋白（Member protein，M），是一种 3 次跨膜的蛋白；小膜蛋白（Envelop protein，E），是一种疏水蛋白。有些 β 冠状病毒具有一个额外的膜蛋白，即血凝素酯酶（Hemagglutinin-esterase，HE），为非必需蛋白，推测有助于病毒侵入，与病毒的致病性有关。

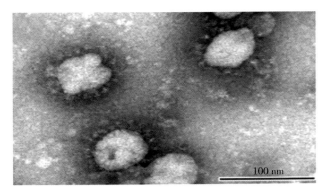

图 1-8 典型冠状病毒的电镜照片（SARS-CoV）[87]

二、病毒的基因组

冠状病毒基因组为单股正链 RNA，大小为 27～32 kb，是已知 RNA 病毒中基因组最大的病毒。病毒基因组 5′端有甲基化帽子结构，3′端有 poly（A）尾，可以作为 mRNA 直接被宿主核糖体识别。基因组 5′端为 65～98nt 的前导序列（Leader sequence），前导序列之后为一段 200～400nt 的非翻译区（Untranslated region，UTR），与基因组包装信号有关。3′端也有一段 300～500nt 的 UTR。两端的 UTR 均对冠状病毒基因组复制具有关键作用。冠状病毒共有的基因组特征包括：①基因组结构较为保守，在结构基因和辅助基因之前是一个大的复制酶基因；②通过核糖体移码可表达多种非结构基因；③大的复制酶-转录酶多聚蛋白基因表达多种酶活性；④下游基因的表达是通过合成 3′嵌套亚基因组 mRNA 来实现的。基因组 5′端 2/3 部分编码多聚蛋白 1a 和 1ab，随后被裂解成 16 种非结构蛋白，与病毒的复制和转录有关。3′端 1/3 基因组编码结构蛋白，包括纤突蛋白 S、小膜蛋白 E、膜蛋白 M 和核衣壳 N。有的 β 冠状病毒还包括一个额外的结构蛋白，即血凝素酯酶（Hemagglutinin-esterase，HE）。冠状病毒都额外编码一些独特的非必需蛋白（Nonessential protein），现命名为辅助蛋白（Accessory protein）。辅助蛋白基因散布于结构蛋白基因之间，不同冠状病毒的辅助蛋白数量、长度、顺序和表达方式具有明显差异。冠状病毒的基因组结构为 5′-UTR-ORF1ab-（HE）-S-E-M-N-3′-UTR-poly（A）（图 1-9）。

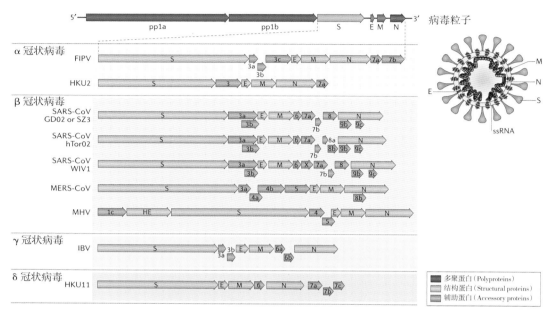

图 1-9　不同冠状病毒的基因组、基因和蛋白[16]

三、病毒主要结构蛋白及其功能

1. 纤突蛋白（Spike protein，S）

S 蛋白为 I 型糖蛋白，构成冠状病毒颗粒的囊膜突起。S 蛋白含有多种抗原表位，包括中和性抗原表位。大部分冠状病毒的 S 蛋白在加工过程中可裂解为两个亚单位，即 S1 和 S2。S1 的氨基端形成病毒粒子的头部，前 330 氨基酸的位置包含受体结合域（Receptor binding domain，RBD）。S1 是决定病毒抗原性和诱导中和抗体的重要蛋白。S2 形成可固定在膜上的棒状结构，包含 2 个或 3 个七氨基酸重复区域形成的膜融合区。S1 与受体结合后，导致 S1 和 S2 之间的结合力减弱，S1 和 S2 分离，从而暴露出 S2 的 3 个螺旋，使其可以穿过宿主细胞膜，进而使病毒外壳膜和细胞膜发生融合。不同冠状病毒 S 蛋白基本结构相似（图 1-10）。冠状病毒通过 S 蛋白与特定的细胞受体结合，在病毒感染过程、细胞间传播、决定组织嗜性和致病性等方面具有重要作用。目前鉴定出的冠状病毒受体包括：氨基肽酶 N（Aminopeptidase N，APN）、癌胚抗原相关细胞黏附分子（Carcino-embryonic antigen related cellular adhesion molecule，CEACAM）、血管紧张素转化酶 2（Angiotension-Converting enzyme 2，ACE2）、丝氨酸蛋白酶（Dipeptidyl peptidase 4，DPP4）等。冠状病毒可以通过 S 蛋白的突变或与其他毒株重组获得与新的宿主受体结合的能力，从而发生组织或宿主嗜性的改变。冠状病毒受体特异性的改变决定了病毒的进化方向和跨种间的传播。

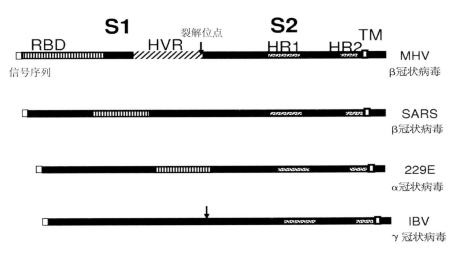

图 1-10　冠状病毒 S 蛋白模式图[88]

2. 膜蛋白（Member protein，M）

M 蛋白是一种糖基化的基质蛋白，在病毒颗粒中数量最多，从 N 端到 C 端依次为信号肽、膜外区、跨膜区、极性区和胞外区 5 个功能区。其中 C 端的亲水区位于病毒粒子内部，与病毒核衣壳相互作用，对于维持核心结构起关键作用。M 蛋白与 S、E 和 N 蛋白相互作用形成复合体，共同组装成病毒颗粒。在病毒装配期间，M 蛋白将核衣壳连接到囊膜上，参与病毒囊膜的形成，M 蛋白在病毒的组装和出芽过程中起着重要作用。此外，M 蛋白还可影响病毒与宿主的相互作用。

3. 核衣壳蛋白（Nucleocapsid protein，N）

N 蛋白是一种磷酸化蛋白，是病毒主要的结构蛋白，与病毒 RNA 稳定结合形成核衣壳，参与病毒基因组的转录和翻译，从而影响病毒的复制效率。N 蛋白除了可与病毒基因组 RNA 特异性结合之外，也可与 M、E 等结构蛋白相互作用，因此在病毒粒子组装过程中起着关键作用。N 蛋白具有 N1 和 N2 两个表位，N1 可刺激宿主产生高亲和力的抗体，但没有中和活性。

4. 小膜蛋白（Envelop protein，E）

E 蛋白是病毒粒子囊膜的组成成分，包含一个单一疏水结构域（HD）和一个跨膜 α螺旋结构域（ETM），在病毒组装及病毒感染方面具有重要功能。E 蛋白具有离子通道活性，对形成五聚体高级结构也具有重要作用。E 蛋白还与病毒和宿主的相互作用有关，是病毒的毒力因子之一。

5. 血凝素酯酶（Hemagglutinin-esterase protein，HE）

HE 蛋白是具有血凝特性的冠状病毒所特有的一种糖蛋白，构成第二类纤突，长度小于 S 蛋白的囊膜突起。HE 蛋白仅存在于一些 β 冠状病毒的囊膜上。HE 蛋白可能与病毒吸附有关，能够引起红细胞凝集并具有乙酰酯酶的活性。

四、病毒的复制

冠状病毒的复制周期包括吸附和侵入、复制酶表达、基因组复制和 mRNA 转录以及病毒装配和释放等过程（图 1-11）[89]。

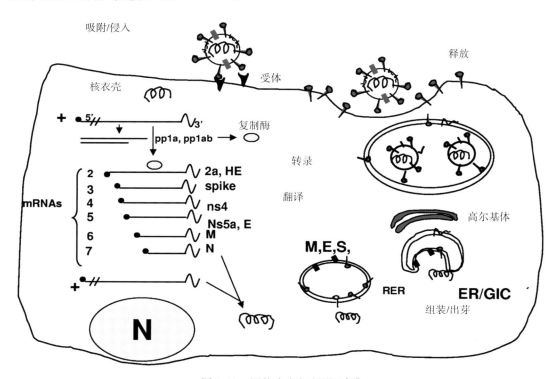

图 1-11 冠状病毒复制模式[88]

RER（Rough endoplasmic reticulum）粗面内质网；

ER/GIC（Endoplasmic reticulum/Golgi intermediate compartment）内质网/高尔基体中间体

1. 吸附和侵入（Attachment and Entry）

冠状病毒通过 S 蛋白与特定的靶细胞受体结合启动病毒吸附。不同冠状病毒 S1 受体结合域的位置不同，有的冠状病毒（如 MHV）位于 S1 的 N 端，有的（如 SARS-CoV）在 S1 的 C 端。S 蛋白和受体的相互作用是冠状病毒组织嗜性的主要决定因素。许多冠状病毒以肽酶作为细胞受体。例如，α 冠状病毒以氨基肽酶 N（APN）作为受体，MHV 通过癌胚抗原相关细胞黏附分子（CEACAM）进入细胞，MERS-CoV 与丝氨酸蛋白酶 4（DPP4）结合进入细胞等。在与受体结合后，病毒必须进入宿主细胞基质。这通常是通过 pH 依赖的 S 蛋白裂解、病毒囊膜与宿主细胞膜融合来完成的。S 蛋白裂解发生在 S2 的两个位点，第一步是分离 S 蛋白的 RBD 和融合肽，第二步是暴露融合肽（裂解在

S2′）。融合可以发生在细胞质膜，也可以先通过受体介导的内吞作用形成内体（Endosome），然后在细胞内发生病毒囊膜与内体膜融合。通过内体途径膜融合的机制分为单纯酸性诱导的膜融合以及酸性环境兼蛋白酶共同诱导的膜融合两种类型。病毒和宿主细胞融合后，最终将病毒的基因组释放到宿主细胞的细胞质中。

2. 复制酶表达（Replicase protein expression）

病毒进入宿主细胞后，病毒基因组 RNA 能够被宿主核糖体识别，复制酶基因开始翻译。复制酶基因编码两个大的阅读框（ORF），即 ORF 1a 和 ORF 1b，翻译成 1a 和 1ab 两种蛋白，其中 1ab 通过核糖体移码机制进行翻译。多聚蛋白 1a 和 1ab 分别包括 NSP1～NSP11 和 NSP1～NSP16 等非结构蛋白。这些多聚蛋白随后裂解成各种非结构蛋白。冠状病毒编码 2 个或 3 个蛋白酶来裂解复制酶多聚蛋白，包括 Nsp3 编码的木瓜样蛋白酶（PL^{pro}或 PLP）、Nsp5 编码的主蛋白酶（M^{pro}）。大多数冠状病毒编码 2 个木瓜样蛋白酶，而 SARS-CoV、MERS-CoV 和 γ 冠状病毒仅表达 1 个木瓜样蛋白酶。木瓜样蛋白酶负责裂解 Nsp1/2、Nsp2/3 和 Nsp3/4，主蛋白酶负责其余的 11 个非结构蛋白裂解。16 种非结构蛋白中大部分蛋白在复制中的功能已经明确，但仍有少部分不清楚（表 1-9）[90]。随后，多种非结构蛋白组装形成复制转录酶复合体（Replicase-transcriptase complex，RTC），产生适合 RNA 合成的环境，负责 RNA 复制和亚基因组 RNA 的转录。

表 1-9　冠状病毒 16 种非结构蛋白及其功能

非结构蛋白	功能
Nsp1	细胞的 mRNA 降解，抑制干扰素信号
Nsp2	未知
Nsp3	木瓜样蛋白酶（PL^{pro}），多肽裂解，封闭宿主启动免疫应答，促进细胞因子表达
Nsp4	形成双层膜囊泡结构（Double membrane vesicle，DMV）
Nsp5	3-胰凝乳蛋白酶样蛋白酶（3-chymotrypsin-like protease，3CL^{pro}），主蛋白酶（Main protease，M^{pro}），多肽裂解，抑制干扰素信号
Nsp6	抑制自噬体延伸（autophagosome expansion），DMV 形成
Nsp7	Nsp8 和 Nsp12 的辅助因子
Nsp8	Nsp7 和 Nsp12 的辅助因子，引发酶（Primase）
Nsp9	二聚化（Dimerization）和 RNA 结合
Nsp10	Nsp14 和 Nsp16 的支架蛋白
Nsp11	未知
Nsp12	RNA 依赖的 RNA 聚合酶（RNA-dependent RNA polymerase，RdRp）

（续）

非结构蛋白	功能
Nsp13	RNA 解旋酶，5′三磷酸酯酶
Nsp14	核糖核酸外切酶，N7 甲基转移酶
Nsp15	核糖核酸内切酶，逃避双链 RNA 传感器
Nsp16	2′-O-甲基转移酶（2′-O-methyltransferase，2′-O-MTase）；避免黑色素瘤分化相关基因 5（MDA5）识别，负向调节天然免疫

3. 基因组复制和 mRNA 转录

病毒复制酶复合体翻译和组装后，病毒 RNA 开始合成。RTC 在复制酶的作用下以基因组 RNA 为模板合成一系列负链 RNA。负链 RNA 作为模板合成新的基因组 RNA 和亚基因组正链 RNA，其中基因组 RNA 进入新的基因组复制循环，而亚基因组 RNA 作为 mRNA 被宿主核糖体识别，合成非结构蛋白之外的病毒蛋白（N、M、E、S、HE 等）。所有亚基因组正链 RNA 和全长基因组共有 3′末端，因此形成一组套式 RNA。基因组 RNA 和亚基因组 RNA 都是通过负链中间体产生的（Negative-strand intermediates）。负链中间体浓度较低，仅为其正链的 1%，包括 poly（U）和 Anti-leader 序列。每个 mRNA 在其 5′端具有一段引导序列（75～78nt），用于调控亚基因组 mRNA 的转录。亚基因组负链 RNA 通过不连续转录进行合成，随后其可作为 mRNA 合成的模板。通常情况下，仅由 5′端 ORF 的单个 mRNA 翻译成病毒蛋白，而其下游 ORF 的翻译则是由内源性核糖体进入位点（IRES）介导的。

4. 组装和释放

在基因组复制和亚基因组 RNA 合成之后，病毒结构蛋白 S、E 和 M 进行翻译并进入内质网。这些蛋白沿着分泌途径进入内质网/高尔基体中间体（ER/GIC），病毒基因组被 N 蛋白衣壳化之后出芽到包含病毒结构蛋白的 ER/GIC 膜上，最终形成成熟的病毒粒子。M 蛋白介导的蛋白-蛋白相互作用是冠状病毒组装必需的。在组装完成后，病毒粒子被转运到细胞表面，形成出芽小泡，最终从细胞表面释放。

五、病毒的变异

冠状病毒基于自身基因组特点呈现出多样性，一是冠状病毒作为 RNA 病毒，其 RNA 依赖的 RNA 聚合酶（RNA-dependent RNA polymerase，RdRp）具有较低的忠实性，在复制过程中极易发生点突变，在每轮复制循环过程中基因组突变率为1/10 000～1/1 000，这也是其基因组呈现多样性的主要原因；二是冠状病毒在基因组复制过程中存在一个复制中间体，即先以正链为模板合成一条全长负链，然后再以负链为模板合成正链，这使得冠状病毒在复制过程中发生基因重组的概率大大增加，从而导致新的冠状病毒不断出现；三是冠状病毒作为目前已知基因组最大的RNA病毒，本身为基因组的加工和修饰过程增加了不稳定性。冠状病毒广泛的宿主范围为其跨种传播提供了条件。

▶ **主要参考文献**

[1] Woo P. C.，Lau S. K.，Lam C. S.，et al. Discovery of seven novel mammalian and avian coronaviruses in the genus deltacoronavirus supports bat coronaviruses as the gene source of alphacoronavirus and betacoronavirus and avian coronaviruses as the gene source of gammacoronavirus and deltacoronavirus [J]. J Virol，2012，86（7）：3995-4008.

[2] Zhou P.，Fan H.，Lan T.，et al. Fatal swine acute diarrhoea syndrome caused by an HKU2-related coronavirus of bat origin [J]. Nature，2018，556（7700）：255-258.

[3] 贺东生，李锦辉，刘博闻，等. 华南猪群猪急性腹泻综合征的诊断和病原鉴定 [J]. 猪业科学，2018，35（10）：80-82.

[4] Li K.，Li H.，Bi Z.，et al. Complete genome sequence of a novel swine acute diarrhea syndrome coronavirus，CH/FJWT/2018，isolated in Fujian，China，in 2018 [J]. Microbiol Resour Announc，2018，7（22）.

[5] Pan Y.，Tian X.，Qin P.，et al. Discovery of a novel swine enteric alphacoronavirus（SeACoV）in Southern China [J]. Vet Microbiol，2017，211：15-21.

[6] Gong L.，Li J.，Zhou Q.，et al. A new bat-HKU2-like coronavirus in swine，China，2017 [J]. Emerg Infect Dis，2017，23（9）.

[7] Mihindukulasuriya K. A.，Wu G.，St Leger J.，et al. Identification of a novel coronavirus from a beluga whale by using a panviral microarray [J]. J Virol，2008，82（10）：5084-5088.

[8] Woo P. C.，Lau S. K.，Lam C. S.，et al. Discovery of a novel bottlenose dolphin coronavirus reveals a distinct species of marine mammal coronavirus in gammacoronavirus [J]. J Virol，2014，88（2）：1318-1331.

[9] Woo P. C.，Lau S. K.，Lam C. S.，et al. Comparative analysis of complete genome sequences of three avian coronaviruses reveals a novel group 3c coronavirus [J]. J Virol，2009，83（2）：908-917.

[10] Liang Q.，Zhang H.，Li B.，et al. Susceptibility of chickens to porcine deltacoronavirus infection [J]. Viruses，2019，11（6）：573.

[11] Patricia A. B.，Moyasar A. A.，Geoffrey L.，et al. Porcine deltacoronavirus infection and transmission in poultry，United States [J]. Emerging Infectious Disease Journal，2020，26（2）：255.

[12] Dong B. Q.，Liu W.，Fan X. H.，et al. Detection of a novel and highly divergent coronavirus from asian leopard cats and Chinese ferret badgers in Southern China [J]. J Virol，2007，81（13）：

6920-6926.

[13] Bukhari K.，Mulley G.，Gulyaeva A. A.，et al. Description and initial characterization of metatranscriptomic nidovirus-like genomes from the proposed new family *Abyssoviridae*，and from a sister group to the coronavirinae，the proposed genus alphaletovirus [J]．Virology，2018，524：160-171.

[14] Mordecai G. J.，Miller K. M.，Di Cicco E.，et al. Endangered wild salmon infected by newly discovered viruses [J]．Elife，2019，8：e47615.

[15] 王楷宬，庄青叶，李阳，等．新型冠状病毒 2019-nCoV 与动物冠状病毒进化关系分析[J]．中国动物检疫，2020，37（3）：3-12.

[16] Cui J.，Li F. and Shi Z. L. Origin and evolution of pathogenic coronaviruses [J]．Nat Rev Microbiol，2019，17（3）：181-192.

[17] Zhou P.，Yang X. L.，Wang X. G.，et al. A pneumonia outbreak associated with a new coronavirus of probable bat origin [J]．Nature，2020，579（7798）：270-273.

[18] Pfefferle S.，Oppong S.，Drexler J. F.，et al. Distant relatives of severe acute respiratory syndrome coronavirus and close relatives of human coronavirus 229E in bats，Ghana [J]．Emerg Infect Dis，2009，15（9）：1377-1384.

[19] Tao Y.，Shi M.，Chommanard C.，et al. Surveillance of bat coronaviruses in kenya Identifies relatives of human coronaviruses NL63 and 229E and their recombination history [J]．J Virol，2017，91（5）：e01953-16.

[20] Corman V. M.，Eckerle I.，Memish Z. A.，et al. Link of a ubiquitous human coronavirus to dromedary camels [J]．Proc Natl Acad Sci USA，2016，113（35）：9864-9869.

[21] McIntosh K.，Becker W. B.，Chanock R. M. Growth in suckling-mouse brain of "IBV-like" viruses from patients with upper respiratory tract disease [J]．Proc Natl Acad Sci USA，1967，58（6）：2268-2273.

[22] Vijgen L.，Keyaerts E.，Moes E.，et al. Complete genomic sequence of human coronavirus OC43：molecular clock analysis suggests a relatively recent zoonotic coronavirus transmission event [J]．J Virol，2005，79（3）：1595-1604.

[23] Hu B.，Zeng L. P.，Yang X. L.，et al. Discovery of a rich gene pool of bat SARS-related coronaviruses provides new insights into the origin of SARS coronavirus [J]．PLoS Pathog，2017，13（11）：e1006698.

[24] Martina B. E.，Haagmans B. L.，Kuiken T.，et al. Virology：SARS virus infection of cats and ferrets [J]．Nature，2003，425（6961）：915.

[25] van der Hoek L.，Pyrc K.，Jebbink M. F.，et al. Identification of a new human coronavirus [J]．Nat Med，2004，10（4）：368-373.

[26] Fouchier R. A.，Hartwig N. G.，Bestebroer T. M.，et al. A previously undescribed coronavirus associated with respiratory disease in humans [J]．Proc Natl Acad Sci USA，2004，101（16）：

6212-6216.

［27］ Fielding B. C. Human coronavirus NL63：a clinically important virus？［J］. Future Microbiol，2011，
6（2）：153-159.

［28］ Huynh J.，Li S.，Yount B.，et al. Evidence supporting a zoonotic origin of human coronavirus
strain NL63［J］. J Virol，2012，86（23）：12816-12825.

［29］ Woo P. C.，Lau S. K.，Chu C. M.，et al. Characterization and complete genome sequence of a novel
coronavirus，coronavirus HKU1，from patients with pneumonia［J］. J Virol，2005，79（2）：
884-895.

［30］ Goes L. G.，Durigon E. L.，Campos A. A.，et al. Coronavirus HKU1 in children，Brazil，1995
［J］. Emerg Infect Dis，2011，17（6）：1147-1148.

［31］ Woo P. C.，Lau S. K.，Huang Y.，et al. Phylogenetic and recombination analysis of coronavirus
HKU1，a novel coronavirus from patients with pneumonia［J］. Arch Virol，2005，150（11）：
2299-2311.

［32］ Lau S. K.，Li K. S.，Tsang A. K.，et al. Genetic characterization of betacoronavirus lineage C
viruses in bats reveals marked sequence divergence in the spike protein of pipistrellus bat coronavirus
HKU5 in Japanese pipistrelle：implications for the origin of the novel Middle East respiratory
syndrome coronavirus［J］. J Virol，2013，87（15）：8638-8650.

［33］ Muller M. A.，Corman V. M.，Jores J.，et al. MERS coronavirus neutralizing antibodies in camels，
Eastern Africa，1983-1997［J］. Emerg Infect Dis，2014，20（12）：2093-2095.

［34］ Coronaviridae Study Group of the International Committee on Taxonomy of V. The species severe
acute respiratory syndrome-related coronavirus：classifying 2019-nCoV and naming it SARS-CoV-2
［J］. Nat Microbiol，2020，5（4）：536-544.

［35］ Shi J.，Wen Z.，Zhong G.，et al. Susceptibility of ferrets，cats，dogs，and other domesticated
animals to SARS-coronavirus 2［J］. Science，2020，368（6494）：1016-1020.

［36］ Oreshkova N.，Molenaar R. J.，Vreman S.，et al. SARS-CoV-2 infection in farmed minks，the
Netherlands，April and May 2020［J］. Euro Surveill，2020，25（23）：2001005.

［37］ Sit T. H. C.，Brackman C. J.，Ip S. M.，et al. Infection of dogs with SARS-CoV-2［J］. Nature，
2020，586（7831）：776-778.

［38］ Halfmann P. J.，Hatta M.，Chiba S.，et al. Transmission of SARS-CoV-2 in domestic cats［J］. N
Engl J Med，2020，383（6）：592-594.

［39］ Sun R. Q.，Cai R. J.，Chen Y. Q.，et al. Outbreak of porcine epidemic diarrhea in suckling piglets，
China［J］. Emerg Infect Dis，2012，18（1）：161-163.

［40］ Kim S. Y.，Song D. S. and Park B. K. Differential detection of transmissible gastroenteritis virus and
porcine epidemic diarrhea virus by duplex RT-PCR［J］. J Vet Diagn Invest，2001，13（6）：
516-520.

［41］ Greig A. S.，Mitchell D.，Corner A. H.，et al. A hemagglutinating virus producing encephalomyelitis in baby pigs [J]. Can J Comp Med Vet Sci, 1962, 26 (3): 49-56.

[42] Marthaler D., Jiang Y., Collins J., et al. Complete genome sequence of strain SDCV/USA/ Illinois121/2014, a porcine deltacoronavirus from the United States [J]. Genome Announc, 2014, 2 (2): e00218-14.

[43] Marthaler D., Raymond L., Jiang Y., et al. Rapid detection, complete genome sequencing, and phylogenetic analysis of porcine deltacoronavirus [J]. Emerg Infect Dis, 2014, 20 (8): 1347-1350.

[44] Lee S., Lee C. Complete genome characterization of Korean porcine deltacoronavirus strain KOR/ KNU14-04/2014 [J]. Genome Announc, 2014, 2 (6): e01191-14.

[45] Song D., Zhou X., Peng Q., et al. Newly emerged porcine deltacoronavirus associated with diarrhoea in swine in China: Identification, prevalence and full-length genome sequence analysis [J]. Transbound Emerg Dis, 2015, 62 (6): 575-580.

[46] Janetanakit T., Lumyai M., Bunpapong N., et al. Porcine deltacoronavirus, Thailand, 2015 [J]. Emerg Infect Dis, 2016, 22 (4): 757-759.

[47] Lorsirigool A., Saeng-Chuto K., Temeeyasen G., et al. The first detection and full-length genome sequence of porcine deltacoronavirus isolated in Lao PDR [J]. Arch Virol, 2016, 161 (10): 2909-2911.

[48] Suzuki T., Hayakawa J., Ohashi S. Complete genome characterization of the porcine deltacoronavirus HKD/JPN/2016, isolated in Japan, 2016 [J]. Genome Announc, 2017, 5 (34): e00795-17.

[49] Ajayi T., Dara R., Misener M., et al. Herd-level prevalence and incidence of porcine epidemic diarrhoea virus (PEDV) and porcine deltacoronavirus (PDCoV) in swine herds in Ontario, Canada [J]. Transbound Emerg Dis, 2018, 65 (5): 1197-1207.

[50] Perez-Rivera C., Ramirez-Mendoza H., Mendoza-Elvira S., et al. First report and phylogenetic analysis of porcine deltacoronavirus in Mexico [J]. Transbound Emerg Dis, 2019, 66 (4): 1436-1441.

[51] Wang Y. W., Yue H., Fang W., et al. Complete genome sequence of porcine deltacoronavirus strain CH/Sichuan/S27/2012 from Mainland China [J]. Genome Announc, 2015, 3 (5): e00945-15.

[52] Dong N., Fang L., Zeng S., et al. Porcine deltacoronavirus in Mainland China [J]. Emerg Infect Dis, 2015, 21 (12): 2254-2255.

[53] Zhou L., Sun Y., Lan T., et al. Retrospective detection and phylogenetic analysis of swine acute diarrhoea syndrome coronavirus in pigs in Southern China [J]. Transbound Emerg Dis, 2019, 66 (2): 687-695.

[54] Xu L., Han Z., Jiang L., et al. Genetic diversity of avian infectious bronchitis virus in China in recent years [J]. Infect Genet Evol, 2018, 66: 82-94.

[55] 黄梦姣，张芸，薛春宜，等. 应对日益严峻的挑战：中国禽传染性支气管炎研究[J]. 微生物学通

报，2019，46（7）：1837-1849.

［56］ Ritchie A. E., Deshmukh D. R., Larsen C. T., et al. Electron microscopy of coronavirus-like particles characteristic of turkey bluecomb disease［J］. Avian Dis，1973，17（3）：546-558.

［57］ 杨仉生，赵立红，乔健，等. 火鸡冠状病毒的分离和初步鉴定［J］.畜牧兽医学报，2006（11）：1241-1244.

［58］ Zhuang Q. Y., Wang K. C., Liu S., et al. Genomic analysis and surveillance of the coronavirus dominant in ducks in China［J］.PLoS One，2015，10（6）：e0129256.

［59］ Papineau A., Berhane Y., Wylie T. N., et al. Genome organization of Canada goose coronavirus, a novel species identified in a mass die-off of Canada geese［J］.Sci Rep，2019，9（1）：5954.

［60］ Zhuang Q., Liu S., Zhang X., et al. Surveillance and taxonomic analysis of the coronavirus dominant in pigeons in China［J］.Transbound Emerg Dis，2020，67：1981-1990.

［61］ Chen L., Liu B., Yang J., et al. DBatVir：the database of bat-associated viruses［J］.Database （Oxford），2014，2014：bau021.

［62］ Banerjee A., Kulcsar K., Misra V., et al. Bats and coronaviruses［J］.Viruses，2019，11 （1）：41.

［63］ Keha A., Xue L., Yan S., et al. Prevalence of a novel bovine coronavirus strain with a recombinant hemagglutinin/esterase gene in dairy calves in China［J］.Transbound Emerg Dis，2019，66（5）：1971-1981.

［64］ Zicola A., Jolly S., Mathijs E., et al. Fatal outbreaks in dogs associated with pantropic canine coronavirus in France and Belgium［J］.J Small Anim Pract，2012，53（5）：297-300.

［65］ 徐汉坤，金淮，郭宝发. 一起由犬冠状病毒和犬细小病毒引起的犬传染性肠炎［J］.家畜传染病，1985（1）：55＋51.

［66］ 夏咸柱，邹啸环，黄耕，等. 犬冠状病毒在我国首次分离成功［J］.中国兽医学报，1996（1）：58.

［67］ Erles K., Toomey C., Brooks H. W., et al. Detection of a group 2 coronavirus in dogs with canine infectious respiratory disease［J］.Virology，2003，310（2）：216-223.

［68］ More G. D., Dunowska M., Acke E., et al. A serological survey of canine respiratory coronavirus in New Zealand［J］.N Z Vet J，2020，68（1）：54-59.

［69］ Wille M., Wensman J. J., Larsson S., et al. Evolutionary genetics of canine respiratory coronavirus and recent introduction into Swedish dogs［J］.Infect Genet Evol，2020，82：104290.

［70］ Erles K., Shiu K. B., Brownlie J. Isolation and sequence analysis of canine respiratory coronavirus ［J］.Virus Res，2007，124（1-2）：78-87.

［71］ Erles K. and Brownlie J. Canine respiratory coronavirus：an emerging pathogen in the canine infectious respiratory disease complex［J］.Vet Clin North Am Small Anim Pract，2008，38（4）：815-825.

［72］ 张昕，黄坚，张萍，等. 成都地区宠物犬感染犬瘟热病毒和犬呼吸道冠状病毒的分子流行病学调查［J］.中国畜牧兽医，2018，45（2）：486-492.

［73］ Lu S.，Wang Y.，Chen Y.，et al. Discovery of a novel canine respiratory coronavirus support genetic recombination among betacoronavirus1［J］. Virus Res，2017，237：7-13.

［74］ Jaimes J. A.，Millet J. K.，Stout A. E.，et al. A tale of two viruses：The distinct spike glycoproteins of feline coronaviruses［J］. Viruses，2020，12（1）：83.

［75］ Huang J. C.，Wright S. L.，Shipley W. D. Isolation of coronavirus-like agent from horses suffering from acute equine diarrhoea syndrome［J］. Vet Rec，1983，113（12）：262-263.

［76］ Pusterla N.，Vin R.，Leutenegger C.，et al. Equine coronavirus：An emerging enteric virus of adult horses［J］. Equine Vet Educ，2016，28（4）：216-223.

［77］ Pusterla N.，Holzenkaempfer N.，Mapes S.，et al. Prevalence of equine coronavirus in nasal secretions from horses with fever and upper respiratory tract infection［J］. Vet Rec，2015，177（11）：289.

［78］ Nemoto M.，Schofield W.，Cullinane A. The first detection of equine coronavirus in adult horses and foals in Ireland［J］. Viruses，2019，11（10）：946.

［79］ Bryan J.，Marr C. M.，Mackenzie C. J.，et al. Detection of equine coronavirus in horses in the United Kingdom［J］. Vet Rec，2019，184（4）：123.

［80］ Miszczak F.，Tesson V.，Kin N.，et al. First detection of equine coronavirus（ECoV）in Europe［J］. Vet Microbiol，2014，171（1-2）：206-209.

［81］ Wang W.，Lin X. D.，Guo W. P.，et al. Discovery，diversity and evolution of novel coronaviruses sampled from rodents in China［J］. Virology，2015，474：19-27.

［82］ Lau S. K.，Woo P. C.，Yip C. C.，et al. Isolation and characterization of a novel betacoronavirus subgroup A coronavirus，rabbit coronavirus HKU14，from domestic rabbits［J］. J Virol，2012，86（10）：5481-5496.

［83］ Vlasova A. N.，Halpin R.，Wang S.，et al. Molecular characterization of a new species in the genus alphacoronavirus associated with mink epizootic catarrhal gastroenteritis［J］. J Gen Virol，2011，92（Pt 6）：1369-1379.

［84］ Jin L.，Cebra C. K.，Baker R. J.，et al. Analysis of the genome sequence of an alpaca coronavirus［J］. Virology，2007，365（1）：198-203.

［85］ Hasoksuz M.，Alekseev K.，Vlasova A.，et al. Biologic，antigenic，and full-length genomic characterization of a bovine-like coronavirus isolated from a giraffe［J］. J Virol，2007，81（10）：4981-4990.

［86］ Wang W.，Lin X. D.，Liao Y.，et al. Discovery of a highly divergent coronavirus in the Asian House Shrew from China illuminates the origin of the Alphacoronaviruses［J］. J Virol，2017，91（17）：e00764-17.

［87］ Kuiken T.，Fouchier R. A.，Schutten M.，et al. Newly discovered coronavirus as the primary cause of severe acute respiratory syndrome［J］. Lancet，2003，362（9380）：263-270.

［88］ Weiss S. R.，Navas-Martin S. Coronavirus pathogenesis and the emerging pathogen severe acute respiratory syndrome coronavirus［J］. Microbiol Mol Biol Rev，2005，69（4）：635-664.

［89］Fehr A. R. and Perlman S. Coronaviruses：An overview of their replication and pathogenesis［J］. Methods Mol Biol，2015，1282：1-23.

［90］Chen Y.，Liu Q.，Guo D. Emerging coronaviruses：Genome structure，replication，and pathogenesis［J］. J Med Virol，2020，92（4）：418-423.

（刘华雷）

第二章
猪流行性腹泻

猪流行性腹泻是导致猪腹泻的主要病毒性疾病之一，以呕吐、腹泻、脱水等消化系统症状为主。本病于1971年首次出现于英国，在随后的40年里，虽然在欧洲、亚洲等多个国家呈地方性流行并造成一定的经济损失，但对整个生猪产业影响不大。在2010年猪流行性腹泻病毒新型变异毒株出现之后，该病迅速蔓延至全球，且多呈暴发性流行，给全球生猪产业造成巨大的经济损失。目前，由新型变异毒株引起的猪流行性腹泻仍是困扰我国乃至世界生猪主产区域生猪产业健康发展的一大难题。

第一节 概　　述

一、定义

猪流行性腹泻（Porcine epidemic diarrhea，PED）是由猪流行性腹泻病毒（Porcine epidemic diarrhea virus，PEDV）引起的猪的一种急性、高度接触性肠道传染病，所有日龄猪均易感，以呕吐、腹泻、食欲不振、哺乳仔猪脱水、高死亡率为主要特征[1-3]。

二、流行与分布

1. 国际

1971年，在英格兰地区的生长育肥猪群中暴发了未知病因的急性腹泻，该病的临床表现除了乳猪不发病或影响甚微外，其他都与猪传染性胃肠炎病毒（Transmissible gastroenteritis virus，TGEV）感染相似[4]。排除了TEGV和其他已知致肠病病原体感染后，该病迅速蔓延至其他欧洲养猪国家，被称为"猪流行性病毒性腹泻"（EVD）。1976年，该病在各年龄段的猪群（包括乳猪）中再次暴发，但同样排除了TGEV和其他已知的致肠病病原体感染，此病被称为"2型EVD"，以区别于1971年暴发的1型腹泻，两者的区别是2型EVD暴发时可侵害哺乳仔猪[1,5]。1978年，比利时科研人员首次发现一种类冠状病毒与2型EVD有关[1,3]，以一种命名为CV777的分离物进行试验接种，发现对乳猪及生长育肥猪均有致病性[6]。这种新的病毒与已知的猪冠状病毒（猪传染性胃肠炎病毒、猪传染性脑脊髓炎病毒）均有显著差异，因此正式命名为"猪流行性腹泻病毒"（PEDV），由 PEDV 引起的疾病称为"猪流行性腹泻"（PED）[7]。

20世纪70—80年代，PED 在欧洲广泛暴发流行，导致哺乳仔猪死亡率达50%。20世纪90年代至2010年前后，欧洲地区由 PED 引发的相关腹泻极少且主要发生于成年猪群，哺乳仔猪几乎无症状或症状轻微[8]。2010年后 PED 在德国（2014）、法国（2015）和比利时（2015）等欧洲国家重新出现，流行特点亦有所变化，主要表现为所有日龄的猪均可感染发病[9-11]，但哺乳仔猪发病率和死亡率要远低于亚洲、美洲等地区由新型高致病力变异毒株所致的 PED 暴发流行。亚洲有关 PED 的研究报道始于1982年，发病区域主要集中于中国、日本、韩国等东北亚地区[12-14]，泰国也有零星报道[15]，虽然大部分病例呈散发或地方性流行，但危害较欧洲严重，常导致部分新生仔猪死亡，一直持续到2010年 PEDV 高致病力变异毒株在中国出现。美洲、非洲及澳大利亚在2013年前均无 PED 相关报道，2013年4月，美国艾奥瓦州和印第安纳州 PED 暴发，随后迅速传播到美国36个州（包括夏威夷、波多黎各等远离美国大陆的地区），一年多时间即造成700余万头猪的死亡及9亿～18亿美元的损失[16-19]。随后加拿大、阿根廷、墨西哥、古巴、哥伦比亚等美洲国家相继报道新型 PED 暴发[20-24]；亚洲一些国家和地区，如日本、韩国、越南、泰国、菲律宾、中国台湾地区也相继暴发了新型 PED[25-30]；欧洲一些国家，如意大利、法国、英国、德国、荷兰、比利时和瑞士等也有 PED 发病报道[10,11,31,32]，但相对其他地区而言，欧洲疫情相对平稳，损失较小。至此，PEDV 变异毒株的出现使得 PED 在世界范围内大规模流行，给全球养猪业造成巨大威胁。

2. 国内

PEDV 在中国的出现可以追溯到1973年，然而其临床症状与 TGEV 非常相似，病原一直无法鉴别，直到1984年首次分离到 PEDV 毒株[14]。自此，PEDV 一直在中国存在并呈地方性流行，但仔猪的致死率较低。据相关部门1987—1989年关于猪36种疫病的不完全普查统计，由 PED 引起的死亡率仅为1.74%。2010年10月，中国华南省份率先暴发了由 PEDV 变异毒株引发的 PED，随后一年多时间里迅速席卷全国。此次暴发性流行中哺乳仔猪的死亡率高达80%～100%，给我国养猪业造成巨大的经济损失[2,33,34]。目前，由变异毒株引发的 PED 仍是困扰我国生猪养殖业的一大难题。

三、危害

2010年之前，PED 的流行呈现区域性散发，主要引起部分哺乳仔猪损失及育肥猪掉膘；虽然亚洲地区较欧洲发病率高、损失大，但通过严格的饲养管理和生物安全防控，均可实现对 PED 的有效控制。2010年 PEDV 新型变异毒株出现之后，由于其对新生仔猪的高致病力，对全球生猪养殖产业造成巨大冲击，其主要危害表现为：①7日龄以内的哺乳仔猪严重脱水，死亡率高达 80%～100%；部分大日龄哺乳康复仔猪发育迟缓，饲料转化率降低，僵猪比例明显增高；②哺乳仔猪因腹泻出现大面积死亡/淘汰，进而影响母猪的断奶后发情（断配率低），打乱了规模化、集约化种猪场生产周期及批次化管理，生猪养殖效率降低。目前美国等发达国家通过返饲、强化生物安全等措施使疫情得到了有效控制，但在我国，PED 仍是仅次于非洲猪瘟，困扰我国当前生猪产业复苏及发展的重要猪传染性疫病。

第二节　病　原　学

一、分类和命名

国际病毒学分类委员会（International Committee on Taxonomy of Viruses，ICTV）2019 年将猪流行性腹泻病毒在分类地位上归属于套式病毒目（*Nidovirales*）、冠状病毒亚目（*Cornidovirineae*）、冠状病毒科（*Coronaviridae*）、正冠状病毒亚科（*Orthocoronavirinae*）、α 冠状病毒属、*Pedacovirus* 亚属的 Porcine epidemic diarrhea virus 种，其代表毒株为 CV777（GenBank accession：AF353511）。

二、形态结构和化学组成

猪流行性腹泻病毒粒子的形态和结构与其他冠状病毒粒子极其相似，具有冠状病毒的典型特征[1,3]（图 2-1）。位于病毒粒子表面的是纤突蛋白（S）、膜蛋白（M）和小膜蛋白（E），在病毒粒子内部的是核衣壳蛋白（N）。N 蛋白与病毒基因组 RNA 相互缠绕形成病毒的核衣壳。从粪样中检测到的病毒粒子具有多形性，多数趋于球形，大小为 95～190nm，包括纤突在内的平均直径约为 130 nm。病毒粒子外包裹着一层囊膜，囊膜上是

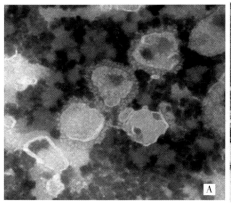
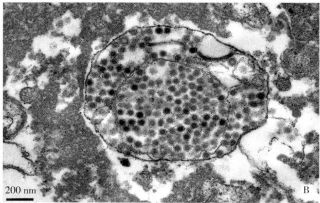

图 2-1　（A）PEDV 电镜负染；（B）PEDV 在细胞内质网空泡中

由核心向外呈放射状排列的棒状纤突，纤突长为 18～23nm。大多数的病毒粒子中心为电子不透明区。从形态学上很难将其与猪传染性胃肠炎病毒（TGEV）相区别。猪流行性腹泻病毒粒子在肠道上皮细胞内的形态特征与其他冠状病毒相同，病毒在胞质内复制，并通过胞质内膜以出芽方式进行装配[35,36]。

三、生物学特性

猪流行性腹泻病毒没有凝血活性，不能凝集家兔、小鼠、大鼠、豚鼠、猪、绵羊、牛、马、犬、雏鸡和人的红细胞[37]。免疫印迹和免疫沉淀试验显示，PEDV 与鸡传染性支气管炎病毒、猪血凝性脑脊髓炎病毒、犊牛腹泻冠状病毒、犬冠状病毒之间没有抗原相关性。PEDV 与猫冠状病毒具有一些相同的抗原决定簇，这些决定簇位于 N 蛋白上[38]。病毒中和试验和 ELISA 检测证实 PEDV 和 TGEV 在抗原上不同，无共同抗原，没有免疫交叉反应，两种病毒抗原差异主要在纤突蛋白上。PEDV 只有一个血清型，还未发现不同的血清型。

四、理化特性

PEDV 抵抗力较弱，多数的消毒剂都能将其杀死。该病毒对乙醚和氯仿等脂溶性溶剂敏感，在蔗糖中的浮密度为 1.18g/mL。在 1mol/L $MgCl_2$ 存在时其热稳定性下降。适应细胞培养的病毒经 60℃或 60℃以上处理 30min 后失去感染力，但在 50℃条件下相对稳定。病毒在 4℃ pH 4.0～9.0 以及 37℃ pH 6.5～7.5 时稳定[37,39]。经超声波处理或者多次反复冻融，病毒感染力不受影响。

五、毒株分类

目前，综合全长基因组及 S 基因全长序列开展遗传和系统进化分析已成为公认的鉴定 PEDV 毒株多样性和亲缘关系的分类方法[40,41]（表 2-1）。

表 2-1　PEDV 毒株分类

遗传进化分类依据	进化分支	亚分支	代表毒株
全长基因组	G1	Classical strain	CV777、DR13、SM-98、83P-5、SD-M
	G2	G2a S 4158bp	GD-1、AJ1102
		G2b S 4161bp	AH2012、GD-B、PC22A
		S-INDEL	CH/HBQX/10、OH851
		S Large deletion	Tottori2/JPN/2014、TC-PC177

（续）

遗传进化分类依据	进化分支	亚分支		代表毒株
S 基因	G1	G1a Classical strain		CV777、DR13、SM-98、83P-5、SD-M
		G1b S-INDEL		CH/HBQX/10、JS120103、OH851
	G2	G2a Asian local		KNU-0801、Spk1、Chinju99、KNU-0901
		G2b Emerging Non	S 4158bp	GD-1、AJ1102
		S-INDEL	S 4161bp	AH2012、GD-B、PC22A
			S Large deletion	Tottori2/JPN/2014、TC-PC177

根据 PEDV 全长基因组序列开展的遗传进化分析表明，PEDV 在遗传进化上分为两大类：始于 19 世纪 70 年代的经典 PEDV 毒株（G1，Classical strain）以及 2010 年末出现的新发 PEDV 毒株（G2，Emerging strain）（图 2-2）。其中经典毒株主要指以 CV777 为代表的传统毒株，包括 CV777、疫苗毒株和其他适应细胞培养的毒株（DR13、SM-98、83P-5）；新发 PEDV 毒株又可分为两个分支：G2a 和 G2b，其中 G2a 是以 GD-1、AJ1102 为代表的毒株分支，这一分支 S 基因全长 4 158bp，在高致病力变异毒株的 1 196 位缺失 1 个氨基酸，该分支最早出现于 2010 年中国华南地区，之后主要在东南亚及广东、江西、广西一代短暂流行；G2b 是世界范围内广泛流行的一个分支，主要包括 S 基因全长为 4 161 bp 的毒株（亚洲、美洲地区主要流行毒株）以及 S-INDEL（S insertions-deletions）毒株（美洲、欧洲主要流行毒株）。严格意义来讲，S-INDEL 毒株并不属于新发毒株，流行病学分析显示该型毒株（JS-2004-2、LJB/03、DX、CH/HBQX/10、JS120103）于 2013 年前即在中国有散发性流行[42,43]。与高致病力变异毒株相比，其 S 基因 N 末端有 2 个氨基酸的插入（161～162）及 5 个氨基酸的缺失（59～62，140）[44]，毒力相对温和（仔猪发病率、致死率仍可达 50%）。此外，G2b 分支中尚有一类毒株的 S 基因存在大的片段缺失，如韩国毒株 MF3809/2008 在 S 基因的 713～719 处缺失 204 个氨基酸[45]，日本毒株 JPN/Tottori2/2014 在 S 基因的 23～216 位有 194 个氨基酸缺失[46]，美国毒株 TC-PC177 在 S 基因的 34～230 位有 197 个氨基酸缺失[44,47]等。这些毒株毒力均有所减弱，但遗传聚类上仍属 G2b 分支。

根据 PEDV S 基因全长序列开展的遗传进化分析与全长基因组进化分析有所区别（图 2-3）。G1 分支主要包括经典毒株（G1a）及 S-INDEL 毒株（G1b）[48]，G1b（S-INDEL）在 2013 年后主要流行于美国，之后传播至北美大陆、欧洲、韩国、日本、中国台湾等地。该型毒株 S 基因 N 末端 1/3 核苷酸序列分析表明其与 G1a 95% 同源，与 G2 同源性仅有 89%；但 S 基因的其余部分却与 G2 分支同源性高达 99%，据此推断其可能源自 G1a 与 G2 毒株的基因重组[41]。G2 分支包括 G2b（除 S-INDEL 之外的新发 PEDV

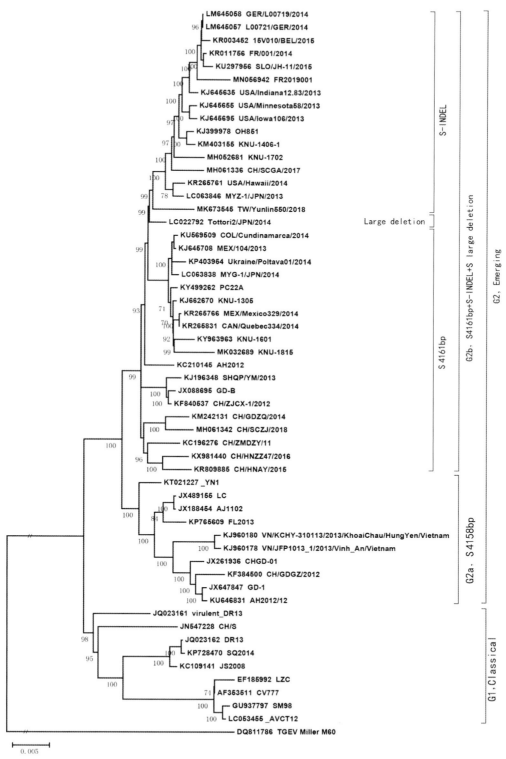

图 2-2 PEDV 全长基因组遗传进化分析

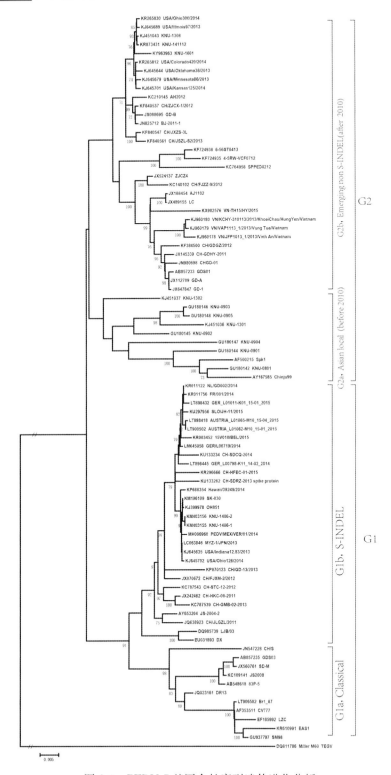

图 2-3 PEDV S 基因全长序列遗传进化分析

毒株，主要流行于亚洲、美国等地）以及 G2a（2010 年前亚洲区域性流行的部分毒株）。其中 G2a 毒株主要流行于 2010 年前的韩国等地，由于无详细的毒株序列信息及研究报道，该型毒株地位未知，但其 S 基因全长为 4 161bp，与 G2b S 基因序列核苷酸同源性在 97％以上，由此可以推断其在 PEDV 的毒株进化中具有重要的作用，G2b 极有可能真正起源于韩国流行毒株 G2a 与 G1 毒株的基因重组。

六、 基因组结构和功能

PEDV 基因组全长约 28kb，由 5′和 3′非翻译区（UTR）以及 7 个开放阅读框（分别是 ORF1a、ORF1b、纤突蛋白 S、ORF3、小膜蛋白 E、膜蛋白 M 及核衣壳蛋白 N）组成，顺序依次为 5′-UTR-ORF1a/1b-S-ORF3-E-M-N-3′-UTR（图 2-4）。

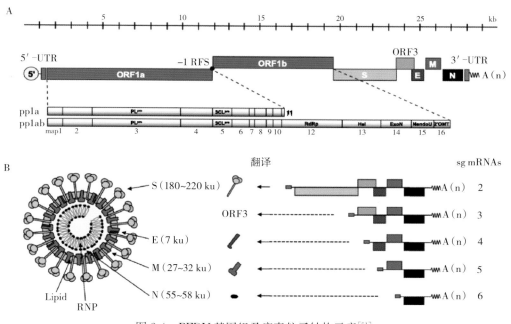

图 2-4 PEDV 基因组及病毒粒子结构示意[51]

冠状病毒 5′-UTR 和 3′-UTR 的长度分别约为 295bp 和 330bp。5′-UTR 包含病毒转录调节信号，影响病毒的复制，但具体的调控机制目前还不清楚。3′-UTR 的茎环结构被证明是病毒复制必需结构[49]。复制酶基因 ORF1 包括两个大的 ORFs，即 ORF1a 和 ORF1b，占据了 5′末端 2/3 的基因组长度。ORF1a 和 ORF1b 编码产生 pp1a 和 pp1ab 两种蛋白，可被蛋白酶水解形成 Nsp1α、Nsp1β 和 Nsp3～16，参与病毒的复制、转录、翻译和病毒多蛋白的加工[18,50]。

S 基因编码的蛋白称为纤突蛋白，是一种 I 型糖蛋白，位于病毒粒子的最外层。该蛋白由 1 383 个氨基酸组成，为一种跨膜蛋白，由 N 端的信号肽（1～18aa）结构、胞外区

（19～1 333aa）、跨膜区（1 334～1 356aa）和胞内区（1 357～1 383aa）组成。基于其他冠状病毒 S 蛋白同源性分析，可以将 PEDV 的 S 蛋白分为 S1（1～789 aa）和（790～1 383 aa）S2 两部分，其中 S1 的作用是介导病毒吸附到宿主细胞上的病毒受体，S2 蛋白的作用是诱导膜融合、介导病毒入侵宿主细胞[52,53]。S 蛋白包含多种抗原表位，在诱导机体产生中和抗体方面具有十分重要的作用[54]。PEDV 野毒株基因组中位于 S 基因和 E 基因之间的 ORF 称为 ORF3，基因大小为 675nt，其编码的 ORF3 蛋白是一种非结构蛋白，包含 224 个氨基酸，分子大小 25ku。尽管 ORF3 基因在野毒株中保持相对保守，但是在体外传代 PEDV 时，ORF3 基因会发生基因缺失和突变，从而导致 ORF3 蛋白表达的不完整[55]。ORF3 翻译的提前终止一般伴随着 PEDV 致病力的减弱，因此，ORF3 基因可能在 PEDV 致病力方面具有重要作用。E 基因全长 231nt，编码一个长度仅为 76aa 的膜内蛋白，蛋白分子质量约 9ku。根据蛋白的一级和二级结构分析，E 蛋白可以分为三部分：短的氨基端亲水区（7～12aa）、长度约 25aa 的 α 螺旋结构（此处包含跨膜区）和长的羧基端区[56]。E 蛋白对病毒的组装和出芽是必要的。M 基因全长 681nt，其编码的 M 蛋白含有 226 个氨基酸，是 PEDV 囊膜上最丰富的蛋白[57]。M 蛋白是一种跨膜糖蛋白，由短的氨基端胞外域、三重的跨膜区和羧基端胞内区三部分组成。M 蛋白在 PEDV 病毒粒子组装、出芽以及诱导宿主先天免疫反应方面起重要作用[58,59]。N 基因长为 1 326nt，其编码的 N 蛋白包含 441 个氨基酸，分子质量约为 57ku，是 PEDV 含量最高的结构蛋白。PEDV 的 N 蛋白是一种多功能蛋白，参与 PEDV 生存相关的生物进程。在 PEDV 感染早期，感染的细胞内会检测到大量 N 蛋白，诱导产生大量的抗体。N 蛋白的这些特性使其在 PEDV 的诊断中成为优良的靶标分子，一些 PEDV 抗体和抗原检测方法都是基于 N 蛋白建立的。

七、 病毒的遗传变异

虽然冠状病毒是已知基因组最大的 RNA 病毒，但由于其非结构蛋白 nsp14 的 $3'\rightarrow5'$ 核糖核酸外切酶活性可以移除错配和嵌入的核酸类似物[60]，因此，冠状病毒在进化过程中均较好地保持了其基因组稳定性和高保真度，病毒的遗传变异也成为一个缓慢的进程。2010 年之前，PEDV 流行毒株主要是以 CV777 为主的经典毒株（欧洲和亚洲），也有零星 S-INDEL 毒株（中国）和亚洲区域性流行毒株（韩国）（图 2-3）。2010 年是 PEDV 遗传衍变的一个关键节点，随着高致病力变异毒株的出现及迅速蔓延，PEDV 通过氨基酸的插入、缺失、位点突变以及基因重组发生变异的概率增大。除上述介绍的几类主要流行毒株外，相继报道了一系列基因重组毒株和 S 基因位点缺失毒株[61,62]，如 ORF1a 缺失 72 个核苷酸的 HUA-14PED96 毒株[63]，以及重组毒株 USA/IOWA106/2013[20]、USA/Mimmesota211/2014[61]、CH/HNQX-3/14[64]等，但这些毒株均未发生明显的抗原漂移，其毒株分类均属于 G2 新发高致病力毒株范畴（图 2-2）。

八、 致病机制

PEDV 感染机体后，主要利用其表面 S 蛋白与猪肠道细胞表面受体结合，通过膜融合侵入细胞内。氨基肽酶 N 是 PEDV 目前已知的一类受体，在猪小肠绒毛细胞中高效表达[65]。病毒的增殖主要集中于猪小肠绒毛上皮细胞（十二指肠、空肠和回肠），病毒通过胞质内膜（如内质网和高尔基体）迅速出芽，在受感染的小肠绒毛上皮细胞的细胞质中组装、复制[66]。PEDV 毒株感染 3 日龄未吮初乳的仔猪，经免疫荧光技术和透射电镜观察证实，病毒在整段小肠和结肠的绒毛上皮细胞中增殖，感染 12～18h 即可观察到荧光，于24～36h 病毒量达到最高峰[22]。PEDV 在小肠中的持续复制可引起肠道上皮细胞的急性坏死、凋亡，最终导致小肠绒毛明显萎缩、隐窝深度由原先的 7∶1 缩短到 3∶1[67-69]，随后小肠上皮细胞开始脱落，酶活性降低。这一系列进程中断了营养物质和电解质的消化和吸收，从而导致仔猪吸收不良型水样腹泻，继而引起仔猪严重和致命的脱水[70-72]。其他临床症状包括呕吐、厌食、消瘦和死亡等。哺乳仔猪感染 PEDV 后发病、死亡最为严重，这可能与其肠上皮细胞更新速度相关，仔猪日龄越小，肠上皮细胞更新速度越慢[22,73]，导致肠道黏膜损伤而不能得到及时修复，从而造成低日龄仔猪发病严重。

第三节　流行病学

一、传染源

病猪和带毒猪是本病的主要传染源，鼠类、猫、犬、苍蝇等均是重要的传播媒介。病毒通过病猪排泄的粪便散播，污染饲料、饮水和环境等。虽有少量研究报道母乳、精液可带毒，但尚无确切证据证明 PEDV 可以垂直传播。

二、传播途径

PEDV 具有高度传染性，粪-口传播是其主要传播途径，健康猪经口接种含 PEDV 的粪便即可发生自然感染。病毒还可通过运输病猪或者运输污染饲料的车辆传播，以及通过被病毒污染的鞋或其他污染 PEDV 的携带物等传播，也有饲料及饲料组分传播病毒的报道[74,75]。此外，有研究表明，PEDV 也可以通过粪-鼻途径以气溶胶的方式在产房的哺乳仔猪中传播[76,77]。

三、易感动物

各种年龄的猪对 PEDV 均易感。仔猪和育成猪的发病率为 100%，母猪为 15%～90%。一般 10～100TCID$_{50}$ 的病毒即可引起初生哺乳仔猪的急性腹泻、脱水、死亡。育肥猪及头胎母猪也较易感，一般猪场发病均是由育肥及头胎母猪开始。

四、流行特点

2010 年前，PED 一般易发于冬春寒冷季节，以每年的 11 月至第二年的 3 月发生较多。低日龄哺乳仔猪发病率与死亡率较高，断奶后日龄较大的猪群发病症状轻微，基本无死亡，多数一周后康复。2010 年高致病力变异毒株出现之后，本病的发生特点发生明显转变，表现为一年四季均可发病，无明显季节性，且呈暴发或地方性流行，1～7 日龄的哺乳仔猪发病率与死亡率可达 80％～100％。

五、分子流行病学

2010 年之前，有关 PEDV 的研究甚少，加之缺乏临床毒株全基因序列信息，因此无法对其开展详细的回溯性研究。从仅有的部分 S 基因序列分析可知，欧洲地区 20 世纪 90 年代至 2014 年猪流行性腹泻临床毒株主要以 G1a 分支为主；亚洲地区在 2010 年前，韩国以 G1a、G2a 为主、中国以 G1a、G1b 为主。2010 年高致病力变异毒株 G2b 在中国出现后，迅速传播至泰国、越南等东南亚地区。2013 年 G1b、G2b 在美国相继开始流行，其中 G2b 很快蔓延至整个北美大陆、南美、日本、韩国、越南、菲律宾及中国台湾等地；而 G1b 分支则传播至加拿大、日本、韩国以及欧洲一些国家，如意大利、英国、法国、德国、比利时、葡萄牙、斯洛文尼亚以及荷兰等国家和地区（乌克兰流行毒株属于 G2b 分支）。截至目前，非洲、大洋洲尚无有关 PED 的报道。

第四节　临床诊断

一、临床症状

PED 最明显的临床症状是水样腹泻。易感猪群暴发本病时因猪的日龄和毒株毒力不同，发病率与死亡率差异很大[78]。毒力较弱的毒株如 S-INDEL 分支，虽然可以导致腹泻，但症状轻微、发病比例低，新生仔猪死淘率也远低于高致病力变异毒株所致的 PED。高致病力变异毒株感染时，7 日龄以内的新生仔猪死亡率可高达 80％～100％，其他临床症状包括呕吐、水样腹泻、脱水、消瘦、死亡等。保育猪、育肥猪群则表现为腹泻、精神沉郁、食欲不振以及生长阻滞，一般一周内可以恢复。母猪群腹泻程度不一，有的仅表现为精神沉郁、食欲减退，如果是哺乳期的母猪，常因哺乳仔猪急性死亡而出现无乳症、延迟发情等繁殖障碍（图 2-5）。

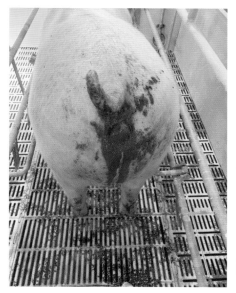

图 2-5　PED 临床症状

二、剖检病变

PED 在自然感染和试验感染的仔猪中均能引起肉眼可见的病变，主要表现为：胃内有大量未消化的凝乳块，小肠膨胀，肠壁菲薄，肠内充满大量黄色液体[68,79]。随发病时间延长，肠壁充血、出血严重，肠系膜淋巴结水肿和出血，乳糜管消失[15]等（图2-6）。

图 2-6　PED 剖检病变

三、病理变化

哺乳仔猪感染 PEDV 后，其肠道主要呈弥散性萎缩性肠炎症状[6,67,68]。显微镜检可见小肠绒毛上皮细胞空泡化并脱落（这一组织学变化与仔猪腹泻发生的时间相吻合），然后绒毛迅速变短、酶活性显著降低（图2-7、图2-8）。在结肠，未能观察到组织病理学变化。超微结构变化主要发生于小肠细胞的胞质内，可见细胞器减少，出现电子半透明区，接着微绒毛和末端网状结构消失，部分胞质突入肠腔内，肠细胞变平，紧密连接消失，脱落进入肠腔。

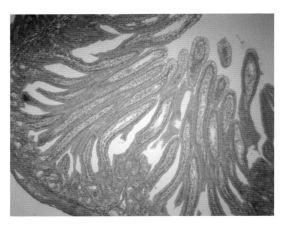
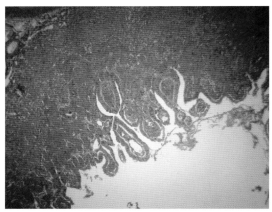

图 2-7　正常空肠绒毛　　　　　图 2-8　感染组空肠绒毛缩短、肠绒毛上皮脱落

四、鉴别诊断

PEDV 感染的临床症状和组织病理学特征与 TGEV、猪丁型冠状病毒（Porcine delta coronavirus，PDCoV）、猪急性腹泻综合征冠状病毒（SADS-CoV）感染相似，其鉴别诊断主要依赖于分子生物学[44,80]及血清学分析技术[81]，其中 RT-PCR、荧光定量 RT-PCR 是最常用且最方便的快速鉴别诊断方法。

第五节　实验室诊断

PED 的实验室诊断技术主要归为两大类：病原学检测技术和血清学检测技术。病原学检测技术主要是针对病毒粒子、病毒蛋白、病毒核酸，血清学诊断技术主要是针对机体感染病毒后免疫应答所产生的抗体。

一、样品采集

哺乳仔猪在感染 PEDV 后，根据日龄差异潜伏期通常为 1～6d，随后出现持续 5～10d 的腹泻和呕吐症状[22,67,82]，同时肠道排毒可达 24～30d[83]。哺乳仔猪在感染后 1～5d 会出现短暂的病毒血症[22,82]。

仔猪感染 PEDV 后 6～14d 血清中可检测到抗体[85]，不同类型抗体产生动态变化如图 2-9 所示，血清 IgM 抗体最早出现，其中抗 N 蛋白 IgM 在感染后 7d 达到高峰，之后逐步下降，在 30d 左右消失。抗 S 蛋白 IgM 整体处于较低水平，在感染后 14d 达到高峰，之后逐步下降，在 28d 左右消失。血清抗 S 蛋白 IgA 和抗 N 蛋白 IgG 较 IgM 稍晚产生并相伴升高，其中抗 S 蛋白 IgA 在感染后 14d 达到高峰并缓慢降低，而抗 N 蛋白 IgG 在感染后 21d 达到高峰并维持较高水平缓慢降低。血清抗 S 蛋白 IgG 和血清中和抗体在感染后 10d 开始检出并迅速相伴升高，其中抗 S 蛋白 IgG 在感染后 14d 达到高峰后与抗 S 蛋白 IgA 相伴缓慢降低。据报道，抗 S 蛋白 IgG 和非分泌型 IgA 可维持到感染后 180d，而血清中和抗体在感染后 21d 达到高峰并维持较高水平缓慢降低，最长也可持续至感染后 180d[86]。

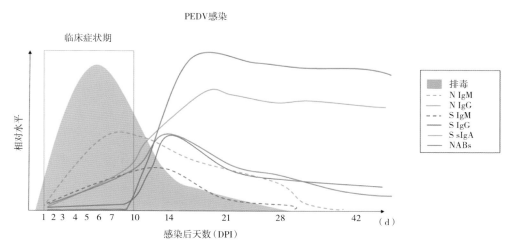

图 2-9 PEDV 感染动态和感染后猪体免疫应答示意[84]

N IgM：血清抗 N 蛋白 IgM；N IgG：血清抗 N 蛋白 IgG；S IgM：血清抗 S 蛋白 IgM；S IgG：
血清抗 S 蛋白 IgG；S sIgA：血清抗 S 蛋白分泌型 IgA；NABs：血清中和抗体

PEDV 特异性 IgG 和 sIgA 在口腔液中也存在，其中 sIgA 在感染后 100d 内都处于较高水平，而 IgG 在感染后 14d 达到高峰后逐渐下降[84]。

鉴于上述感染相关数据，可采集腹泻猪的粪便、死亡病猪的肠道及其内容物、血清等用于病毒的分离及病原检测，采集血清、口腔液及乳汁用于血清学检测。

二、血清学检测技术

常用的血清学检测技术包括间接免疫荧光法（IFA）、酶联免疫吸附试验（ELISA）、病毒中和试验（VN）、荧光微球免疫分析（FMIA）等。这些方法通过检测血清、初乳、常乳及口腔液中的抗 PEDV 抗体，用于 PEDV 感染免疫应答监测、病毒感染判定和疫苗免疫效果评估等。

1. 间接免疫荧光法（IFA）

用于检测 PEDV 抗体水平及感染猪场的免疫状态评估。该方法是基于抗原-抗体反应，通过将感染 PEDV 的细胞固定，然后加入倍比稀释的待测样本（血清、初乳、口腔液）孵育、洗涤，再加入荧光标记二抗，根据荧光标记二抗的性质，检测样品中 IgG 或 IgA 的水平。

2. 酶联免疫吸附试验（ELISA）

目前已有两类 ELISA 方法用于评估 PEDV 抗体，包括间接 ELISA 和竞争或称阻断 ELISA。间接 ELISA 是将全病毒或重组蛋白（如 S、N、M），包被于固相载体，与检测样本中的抗体（一抗）结合，接着结合酶标抗体（二抗），通过与反应底物作用显色，检测相应的抗体种类（IgG 或 IgA）[85]。竞争或称阻断 ELISA 基于 PEDV 特异单克隆抗体或多克隆抗体，当与检测样本一起加入抗原包被微孔板中时，二者竞争结合包被抗原。竞争或称阻断 ELISA 与间接 ELISA 相比，具有较高的特异性[85]。

3. 病毒中和试验（VNs)[85]

该试验广泛用于抗 PEDV 保护性抗体的检测。通常基于 CPE 的病毒中和试验应用较广，但是基于 CPE 的中和试验由于病毒培养过程中加入了胰酶可导致细胞变圆或脱落，很难严格区分病毒和胰酶诱导的细胞形态变化。近年，荧光聚焦中和试验（FFN）用于 PEDV 抗体检测，相较于 CPE 法评估时间可提早至接毒后约 30h[83]。抗 PEDV 中和抗体在实验室条件下可用于评估 PEDV 感染后 7～14d 的抗体水平，对 PEDV 自然感染后 6 个月仍然具有中和效价。

4. 荧光微球免疫分析（FMIA)[87]

该试验主要是基于流式荧光微球激光扫描系统的应用，相较于 ELISA 具有明显优势，包括高灵敏度、高通量、多重抗体检测等。FMIA 技术通过将 PEDV 抗原包被于荧光微球，样本中特异性抗体（一抗）与微球抗原结合，生物素标记的二抗通过一抗结合于微球，链亲和素与生物素反应，通过激光扫描仪（Bio-Plex 200，Bio-Rad 等）进行微球和反应荧光的检测。

虽有大量研究表明，中和抗体、IgG 与 PED 的免疫保护具有一定相关性，国内绝大部分猪流行性腹泻疫苗也以中和抗体作为保护性指标。但综合勃林格殷格翰动物保健（中国）有限公司、硕腾（上海）企业管理有限公司以及编者所开展的疫苗研发及动物试验来看，中和抗体、IgG 与新生仔猪的免疫保护相关性较差，而 IgA 水平则与免疫保护呈显著正相关。鉴于猪流行性腹泻的免疫保护主要通过肠道黏膜免疫（IgA 的分泌及乳腺转运）发挥抗病毒作用[88,89]，笔者认为基于全病毒建立的 IFA 和基于 S1 蛋白建立的 ELISA 方法用于检测 IgA 抗体水平，是评价疫苗免疫后是否可以产生母源性保护抗体的较可靠方案。

三、病原学检测技术

病原学检测技术除病毒分离、免疫荧光法、免疫组化法、胶体金免疫层析及抗原捕获 ELSIA 等常规抗原检测方法外，分子生物学检测技术是目前使用最普遍的一类检测技术。当然，分子生物学诊断方法的检测对象是病毒核酸，对于非全病毒样本会出现假阳性。

1. 病毒分离

PEDV 的分离培养相对比较困难。虽然有研究证实 PEDV 可以在 Vero、ST、PK-15、MARK-145、LLC-PK1、IPEC-DQ、IPI-2I 等多种细胞上感染增殖，但病毒分离一般仍采用 Vero 细胞系。PEDV 感染细胞出现以细胞融合、形成合胞体、细胞分离为特征的细胞病变。病毒分离通常采用免疫荧光法和 RT-PCR 进行进一步鉴定（图 2-10）。外源胰酶的添加是 PEDV 分离的必要条件，胰酶可促使 S 蛋白裂解为 S1 和 S2 亚基，提高病毒与细胞以及细胞与细胞的融合效应，从而提高病毒感染效率，促进病毒释放[90]。外源胰酶的添加浓度依胰酶种类、细胞来源有所不同，一般控制在 $5\sim10\mu g/mL$ 培养基。

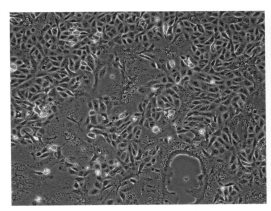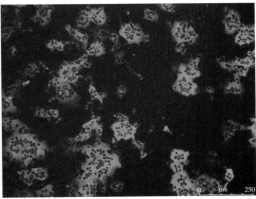

图 2-10　PEDV 病原分离及间接免疫荧光

2. 免疫荧光（IF）法

适用于 PEDV 体外感染细胞、处于排毒期的肠黏膜触片、肠道组织冰冻切片。

3. 免疫组化（IHC）法

可用于检测肠道组织 PEDV 抗原。

4. 胶体金免疫层析（IC）

适用于肠道内容物及细胞培养物中 PEDV 的检测。

5. 抗原捕获 ELISA

可用于检测粪便样本中的 PEDV 抗原。

6. 分子生物学检测技术

基于分子生物学技术建立的普通/多重 RT-PCR、实时荧光定量 RT-PCR、LAMP 等技术已在生产实践中广泛使用，用于 PEDV 的检测及多病原鉴别诊断[80,91-96]。此外，近年来由于灵敏度、多重检测等方面的需求，一些新的技术在 PEDV 分子检测中也得到应用，如 RT-PSR[97]、RT-RPA[98]、DSPE-PEG-DBCO[99] 和 RNAscope[100] 等。

第六节　预防与控制

一、疫苗免疫

虽然 PED 最早出现于欧洲，但由于造成的经济损失较小，因此欧洲一直未开发相应的疫苗产品。相比之下，PED 在亚洲的暴发更为严重，因此 PEDV 疫苗在亚洲的研发及应用也较为广泛。1994 年，基于 CV777 的灭活疫苗及减毒活疫苗在中国研发成功并投入使用[101]。2004—2013 年期间，韩国依靠弱化的 SM98-1 及 DR13 减毒活疫苗有效控制了PED[102,103]。日本自 1997 年开始使用减毒活疫苗 83P-5（P-5V）控制了 PED 流行[54,104,105]。这些减毒或灭活疫苗在一段时间内对亚洲 PED 的控制起到了积极的作用。2010 年高致病力变异毒株在我国出现后，由于抗原变异导致上述经典疫苗毒株（G1）无法对 G2 分支病毒提供有效保护，因此基于新型变异毒株的疫苗研发便成为近年来的研究热点。目前美国上市的疫苗有两种，一种是高致病力毒株灭活疫苗（Zoetis，Florham Park，NJ），一种为甲型流感载体疫苗（Harrisvaccines，Ames，IA）。因控制策略不同，这两种疫苗在美国应用极少，因此也无系统的保护效力研究数据。中国近年来也批准了一批基于高致病力变异毒株的猪流行性腹泻减毒活疫苗或灭活疫苗（表 2-2），但由于毒株毒力、培养滴度、抗原性等问题，实际临床应用效果差强人意，目前有关 PED 的疫苗研发仍是产业热点及难点。

表 2-2　中国 PED 疫苗上市种类汇总（国家兽药基础信息查询系统）

通用名	企业名称
猪传染性胃肠炎、猪流行性腹泻、猪轮状病毒（G5）三联活疫苗（弱毒华毒株＋弱毒 CV777＋NX 株）	吉林正业生物制品股份有限公司 上海海利生物技术股份有限公司 哈尔滨维科生物技术开发公司
猪传染性胃肠炎、猪流行性腹泻二联活疫苗（HB08 株＋ZJ08 株）	中牧实业股份有限公司成都药械厂 瑞普（保定）生物药业有限公司 金宇保灵生物药品有限公司 畜科生物工程有限公司 国药集团动物保健股份有限公司 兆丰华生物科技（福州）有限公司
猪传染性胃肠炎、猪流行性腹泻二联活疫苗（SCJY-1 株＋SCSZ-1 株）	华派生物工程集团有限公司 吉林特研生物技术有限责任公司 重庆澳龙生物制品有限公司
猪传染性胃肠炎、猪流行性腹泻二联活疫苗（SD/L 株＋LW/L 株）	齐鲁动物保健品有限公司 杭州佑本动物疫苗有限公司 洛阳惠中生物技术有限公司

（续）

通用名	企业名称
猪传染性胃肠炎、猪流行性腹泻二联活疫苗 （WH-1R 株＋AJ1102-R）	武汉科前生物股份有限公司 乾元浩生物股份有限公司南京生物药厂 国药集团扬州威克生物工程有限公司
猪传染性胃肠炎、猪流行性腹泻二联灭活疫苗 （WH-1 株＋AJ1102）	安徽东方帝维生物制品股份有限公司 武汉科前生物股份有限公司 山东华宏生物工程有限公司
猪传染性胃肠炎、猪流行性腹泻二联灭活疫苗 （华毒株＋CV777）	青岛蔚蓝生物制品有限公司 浙江诗华诺倍威生物技术有限公司 四川海林格生物制药有限公司 上海海利生物技术股份有限公司 山东滨州沃华生物工程有限公司 普莱柯生物工程股份有限公司 哈药集团生物疫苗有限公司 吉林正业生物制品有限公司 湖南中岸生物药业有限公司 广东温氏大华农生物科技有限公司 江苏南农高科股份有限公司 成都天邦生物制品公司 国药集团动物保健股份有限公司 青岛易邦生物工程有限公司 中牧实业股份有限公司

对于发病率和死亡率仅与肠内复制有关的肠道病毒感染来说，血清中和抗体几乎不起关键作用，这类病毒疫苗的研发需要以黏膜免疫为基础，而非系统性免疫[106]。PEDV 主要通过肠道感染引起哺乳期仔猪的高死淘率，因此基于母猪产前免疫，通过初乳及乳汁提供保护性抗体 sIgA 的被动免疫策略成为控制及根除 PED 的关键[89]。在理解 PEDV 疫苗研发及免疫策略之前，有一组数据及概念需要澄清：

（1）初乳中的免疫球蛋白以 IgG 为主（大部分源自母猪血清），IgA 仅占全部免疫球蛋白的 13%～15%（40% 源自母猪血清，60% 源自乳腺）。母猪分娩 2～3d 后，由初乳中 IgG 占主体逐步过渡为 IgA 占主导地位，乳汁中 IgA 占到 60%，IgG 占 25%，IgM 占 15%[107]。

（2）黏膜适应性免疫的基础是分泌型抗体。IgA 及少量的 IgM、IgG 分泌进入黏膜表面附着的黏液中，构成了抵御具有潜在侵袭性病原微生物的第一道特殊防线。如果这道屏障破坏，抗原就会与黏膜内血清来源的 IgG 抗体相遇，形成免疫复合物激活补体，并在局部生成炎症介质。炎症反应的持续发展对宿主是有害的，幸运的是，母猪血清来源的 IgA 和乳腺组织分泌的单体或双体 IgA 通过小猪血液进入肠道黏膜基质内对抗原的竞争作用可调节炎症反应，分泌型 IgA 通过非炎症的机制来排除入侵的病原体。

（3）对纯阴性母猪，通过自然感染或口服疫苗可以直接激活肠-乳腺-分泌型 IgA 调控轴，单独肌内注射灭活疫苗虽可显著提高初乳中 IgG 的分泌，但无法激活这一通路。对于已经感染或口服免疫的阴性猪群，经肌内注射灭活疫苗可以显著提升乳腺局部 B 细胞反应[108]。此外，大量的临床结果亦表明：阴性猪群肌内注射弱毒疫苗，虽然检测不到 IgA 的分泌，但仍可激活这一通路，通过后期灭活疫苗的配合使用可以达到较好的保护效果。

基于以上几点，笔者认为猪流行性腹泻疫苗的研发方向及防控思路主要有下述两条：一是妊娠中期[109]口服弱毒疫苗提供产后仔猪保护。一个合格的弱毒疫苗需要具备下述几项条件：变异毒株在较低代次传代致弱的同时保持其免疫原性；安全可靠，3～5 日龄仔猪大剂量口服不具致病性；通过毒株筛选、包囊、缓释、载体吸附等技术安全过胃，不被胃酸降解；免疫操作简单易行。二是妊娠中期弱毒疫苗暴露＋妊娠后期灭活疫苗加强。这一免疫策略是目前我国采取的主要防控方式。该防控策略中对活疫苗的要求不高，可以是变异毒株，也可以是经典毒株，经口免疫及注射免疫均可，但对灭活疫苗要求甚高，要求必须是变异毒株、抗体滴度高、免疫原性好。

二、抗病毒药物

当暴发 PED 时，无特别有效的治疗措施，抗菌药物治疗无效。对发生腹泻的猪，应让其自由饮水，以减少脱水的发生。对于产房 7 日龄内发病仔猪应统一扑杀。对于 8 日龄以上开始表现呕吐、腹泻的哺乳仔猪，可口服抗生素以减少细菌性继发感染，口服补液盐防止脱水。母猪可以在临产前 1 周药物保健，预防产房大肠杆菌病。

三、其他措施

强化生物安全措施，可以有效防止 PEDV 的传入。PED 侵入猪场一般始于后备猪群引种及育肥猪群。一旦出现阳性病例，应立即加强管控，落实生物安全措施，这些预防措施有利于减缓仔猪的感染并减少死亡损失，同时也为疫苗紧急免疫接种及母源抗体的产生提供时间窗口。

返饲及严格的生物安全控制是美国应对新型 PEDV 的有效举措。通过返饲将 PEDV 人为地扩散到妊娠母猪舍可激活母猪的记忆性免疫应答，乳汁中迅速产生保护性 IgA 抗体，因而可缩短/控制本病的流行过程[105,110]。但返饲带来的外源病毒感染风险（如 PRRSV、PRV、PCV2 等）也显而易见，特别是随着非洲猪瘟在国内的发生，返饲也逐渐淡出了人们的视线。自家组织苗使用也曾经是控制 PED 的一条有效途径，通过将 PED 暴发阶段的初生 5 日龄内发病仔猪的肠道样本匀浆、灭活后肌内注射妊娠母猪，可迅速控制产房腹泻的发生，但也存在病毒灭活不完全、免疫应激等副作用。还有一点尤为重要的是，返饲及自家苗因样本差异而无法有效控制病原含量，因此临床应用效果不确切、免疫保护参差不齐，可导致 PED 在猪场呈周期性发生，无法得到有效根除。此外，有报道初生仔猪直接口服 PEDV 卵黄抗体或者含 PEDV 免疫球蛋白的牛初乳[111,112]，也有一定的预防及治疗作用，但考虑到新生仔猪的被动免疫保护需要通过初乳及母乳持续获得保护性抗体，因此口服卵黄抗体及牛初乳的方法作用有限。

▶ 主要参考文献

［1］Chasey D.，Cartwright S. F. Virus-like particles associated with porcine epidemic diarrhoea［J］. Res Vet Sci，1978，25（2）：255-256.

［2］Li W.，Li H.，Liu Y.，et al. New variants of porcine epidemic diarrhea virus, China, 2011［J］. Emerg Infect Dis，2012，18（8）：1350-1353.

［3］Pensaert M. B.，de Bouck P. A new coronavirus-like particle associated with diarrhea in swine［J］. Arch Virol，1978，58（3）：243-247.

［4］Oldman J. Letter to the editor［J］. Pig Farming，1972，10：72-73.

［5］Wood E. N. An apparently new syndrome of porcine epidemic diarrhoea［J］. Vet Rec，1977，100（12）：243-244.

［6］Debouck P.，Pensaert M. Experimental infection of pigs with a new porcine enteric coronavirus, CV 777［J］. Am J Vet Res，1980，41（2）：219-223.

［7］peasnert M. B C. P.，Debouck P. Porcine epidemic diarrhea（PED）caused by a coronavirus：Present knowledge.［J］. Proc Congr Int Pig Vet Soc，1982，7：52.

［8］Martelli P.，Lavazza A.，Nigrelli A. D.，et al. Epidemic of diarrhoea caused by porcine epidemic diarrhoea virus in Italy［J］. Vet Rec，2008，162（10）：307-310.

［9］Hanke D.，Jenckel M.，Petrov A.，et al. Comparison of porcine epidemic diarrhea viruses from Germany and the United States, 2014［J］. Emerg Infect Dis，2015，21（3）：493-496.

［10］Grasland B.，Bigault L.，Bernard C.，et al. Complete genome sequence of a porcine epidemic diarrhea s gene indel strain isolated in france in december 2014［J］. Genome Announc，2015，3（3）：e00535-15.

［11］Theuns S.，Conceicao-Neto N.，Christiaens I.，et al. Complete genome sequence of a porcine epidemic diarrhea virus from a novel outbreak in Belgium, january 2015［J］. Genome Announc，2015，3（3）：e00506-15.

［12］Takahashi K.，Okada K. and Ohshima K. An outbreak of swine diarrhea of a new-type associated with coronavirus-like particles in Japan［J］. Nihon Juigaku Zasshi，1983，45（6）：829-832.

［13］Kweon C. H. K. B. J.，Jung T. S.，et al. Isoaltion of procine epidemic diarrhea virus（PEDV）in Korea［J］. Korean J Vet Res，1993，33：249-254.

［14］宣华，邢德坤，王殿瀛，等. 应用猪胎肠单层细胞培养猪流行性腹泻病毒的研究［J］. 兽医大学学

报，1984（3）：202-208.

[15] Puranaveja S.，Poolperm P.，Lertwatcharasarakul P.，et al. Chinese-like strain of porcine epidemic diarrhea virus，Thailand [J]. Emerg Infect Dis，2009，15（7）：1112-1115.

[16] Choudhury B.，Dastjerdi A.，Doyle N.，et al. From the field to the lab-an European view on the global spread of PEDV [J]. Virus Res，2016，226：40-49.

[17] Alvarez J.，Goede D.，Morrison R.，et al. Spatial and temporal epidemiology of porcine epidemic diarrhea（PED）in the midwest and southeast regions of the United States [J]. Prev Vet Med，2016，123：155-160.

[18] Huang Y. W.，Dickerman A. W.，Pineyro P.，et al. Origin，evolution，and genotyping of emergent porcine epidemic diarrhea virus strains in the United States [J]. mBio，2013，4（5）：e00737-00713.

[19] Schulz L. L.，Tonsor G. T. Assessment of the economic impacts of porcine epidemic diarrhea virus in the United States [J]. J Anim Sci，2015，93（11）：5111-5118.

[20] Vlasova A. N.，Marthaler D.，Wang Q.，et al. Distinct characteristics and complex evolution of PEDV strains，North America，May 2013-February 2014 [J]. Emerg Infect Dis，2014，20（10）：1620-1628.

[21] Alvarez J.，Sarradell J.，Morrison R.，et al. Impact of porcine epidemic diarrhea on performance of growing pigs [J]. PLoS One，2015，10（3）：e0120532.

[22] Jung K.，Saif L. J. Porcine epidemic diarrhea virus infection：Etiology，epidemiology，pathogenesis and immunoprophylaxis [J]. Vet J，2015，204（2）：134-143.

[23] Trujillo-Ortega M. E.，Beltran-Figueroa R.，Garcia-Hernandez M. E.，et al. Isolation and characterization of porcine epidemic diarrhea virus associated with the 2014 disease outbreak in Mexico：Case report [J]. BMC Vet Res，2016，12（1）：132.

[24] Tun H. M.，Cai Z.，Khafipour E. Monitoring survivability and infectivity of porcine epidemic diarrhea virus（PEDv）in the infected on-farm earthen manure storages（EMS）[J]. Front Microbiol，2016，7：265.

[25] Lin C. N.，Chung W. B.，Chang S. W.，et al. US-like strain of porcine epidemic diarrhea virus outbreaks in Taiwan，2013-2014 [J]. J Vet Med Sci，2014，76（9）：1297-1299.

[26] Garcia G. G.，Aquino M. A. D.，Balbin M. M.，et al. Characterisation of porcine epidemic diarrhea virus isolates during the 2014-2015 outbreak in the Philippines [J]. Virusdisease，2018，29（3）：342-348.

[27] Chung H. C.，Nguyen V. G.，Moon H. J.，et al. Isolation of porcine epidemic diarrhea virus during outbreaks in South Korea，2013-2014 [J]. Emerg Infect Dis，2015，21（12）：2238-2240.

[28] Temeeyasen G.，Srijangwad A.，Tripipat T.，et al. Genetic diversity of ORF3 and spike genes of porcine epidemic diarrhea virus in Thailand [J]. Infect Genet Evol，2014，21：205-213.

[29] Vui D. T.，Thanh T. L.，Tung N.，et al. Complete genome characterization of porcine epidemic

diarrhea virus in Vietnam［J］. Arch Virol，2015，160（8）：1931-1938.

［30］Van Diep N.，Norimine J.，Sueyoshi M.，et al. US-like isolates of porcine epidemic diarrhea virus from Japanese outbreaks between 2013 and 2014［J］. Springerplus，2015，4：756.

［31］Boniotti M. B.，Papetti A.，Lavazza A.，et al. Porcine epidemic diarrhea virus and discovery of a recombinant swine enteric coronavirus，Italy［J］. Emerg Infect Dis，2016，22（1）：83-87.

［32］Steinbach F.，Dastjerdi A.，Peake J.，et al. A retrospective study detects a novel variant of porcine epidemic diarrhea virus in England in archived material from the year 2000［J］. PeerJ，2016，4：e2564.

［33］Sun R. Q.，Cai R. J.，Chen Y. Q.，et al. Outbreak of porcine epidemic diarrhea in suckling piglets，China［J］. Emerg Infect Dis，2012，18（1）：161-163.

［34］Chen X.，Zhang X. X.，Li C.，et al. Epidemiology of porcine epidemic diarrhea virus among Chinese pig populations：A meta-analysis［J］. Microb Pathog，2019，129：43-49.

［35］Ducatelle R.，Coussement W.，Pensaert M. B.，et al. In vivo morphogenesis of a new porcine enteric coronavirus，CV 777［J］. Arch Virol，1981，68（1）：35-44.

［36］Sueyoshi M.，Tsuda T.，Yamazaki K.，et al. An immunohistochemical investigation of porcine epidemic diarrhoea［J］. J Comp Pathol，1995，113（1）：59-67.

［37］Callebaut P. D. P. Some characteristics of a new porcine coronavirus and detection of antigen and antibody by ELISA.［J］. Proc 5th Int Congr Virol，1981，P：420.

［38］Zhou Y. L.，Ederveen J.，Egberink H.，et al. Porcine epidemic diarrhea virus（CV 777）and feline infectious peritonitis virus（FIPV）are antigenically related［J］. Arch Virol，1988，102（1-2）：63-71.

［39］Lee H. K. and Yeo S. G. Biological and physicochemical properties of porcine epidemic diarrhea virus Chinju99 strain isolated in Korea［J］. Journal of Veterinary Clinics，2003，20：150-154.

［40］Lee D. K.，Park C. K.，Kim S. H.，et al. Heterogeneity in spike protein genes of porcine epidemic diarrhea viruses isolated in Korea［J］. Virus Res，2010，149（2）：175-182.

［41］Lee S.，Park G. S.，Shin J. H.，et al. Full-genome sequence analysis of a variant strain of porcine epidemic diarrhea virus in South Korea［J］. Genome Announc，2014，2（6）：e01116-14.

［42］Zhao P. D.，Tan C.，Dong Y.，et al. Genetic variation analyses of porcine epidemic diarrhea virus isolated in Mid-eastern China from 2011 to 2013［J］. Can J Vet Res，2015，79（1）：8-15.

［43］Zheng F. M.，Huo J. Y.，Zhao J.，et al. Molecular characterization and phylogenetic analysis of porcine epidemic diarrhea virus field strains in central China during 2010-2012 outbreaks［J］. Bing Du Xue Bao，2013，29（2）：197-205.

［44］Oka T.，Saif L. J.，Marthaler D.，et al. Cell culture isolation and sequence analysis of genetically diverse US porcine epidemic diarrhea virus strains including a novel strain with a large deletion in the spike gene［J］. Vet Microbiol，2014，173（3-4）：258-269.

［45］Park S.，Kim S.，Song D.，et al. Novel porcine epidemic diarrhea virus variant with large genomic deletion，South Korea［J］. Emerg Infect Dis，2014，20（12）：2089-2092.

［46］Murakami S.，Miyazaki A.，Takahashi O.，et al. Complete genome sequence of the porcine epidemic diarrhea virus variant Tottori2/JPN/2014［J］. Genome Announc，2015，3（4）：e00877-15.

［47］Su Y.，Hou Y.，Prarat M.，et al. New variants of porcine epidemic diarrhea virus with large deletions in the spike protein，identified in the United States，2016-2017［J］. Arch Virol，2018，163（9）：2485-2489.

［48］Lin C. M.，Saif L. J.，Marthaler D.，et al. Evolution，antigenicity and pathogenicity of global porcine epidemic diarrhea virus strains［J］. Virus Res，2016，226：20-39.

［49］Hsue B. and Masters P. S. A bulged stem-loop structure in the 3′ untranslated region of the genome of the coronavirus mouse hepatitis virus is essential for replication［J］. J Virol，1997，71（10）：7567-7578.

［50］Kadoi K.，Sugioka H.，Satoh T.，et al. The propagation of a porcine epidemic diarrhea virus in swine cell lines［J］. New Microbiol，2002，25（3）：285-290.

［51］Lee C. Porcine epidemic diarrhea virus：An emerging and re-emerging epizootic swine virus［J］. Virol J，2015，12：193.

［52］Li F. Receptor recognition mechanisms of coronaviruses：A decade of structural studies［J］. J Virol，2015，89（4）：1954-1964.

［53］Liu C.，Tang J.，Ma Y.，et al. Receptor usage and cell entry of porcine epidemic diarrhea coronavirus［J］. J Virol，2015，89（11）：6121-6125.

［54］Song D.，Park B. Porcine epidemic diarrhoea virus：A comprehensive review of molecular epidemiology，diagnosis，and vaccines［J］. Virus Genes，2012，44（2）：167-175.

［55］Park J. E.，Cruz D. J.，Shin H. J. Receptor-bound porcine epidemic diarrhea virus spike protein cleaved by trypsin induces membrane fusion［J］. Arch Virol，2011，156（10）：1749-1756.

［56］Torres J.，Maheswari U.，Parthasarathy K.，et al. Conductance and amantadine binding of a pore formed by a lysine-flanked transmembrane domain of SARS coronavirus envelope protein［J］. Protein Sci，2007，16（9）：2065-2071.

［57］Narayanan K.，Maeda A.，Maeda J.，et al. Characterization of the coronavirus M protein and nucleocapsid interaction in infected cells［J］. J Virol，2000，74（17）：8127-8134.

［58］Nguyen V. P.，Hogue B. G. Protein interactions during coronavirus assembly［J］. J Virol，1997，71（12）：9278-9284.

［59］Utiger A.，Tobler K.，Bridgen A.，et al. Identification of proteins specified by porcine epidemic diarrhoea virus［J］. Adv Exp Med Biol，1995，380：287-290.

［60］Smith E. C.，Denison M. R. Implications of altered replication fidelity on the evolution and pathogenesis of coronaviruses［J］. Curr Opin Virol，2012，2（5）：519-524.

［61］Jarvis M. C.，Lam H. C.，Zhang Y.，et al. Genomic and evolutionary inferences between American and global strains of porcine epidemic diarrhea virus [J] . Prev Vet Med, 2016, 123: 175-184.

[62] Chen N., Li S., Zhou R., et al. Two novel porcine epidemic diarrhea virus (PEDV) recombinants from a natural recombinant and distinct subtypes of PEDV variants [J] . Virus Res, 2017, 242: 90-95.

[63] Choe S. E., Park K. H., Lim S. I., et al. Complete genome sequence of a porcine epidemic diarrhea virus strain from Vietnam, HUA-14PED96, with a large genomic deletion [J] . Genome Announc, 2016, 4 (1): e00002-16.

[64] Li R., Qiao S., Yang Y., et al. Genome sequencing and analysis of a novel recombinant porcine epidemic diarrhea virus strain from Henan, China [J] . Virus Genes, 2016, 52 (1): 91-98.

[65] Li B. X., Ge J. W., Li Y. J. Porcine aminopeptidase N is a functional receptor for the PEDV coronavirus [J] . Virology, 2007, 365 (1): 166-172.

[66] Ducatelle R., Coussement W., Charlier G., et al. Three-dimensional sequential study of the intestinal surface in experimental porcine CV 777 coronavirus enteritis [J] . Zentralbl Veterinarmed B, 1981, 28 (6): 483-493.

[67] Stevenson G. W., Hoang H., Schwartz K. J., et al. Emergence of porcine epidemic diarrhea virus in the United States: Clinical signs, lesions, and viral genomic sequences [J] . J Vet Diagn Invest, 2013, 25 (5): 649-654.

[68] Jung K., Wang Q., Scheuer K. A., et al. Pathology of US porcine epidemic diarrhea virus strain PC21A in gnotobiotic pigs [J] . Emerg Infect Dis, 2014, 20 (4): 662-665.

[69] Madson D. M., Magstadt D. R., Arruda P. H., et al. Pathogenesis of porcine epidemic diarrhea virus isolate (US/Iowa/18984/2013) in 3-week-old weaned pigs [J] . Vet Microbiol, 2014, 174 (1-2): 60-68.

[70] Wang L., Byrum B., Zhang Y. New variant of porcine epidemic diarrhea virus, United States, 2014 [J] . Emerg Infect Dis, 2014, 20 (5): 917-919.

[71] Ducatelle R., Coussement W., Debouck P., et al. Pathology of experimental CV777 coronavirus enteritis in piglets. Ⅱ. Electron microscopic study [J] . Vet Pathol, 1982, 19 (1): 57-66.

[72] Coussement W., Ducatelle R., Debouck P., et al. Pathology of experimental CV777 coronavirus enteritis in piglets. Ⅰ. Histological and histochemical study [J] . Vet Pathol, 1982, 19 (1): 46-56.

[73] Moon H. W., Norman J. O., Lambert G. Age dependent resistance to transmissible gastroenteritis of swine (TGE). Ⅰ. Clinical signs and some mucosal dimensions in small intestine [J] . Can J Comp Med, 1973, 37 (2): 157-166.

[74] Dee S., Clement T., Schelkopf A., et al. An evaluation of contaminated complete feed as a vehicle for porcine epidemic diarrhea virus infection of naive pigs following consumption via natural feeding behavior: Proof of concept [J] . BMC Vet Res, 2014, 10: 176.

[75] Dee S., Neill C., Singrey A., et al. Modeling the transboundary risk of feed ingredients contaminated with porcine epidemic diarrhea virus [J] . BMC Vet Res, 2016, 12: 51.

［76］ Alonso C.，Goede D. P.，Morrison R. B.，et al. Evidence of infectivity of airborne porcine epidemic diarrhea virus and detection of airborne viral RNA at long distances from infected herds［J］. Vet Res，2014，45：73.

［77］ Li Y.，Wu Q.，Huang L.，et al. An alternative pathway of enteric PEDV dissemination from nasal cavity to intestinal mucosa in swine［J］. Nat Commun，2018，9（1）：3811.

［78］ Shibata I.，Tsuda T.，Mori M.，et al. Isolation of porcine epidemic diarrhea virus in porcine cell cultures and experimental infection of pigs of different ages［J］. Vet Microbiol，2000，72（3-4）：173-182.

［79］ Pospischil A.，Hess R. G.，Bachmann P. A. Light microscopy and ultrahistology of intestinal changes in pigs infected with epizootic diarrhoea virus（EVD）：Comparison with transmissible gastroenteritis（TGE）virus and porcine rotavirus infections［J］. Zentralbl Veterinarmed B，1981，28（7）：564-577.

［80］ Kim S. Y.，Song D. S.，Park B. K. Differential detection of transmissible gastroenteritis virus and porcine epidemic diarrhea virus by duplex RT-PCR［J］. J Vet Diagn Invest，2001，13（6）：516-520.

［81］ Gerber P. F.，Gong Q.，Huang Y. W.，et al. Detection of antibodies against porcine epidemic diarrhea virus in serum and colostrum by indirect ELISA［J］. Vet J，2014，202（1）：33-36.

［82］ Madson D. M.，Arruda P. H.，Magstadt D. R.，et al. Characterization of porcine epidemic diarrhea virus Isolate US/Iowa/18984/2013 infection in 1-day-old cesarean-derived colostrum-deprived piglets ［J］. Vet Pathol，2016，53（1）：44-52.

［83］ Thomas J. T.，Chen Q.，Gauger P. C.，et al. Effect of porcine epidemic diarrhea virus infectious doses on infection outcomes in naive conventional neonatal and weaned pigs［J］. PLoS One，2015，10（10）：e0139266.

［84］ Diel D. G.，Lawson S.，Okda F.，et al. Porcine epidemic diarrhea virus：An overview of current virological and serological diagnostic methods［J］. Virus Res，2016，226：60-70.

［85］ Okda F.，Liu X.，Singrey A.，et al. Development of an indirect ELISA，blocking ELISA，fluorescent microsphere immunoassay and fluorescent focus neutralization assay for serologic evaluation of exposure to North American strains of porcine epidemic diarrhea virus［J］. BMC Vet Res，2015，11：180.

［86］ Ouyang K.，Shyu D. L.，Dhakal S.，et al. Evaluation of humoral immune status in porcine epidemic diarrhea virus（PEDV）infected sows under field conditions［J］. Vet Res，2015，46：140.

［87］ Gimenez-Lirola L. G.，Zhang J.，Carrillo-Avila J. A.，et al. Reactivity of porcine epidemic diarrhea virus structural proteins to antibodies against porcine enteric coronaviruses：Diagnostic implications ［J］. J Clin Microbiol，2017，55（5）：1426-1436.

［88］ Langel S. N.，Wang Q.，Vlasova A. N.，et al. Host factors affecting generation of immunity against porcine epidemic diarrhea virus in pregnant and lactating swine and passive protection of neonates［J］.Pathogens，2020，9（2）：130.

［89］ Langel S. N.，Paim F.C.，Lager K.M.，et al. Lactogenic immunity and vaccines for porcine epidemic diarrhea virus（PEDV）：Historical and current concepts［J］.Virus Res，2016，226：93-107.

［90］ Wicht O.，Li W.，Willems L.，et al. Proteolytic activation of the porcine epidemic diarrhea coronavirus spike fusion protein by trypsin in cell culture［J］.J Virol，2014，88（14）：7952-7961.

［91］ Jung K. and Chae C. Effect of temperature on the detection of porcine epidemic diarrhea virus and transmissible gastroenteritis virus in fecal samples by reverse transcription-polymerase chain reaction ［J］.J Vet Diagn Invest，2004，16（3）：237-239.

［92］ Song D. S.，Kang B. K.，Oh J. S.，et al. Multiplex reverse transcription-PCR for rapid differential detection of porcine epidemic diarrhea virus，transmissible gastroenteritis virus，and porcine group A rotavirus［J］.J Vet Diagn Invest，2006，18（3）：278-281.

［93］ Ding G.，Fu Y.，Li B.，et al. Development of a multiplex RT-PCR for the detection of major diarrhoeal viruses in pig herds in China［J］.Transbound Emerg Dis，2020，67（2）：678-685.

［94］ Zhou X.，Zhang T.，Song D.，et al. Comparison and evaluation of conventional RT-PCR，SYBR green Ⅰ and TaqMan real-time RT-PCR assays for the detection of porcine epidemic diarrhea virus ［J］.Mol Cell Probes，2017，33：36-41.

［95］ He D.，Chen F.，Ku X.，et al. Establishment and application of a multiplex RT-PCR to differentiate wild-type and vaccine strains of porcine epidemic diarrhea virus［J］.J Virol Methods，2019，272：113684.

［96］ Ren X.，Li P. Development of reverse transcription loop-mediated isothermal amplification for rapid detection of porcine epidemic diarrhea virus［J］.Virus Genes，2011，42（2）：229-235.

［97］ Wang X.，Xu X.，Hu W.，et al. Visual detection of porcine epidemic diarrhea virus using a novel reverse transcription polymerase spiral reaction method［J］.BMC Vet Res，2019，15（1）：116.

［98］ Wang J.，Zhang R.，Wang J.，et al. Real-time reverse transcription recombinase polymerase amplification assay for rapid detection of porcine epidemic diarrhea virus［J］.J Virol Methods，2018，253：49-52.

［99］ Hou W.，Li Y.，Kang W.，et al. Real-time analysis of quantum dot labeled single porcine epidemic diarrhea virus moving along the microtubules using single particle tracking［J］.Sci Rep，2019，9（1）：1307.

［100］ Cai Y.，Wang D.，Zhou L.，et al. Application of RNAscope technology to studying the infection dynamics of a Chinese porcine epidemic diarrhea virus variant strain BJ2011C in neonatal piglets ［J］.Vet Microbiol，2019，235：220-228.

［101］ Sun D.，Wang X.，Wei S.，et al. Epidemiology and vaccine of porcine epidemic diarrhea virus in China：A mini-review［J］.J Vet Med Sci，2016，78（3）：355-363.

［102］ Park S. J.，Kim H. K.，Song D. S.，et al. Complete genome sequences of a Korean virulent porcine epidemic diarrhea virus and its attenuated counterpart［J］. J Virol，2012，86（10）：5964.

［103］ Park S. J.，Song D. S.，Park B. K. Molecular epidemiology and phylogenetic analysis of porcine epidemic diarrhea virus（PEDV）field isolates in Korea［J］. Arch Virol，2013，158（7）：1533-1541.

［104］ Sato T.，Takeyama N.，Katsumata A.，et al. Mutations in the spike gene of porcine epidemic diarrhea virus associated with growth adaptation in vitro and attenuation of virulence in vivo［J］. Virus Genes，2011，43（1）：72-78.

［105］ Song D.，Moon H.，Kang B. Porcine epidemic diarrhea：A review of current epidemiology and available vaccines［J］. Clin Exp Vaccine Res，2015，4（2）：166-176.

［106］ Tyring S. K. Mucosal Immunology and Virology［M］. London：Springer，2006.

［107］ Bourne F. J.，Curtis J. The transfer of immunoglobins IgG，IgA and IgM from serum to colostrum and milk in the sow［J］. Immunology，1973，24（1）：157-162.

［108］ Gillespie T.，Song Q.，Inskeep M.，et al. Effect of booster vaccination with inactivated porcine epidemic diarrhea virus on neutralizing antibody response in mammary secretions［J］. Viral Immunol，2018，31（1）：62-68.

［109］ Langel S. N.，Paim F. C.，Alhamo M. A.，et al. Stage of gestation at porcine epidemic diarrhea virus infection of pregnant swine impacts maternal immunity and lactogenic immune protection of neonatal suckling piglets［J］. Front Immunol，2019，10：727.

［110］ Chattha K. S.，Roth J. A.，Saif L. J. Strategies for design and application of enteric viral vaccines［J］. Annu Rev Anim Biosci，2015，3：375-395.

［111］ Kweon C. H.，Kwon B. J.，Woo S. R.，et al. Immunoprophylactic effect of chicken egg yolk immunoglobulin（Ig Y）against porcine epidemic diarrhea virus（PEDV）in piglets［J］. J Vet Med Sci，2000，62（9）：961-964.

［112］ Shibata I.，Ono M.，Mori M. Passive protection against porcine epidemic diarrhea（PED）virus in piglets by colostrum from immunized cows［J］. J Vet Med Sci，2001，63（6）：655-658.

（张建峰）

第三章
猪传染性胃肠炎

猪传染性胃肠炎是导致猪呕吐、腹泻、脱水并急性死亡的三大腹泻类疫病之一，1933 年首发于美国，目前已传遍世界几乎所有养猪的国家和地区。1956 年我国广东首现该病，先后波及全国大部分省份。该病常与猪流行性腹泻、猪轮状病毒感染等其他腹泻类疫病混合发生，并可能继发细菌感染，从而加剧疫情危害性和死亡率，给全球养猪业造成了严重损失。世界动物卫生组织 OIE 将其列为法定报告的疫病，我国将其列为三类动物疫病。

第一节　概　　述

一、定义

猪传染性胃肠炎（Transmissible gastroenteritis，TGE）是由传染性胃肠炎病毒（Transmissible gastroenteritis virus，TGEV）感染引起的一种高度接触性肠道传染病，临床以呕吐、水样腹泻和脱水为主要特征。不同日龄、品种的猪均易感，1 周龄以内的仔猪死亡率可达 100%。随着日龄增大，发病率、死亡率逐渐下降，但常出现生长缓慢[1]。

二、流行与分布

1933 年美国伊利诺伊州首先发生此病，1946 年首次分离到病毒。随后，该病在美国、加拿大等北美、中美洲国家流行，1956—1957 年出现在日本、英国，随后在亚洲、欧洲地区流行，法国、荷兰、德国、匈牙利、意大利、波兰、苏联、罗马尼亚、比利时、南斯拉夫、马来西亚以及我国台湾地区等多数养猪国家和地区均有本病发生的报道。OIE WAHIS（World Animal Health Information Database）数据库显示，截至 2019 年 6 月，该病仍然在加拿大、美国等国流行。

1956 年，我国广东省（揭阳、汕头等地）就有关于本病发生的记载，随后山东、天津、辽宁、甘肃、河北等省份也陆续发生。国内学者统计了我国 2005—2016 年的科技文献，发现我国 29 个省份均存在此病，整体感染率在 31.6% 以下，华南、华东、华中、西南地区较为严重，整体呈散发性、地方性流行态势，以 PEDV 和 TGEV 二重感染为主。2017 年至今，随着 PEDV-TGEV 二联活疫苗在我国推广使用，疫情得到一定控制。

三、危害

病毒感染猪后，主要引起传染性胃肠炎。该病是一种急性、高度接触性的肠道病毒性传染病，临床上主要表现在呕吐、脱水、水样腹泻，1 周龄以内仔猪高度死亡。各日龄及各品种的猪均易感染，2 周龄以上猪感染后死亡率较低，但生长发育缓慢，饲料报酬降低，同时还能引起怀孕后期母猪流产，给养殖业带来了巨大经济损失。世界动物卫生组织将 TGE 列为需要报告的传染病，我国将其列为三类动物疫病。

第二节　病　原　学

一、分类和命名

TGEV 属套式病毒目（*Nidovirales*）、冠状病毒科（*Coronaviridae*）、正冠状病毒亚科（*Coronavirinae*）、α 冠状病毒属（*Alphacoronavirus*）成员。按照国际病毒分类委员会 ICTV 于 2018 年发布的分类报告，正冠状病毒亚科分为 α、β、γ 和 δ 共 4 个属（图 3-1）。α 冠状病毒主要是哺乳动物和部分人类的冠状病毒，代表毒株包括 HCoV-229E、HCoV-NL63、Mi-BatCoV HKU8（长翼蝠冠状病毒）、Rh-BatCoV HKU2（菊头蝠冠状

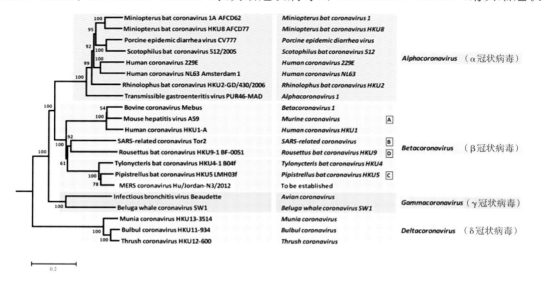

图 3-1　冠状病毒分类（ICTV，2018）

病毒）、PEDV（猪流行性腹泻病毒）、TGEV（猪传染性胃肠炎病毒）、CCoV（犬冠状病毒）和 FCoV（猫冠状病毒）等。研究表明，α 冠状病毒在形态特征、基因组结构、复制和感染特性等方面均具有相似特点[2]。

二、形态结构和化学组成

传染性胃肠炎病毒粒子的形态与其他冠状病毒相似，呈圆形、椭圆形或多边形。对培养的 TGEV 进行磷钨酸负染和电镜观察，可见病毒粒子直径为 60～200 nm，表面有囊膜和明显的花瓣状纤突，纤突长度为 12～25 nm。病猪小肠上皮细胞内传染性胃肠炎病毒粒子的直径为 65～95 nm。TGEV 有三种膜相关蛋白：纤突蛋白（S）、膜蛋白（M）、小膜蛋白（E），纤突蛋白 S 主要分布于病毒粒子表面，膜蛋白 M 横穿于脂质双层，小膜蛋白 E 镶嵌于囊膜中；其内部则由 RNA、核衣壳蛋白（N）共同组成核衣壳，呈螺旋式结构（图 3-2）[3]。

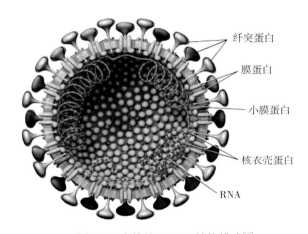

纤突蛋白

膜蛋白

小膜蛋白

核衣壳蛋白

RNA

图 3-2　成熟的 TGEV 结构模式[3]

三、培养特性

TGEV 的最佳增殖载体是猪体、猪源细胞或其细胞系。目前已知对 TGEV 敏感的细胞系有：猪甲状腺细胞（Swine glandula thyroidea）、唾液腺细胞（Sialaden cell）、猪睾丸细胞（Swine testis，ST）、胎猪和仔猪肾细胞（Porcine kidney，PK）。新分离的 TGEV 野毒株在细胞培养初期适应性较差，需要进行连续盲传直至适应。国内外研究数据表明：猪睾丸细胞是培养 TGEV 的最敏感细胞系，其次是 IBRS-2、PK-15 细胞，也可使用猪的食道、小肠组织原代培养物进行 TGEV 培养。最新研究表明，使用 ST、PK-15 培养 TGEV 过程中会出现双膜囊泡（Double membrane vesicles，DMVs），这被认为是冠状病毒复制的一个标志，而 TGEV 感染引起的 DMVs 与自噬形成有关（图 3-3）[4]。

将 TGEV 接种 ST 或 PK-15 细胞，初期可见感染细胞出现明显肿胀、部分细胞变圆，

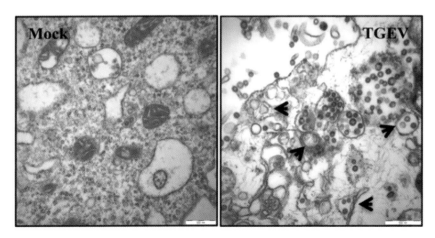

图 3-3　TGEV 接种猪睾丸细胞后的 DMVs 现象[4]

然后聚集皱缩、胞质内形成空泡，最后细胞破碎脱落，在显微镜下观察呈网状。也有发现某些 TGEV 毒株接种这两种细胞后，即使连续传代数次也不产生明显的细胞病变。

　　TGEV 与 PEDV 同属于 α 冠状病毒，体内感染均以猪小肠上皮绒毛为靶组织，临床腹泻特征十分相似，但二者的最佳培养细胞不尽一致，PEDV 对 Vero 细胞的适应性更佳。在初次培养 PEDV 时，一般需要加入适量的胰酶有助于病毒的复制，但 TGEV 的体外培养体系中不需要添加胰酶。

四、理化特性

　　在低温条件下 TGEV 非常稳定，含 TGEV 的组织病料在 −20℃ 条件下保存 18 个月病毒的滴度稍有下降；含 TGEV 的病猪排泄物在 4℃ 条件下存放 2 个月，病毒仍具有较强的感染力；将含有 TGEV 的培养物分别置于 −20℃、−40℃、−80℃ 条件下保存一年滴度不会明显下降，在液氮中存放 3 年可保持毒力不下降。TGEV 对热敏感，7℃ 4d 全部失活，37℃ 作用 20min 可使病毒灭活，56℃ 加热 45min、65℃ 加热 10min 可被完全灭活。TGEV 不耐光照，粪便中的 TGEV 在阳光下 6h 会失去活性，病毒培养物被紫外灯照射30min 即可灭活。

　　TGEV 对乙醚、氯仿、次氯酸盐、氢氧化钠、甲醛、碘、碳酸以及季铵盐化合物等敏感，但对胰酶具有较强的抵抗力，在胆汁中也能够稳定存活。该病毒能耐受强酸和弱碱，在 pH 4～8 的环境下能保持稳定；弱毒株在 pH 3 的环境中活力不减，强毒株在 pH 2 的环境中也相当稳定。TGEV 不能在腐败的组织中存活。

五、毒株分类

　　目前全球各地分离到的 TGEV 均属同一血清型。以往的研究认为 TGEV 主要划分为基因Ⅰ型、基因Ⅱ型两种毒株[5]，但自2012年以来美国等国家陆续发现TGEV变异毒株，这一毒株与传统毒株（基因Ⅰ型、基因Ⅱ型毒株）相比，在基因组的 *Nsp*3、*S* 基因以及 *ORF*3*b* 等位置存在基因插入现象[6]。在抗原性上，TGEV与猪呼吸道冠状病毒（Porcine respiratory coronavirus，PRCV）、猫传染性腹膜炎病毒（Feline infectious peritonitis virus，FIPV）、犬冠状病毒（Canine coronavirus，CCoV）有一定相关性，与SARS冠状病毒无抗原交叉反应。研究认为PRCV是TGEV的变异株，主要感染猪的呼吸道组织，感染PRCV的猪能产生与TGEV发生中和反应的抗体[7]。序列比较显示PRCV与TGEV的同源性为96%，两者之间的差异主要表现在PRCV的 S 基因的 5′端 621～681bp 有大片段缺失[8]。

六、 基因组结构和功能

（一）基因组及其功能

TGEV基因组为单股、正链、不分段RNA，基因组全长约28.5 kb，分子质量为 6×10^3 ku。病毒基因组的 5′-端为帽子结构，3′-端为poly（A）尾巴，整体分为7个区，每个区含有1个或多个ORF，组成顺序为 5′-UTR-ORF1a-ORF1b-S-nsp3a-nsp3b-E-M-N-nsp7-3′-UTR（图3-4），除ORF1a、ORF1b之间有部分重叠外，其余7个基因之间均有一定间隔[9]。

图3-4　TGEV的基因组结构示意

TGEV的复制和转录过程均在胞质中进行，其母代RNA直接发挥mRNA的作用，指导翻译病毒特异性RNA聚合酶，在RNA聚合酶的作用下以母代RNA为模板复制出互补的负链RNA，与正链RNA形成双链复制型中间体，并在转录酶的作用下以负链RNA为模板合成亚基因组RNA及子代病毒基因组RNA。在TGEV感染的细胞内可以出现4种特异性RNA，即基因组RNA、双链复制型中间体、分散存在的mRNA、不完全的RNA。TGEV的 5′末端含有67 nt的RNA先导序列，该序列与基因间隔区的一段序列互补。亚基因组mRNA转录时，先以负链的 3′端为模板转录出引导引物RNA，从模板上解离下来与聚合酶结合形成引导序列-聚合酶复合体，在两个ORFs之间的间隔区与模板重新结合并被 5′AACUAAAC3′序列所识别，从而进一步转录出亚基因组 mRNA[10]。TGEV的RNA具有感染性，不同毒株之间极易发生基因重组[11]。

（二）结构蛋白基因及其功能

1. *S* 基因

TGEV S 基因全长 4 344 bp 左右，S蛋白全长约1447 aa，经信号肽切除、糖基化后成熟，形成稳定的三聚体。成熟的S蛋白分子质量约为 200 ku。依据分布的位置，将S

蛋白分为膜外区、跨膜区和膜内区。其中，膜外区主要形成 S 蛋白的凸起部分，分布于成熟病毒粒子的表面，在电镜下观察呈皇冠状；跨膜区及膜内区位于 S 蛋白的 C 末端，有大约 20 个氨基酸残基的疏水片段，主要形成 S 蛋白，固定于脂膜中；膜内区由大约 35 个氨基酸残基组成，分成两部分，一部分含大量的半胱氨酸残基（≥50%），可能是脂酰化位点，另一部分是较小的疏水区，可能嵌入病毒粒子内部。

S 蛋白是病毒的主要结构蛋白，主要有 5 个方面作用：①携带主要的 B 淋巴细胞抗原决定簇，是唯一能够诱导机体产生中和抗体、提供免疫保护的结构蛋白；②含有宿主细胞氨肽酶受体（PAPN）的识别位点，决定宿主细胞的亲嗜性；③决定 TGEV 的致病性；④决定 TGEV 的血凝活性，用唾液酸酶处理 TGEV 后可激活其血凝活性，而 PRCV 的 S 基因有缺失，不具有血凝活性；⑤具有细胞融合作用，使病毒蛋白进入细胞质[12]。

通过单克隆抗体竞争试验确定了 S 蛋白存在 3 种层次的抗原结构，即抗原位点、抗原亚位点和抗原决定簇。S 蛋白抗原位点分为 A、B、C、D 四个位点，都在 S 蛋白 N 端 1～543 氨基酸残基之间，从 N 端起四个抗原位点分别为 C、B、D、A。抗原位点 A 位于 TGEV 的表面，位于 538～591 氨基酸范围内，并依赖于细胞内糖基化。A 位点在诱导机体产生中和抗体方面起关键作用，分为 Aa、Ab 和 Ac3 个亚位点，其中 537～547 位的 MKRSGYGQPIA 多肽可以部分代表亚位点。A 位点在冠状病毒中高度保守，在诊断和疫苗研究中有重要意义。B 位点也依赖于细胞内糖基化，具有复杂的空间结构。C 位点不暴露在天然病毒粒子的表面，为线状结构（PRCV 不含有此位点），可据此进行 TGEV 和 PRCV 的鉴别诊断。D 位点与 A 位点一样，是诱导中和抗体产生的主要位点。

2. M 基因

TGEV M 基因全长 789 bp，M 蛋白全长 263 aa，切除 N 末端的 17 aa 信号肽序列后成为成熟 M 蛋白，分子质量 29.5 ku。M 蛋白主要镶嵌于脂质囊膜中，是高度糖基化的膜蛋白，其侧链富含甘露糖天冬酰胺，能够影响病毒变异和病毒装配位点。在病毒粒子装配期间，M 蛋白的羧基端与病毒的核心区域整合，促进了病毒的组装，具有稳定病毒核心区域的作用。M 蛋白二级结构显示，M 蛋白可分为信号肽区、膜外区、跨膜区、极性区及突出囊膜外区共 5 个功能区，并且经过多次跨膜。N 端信号肽切除后，还有 1 个长约 40 aa 的亲水区，富含糖基化位点，构成 M 蛋白的外区[13]。研究发现感染 TGEV 的猪血液和肠道中有高水平的干扰素（IFNs）表达，并证实这和病毒的 M 蛋白与外周血淋巴细胞的相互作用有关[14]。分别用 M、S、N 蛋白单克隆抗体处理病毒，发现用 M 蛋白制备的单克隆抗体能够有效阻断 IFN-α 的产生，而 S 和 N 蛋白的单克隆抗体不能阻断 IFN 表达，表明 M 蛋白能够诱导 IFN 表达[15]。

3. N 基因

TGEV N 基因长 1 149bp，编码蛋白 N 长约 382 aa，分子质量为 45～47 ku。N 蛋白

是一种磷酸化蛋白，存在于病毒内部，与基因组相互结合形成核糖核酸复合体，呈螺旋结构，形成直径为 9～16 nm 的病毒核衣壳。研究表明，在病毒体外复制时，针对 N 蛋白的抗体能够抑制基因组 RNA 合成，说明 N 蛋白参与病毒核酸复制等过程[16]。N 蛋白有两个抗原区域，分别位于 N 端 1～241、C 端 174～360 氨基酸残基处。体外试验证明，针对 N 蛋白的抗体没有中和活性[17]。在病毒感染细胞时，N 蛋白有细胞核定位功能，可使宿主细胞分裂停滞，从而延长细胞分裂周期，为病毒在细胞内复制组装等提供环境，有学者认为其潜在目的是诱导宿主细胞的凋亡机制[18,19]。N 蛋白含有蛋白水解位点，通过蛋白水解作用和去磷酸化作用，对病毒粒子的装配发挥着重要功能。N 蛋白可诱导机体产生细胞免疫，且由于其高度保守性，可作为 TGEV 实验室诊断的靶抗原[20]。

4. E 基因

小膜蛋白 E 蛋白（也称为 sM 蛋白）是 TGEV 的第四种结构蛋白，是一种与膜相关的小结构蛋白，其编码基因长 246 bp，推导氨基酸长 82 aa，成熟蛋白含有 78 个氨基酸残基，为疏水性多肽，分子质量约 7.9 ku。每个病毒粒子约含 20 个 E 蛋白分子。E 蛋白与病毒粒子的囊膜结合，其 N 端位于膜内，C 端位于膜外，抗原位点位于 C 末端。通过肽扫描发现残基 64-AYKNF-68 是 E 单克隆抗体结合的核心序列。E 蛋白具有如下功能：①是 TGEV 有效复制的必需成分，参与调控病毒粒子的装配和释放；②是有效的表面抗原，在 TGEV 接种的培养细胞和感染猪血清中能检出抗 E 蛋白的抗体；③可能参与抗TGEV 感染的体液免疫和细胞免疫[21]。

（三）非结构蛋白基因及其功能

1. ORF 1 基因

TGEV 5′端帽子结构长约 20 kb，由 ORF1a 和 ORF1b 组成，分别有 4 018、2 679 个密码子，编码 RNA 依赖的 RNA 聚合酶，然后水解为复制酶和转录酶，参与病毒基因组复制和亚基因组转录[22,23]。ORF1a 编码产物中有两个类木瓜蛋白酶区（Papain-like，PL）：类 3C 蛋白酶区（3C-like，3CL）和类生长因子/受体区（Growthfactor/Receptor-like，GFL），这一位置发生突变会引起病毒毒力减弱[24]。ORF1b 编码产物中有聚合酶（Pol）区、金属离子结合区（MIB）和解旋酶（Hel）区；在 TGEV、MHV（小鼠肝炎病毒）、IBV（鸡传染性支气管炎病毒）、HCoV-229E（人冠状病毒 229E）中，Pol、MIB、Hel 以及 ORF1b 多肽的羧基端均十分保守。ORF1 编码产物中存在 14 个 3CL 切割位点，集中于 ORF1a 多肽羧基端（7 个）和 ORF1b 多肽（5 个），其中 10 个位点含有LQA/S 三联子。在第一个 PL 区存在一个 3CL 切割位点（LQA），可能是对该蛋白酶活性进行调控/灭活的位点[25]。

2. ORF 3 基因

ORF 3 基因由 ORF3a、ORF3b 两个编码区组成，其中 ORF3a 有 71 个密码子，

ORF3b 有 254 个密码子。在 ORF3 基因内部插入外源基因可以得到很好地表达，且表达蛋白具有活性，同时 TGEV 的变异株 PRCV 的 ORF3a 有基因缺失，表明 ORF3 是复制非必需基因，不参与病毒的复制。但 ORF3 对病毒的致病力和滴度有一定影响，表明该基因与病毒的感染机制有一定关系[26]。鉴于能耐受外源基因插入并表达外源蛋白，该基因在肠道病毒载体研究方面具有应用价值。

3. ORF7 基因

ORF7 位于病毒基因组 3′端，长约 138 bp，编码长 45aa、分子质量约为 9.1 ku 的疏水蛋白。缺失该段基因并不影响病毒的复制，使用缺失该段基因的重组病毒攻击易感动物并不导致动物死亡，这在 TGEV 弱毒苗研究中具有重要价值[27]。在病毒感染细胞初期，该蛋白定位于细胞膜和内质网，能促进病毒进入细胞，后期该蛋白定位于细胞核，有延长细胞分裂周期的作用[28]。

七、 病毒的遗传变异

TGEV 为单股正链 RNA 病毒，随着时间推移会发生自然进化，也会在宿主内外环境以及疫苗免疫的选择压力下发生变异，甚至经重组而产生新的毒株。

1986 年，在比利时首次成功获得 TGEV 变异株，即猪呼吸道冠状病毒（PRCV），随后在欧洲和北美洲陆续出现这一病毒株引发的疫病[8]。TGEV 和 PRCV 能诱导机体产生完全交叉反应的中和抗体，普通血清学方法不能进行区分。对 PRCV 毒株进行测序并与 TGEV 基因序列进行比较，发现相对于 TGEV S 蛋白 21～245 位氨基酸残基（224 个氨基酸残基），PRCV S 蛋白的相同位置则缺失，且 TGEV S 基因上含有 59 nt 的起始密码子。1990 年，Northern RNA 印迹法发现 TGEV Miller 株有 8 种 mRNA，其变异株-SP 株有 6 种 mRNA，两个毒株的 mRNA1、2、5、6、7 和 8 大小相同，但 SP 株缺少 mRNA3，mRNA4 发生变异；核酸酶保护试验证实，SP 株的 S 基因缺失 450 bp；cDNA 发现 SP 株缺失 462 bp，ORF3a、ORF3b 和 ORF4 基因序列有缺失，且致病性降低[22]。2012 年，国内从某养殖场腹泻仔猪体内分离到一株疑似发生基因重组的高毒力 TGEV 毒株 JS2012，经全基因测序分析及动物回归试验等系列研究，发现 JS2012 毒株的亲本毒株可能是 Miller6 和 Purdue，是一个自然重组毒株，应用 RDP4 软件进行基因重组分析发现其重组位置位于 S 基因第 23240～24324 bp；JS2012 毒株保留了 TGEV 强毒株全基因组的完整性和遗传特性，可导致未采食初乳的新生仔猪的发病率和致死率达 100%，提示这一毒株可能是强毒株[29]。国内已有毒株的全基因测序分析结果表明，国内 TGEV 毒株的全序列同源性介于 98.6%～100% 之间，目前的流行毒株与 1998 年分离的 TH-98 毒株相比没有发生明显变异，与 TGEV 代表毒株 Miller 和 Purdue 拥有共同的祖先。构建 TGEV 全基因组遗传发育进化树发现，我国的 TGEV 毒株与 2011 年以来流行于北美洲的毒株处于不同的进化分支（图 3-5）。

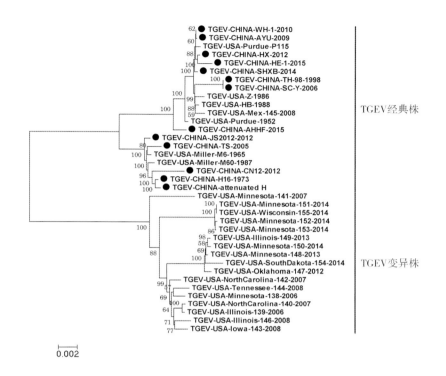

图 3-5　基于国内外 TGEV 全基因序列的遗传发育进化树

TGEV 国内分离株用●标出

八、 致病机制

TGEV 是一种典型的感染胃肠道的冠状病毒，除能在肠道组织中复制外，也可在呼吸道组织中复制，能耐受消化道的中性及偏酸 pH 环境，感染覆盖在空肠和回肠绒毛上的柱状上皮细胞。当上皮细胞感染后，导致细胞脱落以及绒毛萎缩和随后的腹泻。所有日龄、品种的猪对 TGEV 均易感，但引发胃肠炎组织病变的严重程度取决于被感染猪的日龄，尤以仔猪最为严重。2 周龄的仔猪感染 TGEV 后 20 h 出现呕吐，然后出现连续数天的腹泻，导致脱水甚至死亡。2 周龄以上的猪一般仅发病并可恢复，但生长迟缓。被感染猪的不同组织器官对病毒的易感性取决于感染猪的日龄、生长环境、病毒剂量和毒力等因素。病毒对胃肠道的致病性取决于 S 蛋白，S 蛋白序列的改变可降低病毒的致病性或使病毒失去毒性。TGEV 的唾液酸结合活性位于 S 蛋白，而 PRCV 则缺少这段 S 基因，因此没有唾液酸结合活性。TGEV 用神经氨酸酶处理后血凝素活性显著提升，同时用神经氨酸酶处理正常的细胞，然后感染 TGEV 也可以提升其血凝素活性。通过突变 S 蛋白与血凝素活性相关的一个氨基酸或在 S 蛋白的 145～155 氨基酸残基处缺失 4 个氨基酸均可导

致病毒毒力的显著降低，甚至失去血凝素活性，这表明 TGEV 的唾液酸结合活性对病毒感染具有重要作用[30,31]。

第三节 流行病学

一、传染源

病猪和带毒猪是本病的主要传染源。在猪舍密闭、湿度大、养殖密度大的养殖场可迅速传播。病毒主要存在于病猪、带毒猪的排泄物、分泌物、呕吐物以及乳汁中。病猪康复后带毒时间可长达 10 周。猪场一旦发生本病，极易成为持续性的污染源。

二、传播途径

主要通过猪之间的直接接触进行传播，也可通过呼吸道、消化道以及母猪哺乳传播。犬、猫科动物、啮齿动物等也可进行间接传播，通过被病毒污染的空气、饲料、饮水和用具等传播。病猪和带毒猪的分泌物、排泄物、呕吐物、呼出的废气、乳汁等均可携带病毒。

三、易感动物

猪是本病唯一的宿主，各年龄、品种的猪均易感，但以妊娠期母猪、哺乳期仔猪最为易感，2 周龄以上的猪感染率相对较低。本病具有种属特异性，人和其他畜禽不感染[32]。对犬、猫科动物、啮齿类动物经消化道注射大量病毒尽管不发病，但在这些动物的粪便中可检测到 TGEV 核酸，血清中可以检测到特异性抗体，表明这些动物可以携带病毒[33]。

四、流行特点

本病潜伏期最短为 15～18h，最长为 2～3d。规模猪场一旦发病，数日内可蔓延全群。本病的发生和流行具有明显的季节性，以冬春寒冷季节（11 月至次年 4 月）发生较为严重，发病高峰期为 1—2 月。流行特点主要为流行性、地方流行性和周期性地方流行性。新建猪场、TGEV 抗原抗体阴性场、养殖量大且通风和卫生措施较差的场一旦感染，极易引发流行；老疫区、曾经发生本病的猪场一般呈地方流行性或周期性流行。

第四节 临床诊断

一、临床症状

本病潜伏期短，通常为 18 h 至 3d，因毒株及其毒力差异略有不同，仔猪的潜伏期为

1d 以内。本病传播速度快，2～3d 即可波及全群。临床表现因日龄而异，新生仔猪的典型症状是呕吐、水样腹泻、脱水、体重迅速下降，发病率、死亡率极高（图 3-6）。腹泻严重的仔猪，胃肠道和粪便中常出现未消化的乳凝块，粪便腥臭。病程短，症状出现后2～7 d 死亡。泌乳母猪发病呈一过性体温升高、呕吐、腹泻、厌食、无乳或泌乳量急剧减少，致使仔猪得不到足够乳汁，病情进一步加剧，营养严重失调，病死率较高。2 周龄以上的仔猪、生长期猪和出栏期猪感染后，仅表现厌食、轻度腹泻，持续期相对较短，偶尔伴有呕吐，极少发生死亡。

图 3-6　发病猪体征（左：发病，右：死亡）（周斌）

二、剖检病理变化

TGEV 所致病理变化较轻微，常局限于消化道（特别是胃和小肠）。胃膨胀，胃内充满凝乳块，胃黏膜充血或出血，胃大弯部黏膜淤血。小肠壁弛缓、膨满，肠壁菲薄呈半透明，小肠内容物呈黄色、透明泡沫状的液体，含有凝乳块；空肠黏膜可见肠绒毛萎缩；哺乳仔猪肠系膜淋巴管的乳糜管消失（图 3-7、图 3-8）。

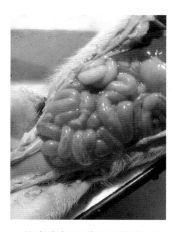
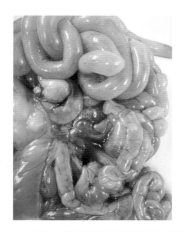

图 3-7　临床病例肠道及胃病变（吴发兴）　　　图 3-8　肠道、肠系膜淋巴结病变（周斌）

三、组织病理变化

组织学变化主要以空肠为主，从胃至直肠呈广泛的渗出性卡他性炎症变化，其特征是肠绒毛萎缩变短，回肠变化稍轻微。小肠病变有较明显的年龄特征，新生猪病变严重。采样制片进行电镜观察，可见小肠上皮细胞的微绒毛、线粒体、内质网以及细胞质内的其他成分变性，在细胞质空泡内有病毒粒子存在。

四、鉴别诊断

（一）诊断要点

（1）本病具有明显季节性，当年 11 月至次年 4 月为该病的流行期，1—2 月最易暴发，夏季极少出现。

（2）各年龄段的猪都可能发病，但以 2 周龄以内的仔猪最易发病，其发病率、死亡率均较高。

（3）病猪发病后会出现短暂呕吐，随后会频繁发生喷射状腹泻，水样便为黄色、绿色或白色，很多仔猪粪便中还含有未消化的凝乳块。

（4）病理剖检时可发现小肠出现膨胀，相关肠管膨满，呈半透明状，无弹性。

（5）在低倍显微镜下可见肠黏膜绒毛明显缩短。

（二）类症鉴别

引起仔猪腹泻的病因较多，在排除了中毒、饲料改变及其他应激因素后，要注意与其他有类似临床症状的传染病进行鉴别，包括猪流行性腹泻、猪轮状病毒感染、猪德尔塔病毒感染、仔猪白痢、仔猪黄痢、仔猪红痢、仔猪副伤寒、猪痢疾等。上述疾病的肠绒毛萎缩现象不如猪传染性胃肠炎严重，但临床诊断会因多重感染、继发感染而存在不确定性。一旦发生多种疫病混合感染或继发感染，难以做出确诊，必须综合猪群的免疫状况、主要临床症状、剖检病变、流行病学调查和实验室诊断结果才能做出确诊，以便采取针对性防控措施。

第五节　实验室诊断

一、样品采集、保存及运输

（一）样品采集

1. 病料样品

遵循典型采样原则，对病死猪主要采集空肠（中段且两端扎紧）、肠系膜淋巴结等病变最为明显的组织。对处于发病期的猪也可采集新鲜的粪便样品，采样结束后立即用无菌的带螺帽容器或塑料封口袋盛放。也可采集病猪的肛拭子，采样后立即放入装有 30％甘油磷酸盐缓冲液的灭菌离心管。

2. 血清样品

选择前腔静脉或耳静脉采血法采集全血，将注射器或采血器在室温下倾斜 30°静置 2～4 h，然后收集析出的血清，如发现溶血可采用低速离心法去除红细胞。

（二）样品保存与运输

对于可在 12～24h 内送达实验室的样品，4℃冷藏存放即可。如超过 24h，在采样、运输前均应在 4℃及以下条件下低温保存，运输前应−20℃冷冻，以免样品腐败，继而影响后续实验室诊断结果的准确性。对棉拭子样品应添加含 30％～50％灭菌甘油的生理盐水并在低温条件下保存，冷冻运输以免影响诊断结果。运输过程中应防止样品泄露，并附采样登记表。

二、样品处理及保存

（一）组织病料

将采集的空肠取一小段转移至灭菌烧杯中用灭菌剪碎，然后加入 4 倍体积、含 10 000 IU/mL青霉素和 10 000 mg/mL 链霉素的 PBS 混匀，然后转移至 2 mL 灭菌离心管中进行高速震荡研磨（也可采用研钵进行研磨），然后 4℃ 3 000 r/min 离心 20min，取上清液，经 0.22μm 微孔滤膜滤过除菌，分装标记，−20℃条件下保存备用，长期保存应置−70℃条件下。

（二）肠内容物或粪便样品

采集的发病猪粪便或肠内容物用含 10 000 IU/mL 青霉素和 10 000 mg/mL 链霉素的磷酸盐缓冲液 1∶5 稀释，然后进行充分震荡混匀，4℃ 5 000 r/min 离心 20 min，取上清液，经 0.22μm 微孔滤膜滤过除菌，分装标记，−20℃条件下保存备用，长期保存应置−70℃条件下。

（三）棉拭子样品

对于采集的含保存液的棉拭子样品，先进行充分捻转，然后反复冻融 2～3 次，经充分震荡混匀，4℃ 5 000 r/min 离心 20 min，取上清液，经 0.22μm 微孔滤膜滤过除菌，分装标记，−20℃条件下保存备用，长期保存应置−70℃条件下。

（四）血清样品

高质量血清样品可在 56℃条件下灭活 30 min 直接用于检测/诊断，如发现溶血可进行常温低速离心处理，再灭活处理。长期存放−20℃即可。

三、病原学诊断方法

可按照《猪传染性胃肠炎诊断方法》（NY/T548—2015）进行[34]。

（一）病毒分离鉴定

1. 接种及观察

将处理好的病料上清按 10%（v/v）接种敏感细胞系（推荐使用猪睾丸细胞），37℃吸附 1h 后补加细胞维持液，逐日观察细胞病变（CPE）3～4d，按 CPE 情况传 2～3 代，直至产生稳定的 CPE。

2. 病毒鉴定

TGEV 接种猪睾丸细胞后可产生 CPE，表现为细胞颗粒增多，圆缩，呈小堆状或葡萄串样均匀分布，细胞破损、脱落。对不同细胞培养物，CPE 可能有些差异，收获后可采用直接免疫荧光法、RT-PCR 或者电镜观察进行鉴定。

（二）直接免疫荧光法

本方法多选用采自急性病例的空肠（中段）或肠系膜淋巴结样本。将组织样本制成 4～7μm 冰冻切片，或制作组织样本涂片，或者细胞培养物盖玻片，标本片制好后于丙酮中固定，再用 0.02% 伊文思蓝溶液进行染色，经封固后进行荧光显微镜检查并判定结果。

（三）双抗体夹心 ELISA

本法是 TGEV 病原学诊断的常用诊断方法之一。取发病仔猪粪便或仔猪肠内容物，按样品处理方法处理，经冲洗包被板、包被抗体、加样、加酶标抗体、加底物溶液、终止反应后置室温 15 min，用酶标测试仪在波长 492 nm 下测定吸光度（OD）进行结果判定。

（四）分子生物学方法

1. 普通 RT-PCR

国内外先后建立了针对 TGEV N、M、S 等基因的普通 RT-PCR 用于本病的快速诊断。推荐采用 NY/T 548—2015 中给出的引物进行诊断，所需引物包括：反转录引物 5′-TTAGTTCAAACAAGGAGT-3′，特异性 PCR 检测引物对 5′-ATATGCAGTAGAAGACAAT-3′、5′-T TAGTTCAAACAAGGAGT-3′（下游）。

2. 鉴别 RT-PCR

本病与 PEDV、PRCV、PRoV 等病原多混合或继发感染，需要进行鉴别诊断。推荐采用 GB/T 36871—2018[35] 中给出的引物进行鉴别诊断。其中，TGEV 检测引物为 5′-TTACAAACTCGCTATCGCATGG -3、5′-TCTTGTCACATCACCTTTACCTGC -3′，PEDV 检测引物为 5′-TTCGGTTCTATTCCCGTTGATG -3′、5′-CCC ATGAAGCACTTTCTCACT ATC-3′，PRoV 检测引物为 5′-CCCCGGTATTGAATATACCACAGT -3′、5′-TTTCTGTTGG CCACCCTTTAGT-3′。必要时可进行测序，以进一步验证检测结果。

3. 荧光定量 RT-PCR

与普通 RT-PCR 相比，荧光定量 RT-PCR 具有灵敏度更高（比普通 PCR 灵敏度提升至少 10 倍）、特异性更好、可定量等诸多优点。2004 年至今，国内外研究人员分别以 TGEV N、M 等靶基因建立了一系列荧光定量检测方法，可用于本病的快速检测、相关病原鉴别检测等[36,37]。

四、血清学诊断方法

（一）血清中和试验

通常有两种方法可选：一种是用固定的病毒量与倍比稀释的血清混合，另一种是固定血清的用量与 10 倍递次稀释的病毒混合。常以猪睾丸细胞系或猪肾细胞（PK-15）系培养物进行微量中和试验。NY/T 548—2015 中采用固定抗原稀释血清法进行诊断。以微量法为例，先对指示病毒进行效价测定（$TCID_{50}$），再用稀释液倍比稀释待检血清，每个稀释度加 4 孔（每孔 $50\mu L$），再分别加入 $50\mu L$ 工作浓度指示毒，经振荡、37℃作用，再往各孔中加入细胞悬液，37℃培养，72～96h 判定结果。在对照成立的前提下（病毒抗原及阴性血清对照组均出现 CPE，阳性血清及细胞对照组均无 CPE），以能保护半数接种细胞不出现细胞病变的血清稀释度作为终点，并以抑制细胞病变的最高血清稀释度的倒数来表示中和抗体滴度。发病后 3 周以上的康复血清滴度是健康（或病初）血清滴度的 4 倍，或单份血清的中和抗体滴度达到 1∶8 或以上，均判为阳性。

（二）间接 ELISA

酶联免疫吸附试验（ELISA）是国际贸易指定的 TGE 诊断方法之一，具有特异性好、灵敏性高、操作简便、适宜推广使用等优点，可一次性对大量样品进行检测。其基本操作步骤是：抗原包被、加被检及对照血清、加酶标抗体、加底物溶液、终止反应，最后进行结果判定。按照 NY/T 548—2015，可采用目测法或比色法进行结果判定。以比色法为例，在波长 492nm 下，测定各孔 OD 值，阳性对照血清的两孔平均 OD 值＞0.7（参考值），阴性对照血清的两孔平均 OD 值≤0.183 为正常反应。如待检血清样品 OD 值≥0.2，判为阳性；如待检血清样品的 OD 值＜0.183，判为阴性；如待检血清样品的 OD 值介于 0.183～0.2 之间，判为疑似，需复检一次，如仍为疑似，则用 P/N 比值进行判定，P/N 比值≥2 判为阳性，P/N 比值＜2 判为阴性。

第六节　预防与控制

一、疫苗

接种疫苗是预防本病发生的最有效手段。我国先后批准 1 种 TGEV-PEDV-PRoV 三联活疫苗、5 种 TGEV-PEDV 二联活疫苗/灭活疫苗用于 TGE、PED 或 TGE、PED 和 PRoV 的免疫预防。从免疫效果看，近十年来，我国猪传染性胃肠炎的总体防控效果良好。推荐的 TGEV-PEDV 二联活疫苗的用法是：肌内接种，按瓶签注明头份，将疫苗用灭菌生理盐水或适宜稀释液稀释。妊娠母猪于产仔前 40 日左右接种，1 头份/头，20 日后二免，1 头份/头；新生仔猪于断奶后 7～10 日内接种疫苗，1 头份/头，间隔 14 日后二免。

二、抗病毒药物

目前尚无特效药物可用于治疗。如进行治疗，多采用对症支持疗法，可使用干扰素、转移因子和白细胞介素等生物制剂，并配合抗病毒药物（如黄芪多糖）进行肌内注射，也可用康复猪的血清。处于急性发病期的猪难以治愈。对于 2 周龄甚至更大日龄的猪，对症治疗具有一定效果，同时需要采取辅助性治疗措施，在饮水中加入口服补液盐防止脱水和酸中毒，在饲料中加入抗生素防止细菌继发感染。

三、其他措施

（一）加强饲养管理，增强抗病力

经常保持圈舍和周围环境清洁卫生，健全猪场生物安全管理措施，建立定期消毒制度，实行自繁自养、全进全出、分点饲养的方法，严禁自疫区引猪或引入免疫背景不明的猪，在寒冷季节要注意猪舍的通风和保暖。

（二）紧急处置

猪场一旦发病，要立即采取果断措施，如紧急消毒、紧急免疫接种，并进行必要的对症治疗。具体措施如下：

（1）对猪舍、养殖场周围环境、用具等进行全面、彻底的清扫和消毒。

（2）隔离发病猪并进行对症治疗，补充电解质、补液盐以减轻脱水和酸中毒，口服磺胺、呋喃西林、高锰酸钾等防止继发感染，用微生态制剂调节肠道菌群，也可以使用一些中草药抗病毒制剂。有条件的猪场也可以紧急注射抗血清，以便及时控制病情。

（3）对未发病猪群，可紧急接种 TGEV-PEDV 二联灭活疫苗，或者二联、三联活疫苗。

（4）对失去治疗价值的病猪、死猪应及时进行无害化处理，对被污染的圈舍、场地等实施严格的消毒，防止疫情散播。

▶ 主要参考文献

[1] Zimmerman J. J.，Karriker L. A.，Ramirez A.，et al.，Diseases of swine [M]．1 lth edition. West

Sussex：John Wiley & Sons Inc. Publication，2019.

［2］ Wang H.，Xue S.，Yang H.，et al. Recent progress in the discovery of inhibitors targeting coronavirus proteases［J］. Virol Sin，2016，031（1）：24-30.

［3］ 姜春霞. 猪传染性胃肠炎病毒 LJ-12 株的分离及鉴定［D］. 哈尔滨：东北农业大学，2013.

［4］ Guo L.，Yu H.，Gu W.，et al. Autophagy negatively regulates transmissible gastroenteritis virus replication［J］. Sci Rep，2016，6：23864.

［5］ 斯特劳 B.E.，阿莱尔 S.D.，蒙加林 W.L. 猪病学［M］. 第8版. 赵德明，张中秋，沈建忠，等，译. 北京：中国农业大学出版社，2000.

［6］ Chen F.，Knutson T.P.，Rossow S.，et al. Decline of transmissible gastroenteritis virus and its complex evolutionary relationship with porcine respiratory coronavirus in the United States［J］. Sci Rep，2019，9（1）：3953.

［7］ Antón I.M.，González S.，Bullido M.J.，et al. Cooperation between transmissible gastroenteritis coronavirus（TGEV）structural proteins in the in vitro induction of virus specific antibodies［J］. Virus Res，1996，46（1996）：111-124.

［8］ Pensaert M. Isolation of a porcine respiratory，non-enteric coronavirus related to transmissible gastroenteritis［J］. Vet Q，1986，8（3）.

［9］ Zuniga S.，Pascual-Iglesias A.，Sanchez C.M.，et al. Virulence factors in porcine coronaviruses and vaccine design［J］. Virus Res，2016，226：142-151.

［10］ Penzes Z.，Gonzalez J.M.，Calvo E.，et al. Complete genome sequence of transmissible gastroenteritis coronavirus PUR46-MAD clone and evolution of the purdue virus cluster［J］. Virus Genes，2001，23（1）：105-118.

［11］ Bibeau-Poirier A.，Servant M.J. Roles of ubiquitination in pattern-recognition receptors and type Ⅰ interferon receptor signaling［J］. Cytokine，2008，43（3）：359-367.

［12］ Michaela U G.，Young C S.，Chul-Hyun J.，et al. TRIM25 RING-finger E3 ubiquitin ligase is essential for RIG-Ⅰ-mediated antiviral activity［J］. Nature，2007，446（7138）：916-920.

［13］ Laude H.，Rasschaert D.，Delmas B.，et al. Molecular biology of transmissible gastroenteritis virus［J］. Veterinary Microbiology，1990，23（1）：147-154.

［14］ Riffault S.，La Bonnardi C.，Charley B.，et al. In vivo induction of interferon-alpha in pig by non-infectious coronavirus：Tissue localization and in situ phenotypic characterization of interferon-alpha-producing cells［J］. Journal of General Virology，1997，78（10）：2483-2487.

［15］ Sawicki S.G.，Sawicki D.L.，Younker D.，et al. Functional and genetic analysis of coronavirus replicase-transcriptase proteins［J］. PLoS Pathog，2005，1（4）：e39.

［16］ 常志顺，汤德元，曾智勇，等. 猪传染性胃肠炎病毒基因及其疫苗的研究进展［J］. 猪业科学，2008（12）：26-32.

［17］ Liu C.，Kokuho T.，Kubota T.，et al. DNA mediated immunization with encoding the nucleoprotein gene of porcine transmissible gastroenteritis virus［J］. Virus Res，2001，80（1-2）：

75-82.

[18] Deng F.，Ye G.，Liu Q.，et al. Identification and comparison of receptor binding characteristics of the spike protein of two porcine epidemic diarrhea virus strains[J]．Viruses，2016，8（3）：55.

[19] Liu C.，Kokuho T.，Kubota T.，et al. DNA mediated immunization with encoding the nucleoprotein gene of porcine transmissible gastroenteritis virus[J]．Virus Res，2011，80（1-2）：75-82.

[20] 李娜．猪传染性胃肠炎病毒 SC-H 株重组 N 蛋白单克隆抗体的制备[D]．雅安：四川农业大学，2008.

[21] Escors D.，Ortego J.，Laude H.，et al. The membrane M protein carboxy terminus binds to transmissible gastroenteritis coronavirus core and contributes to core stability.[J]．J Virol，2001，75（3）：1312-1324.

[22] Wesley R.D.，Woods R.D.，Cheung A.K. Genetic basis for the pathogenesis of transmissible gastroenteritis virus[J]．J Virol，1990，64（10）：4761-4766.

[23] Boursnell M.E.，Brown T.D.，Foulds I.J.，et al. Completion of the sequence of the genome of the coronavirus avian infectious bronchitis virus[J]．J Gen Virol，1987，68（Pt 1）：57-77.

[24] Galán C.，Enjuanes L.，Almazán F. A point mutation within the replicase gene differentially affects coronavirus genome versus minigenome replication[J]．J Virol，2005，79（24）：15016-15026.

[25] Joo H.S.，Donaldson-Wood C.R.，Johnson R.H. A microneutralization test for the assay of porcine parvovirus antibody[J]．Archives of Virology，1975，47（4）：337-341.

[26] Park S.J.，Moon H.J.，Luo Y.，et al. Cloning and further sequence analysis of the ORF3 gene of wild-and attenuated-type porcine epidemic diarrhea viruses[J]．Virus Genes，2008，36（1）：95-104.

[27] 姜春霞，马广鹏，姜艳平，等．猪传染性胃肠炎病毒 LJ-12 株的分离与鉴定[J]．畜牧与兽医，2013（3）：51-54.

[28] Paton D.，Ibata G.，Sands J.，et al. Detection of transmissible gastroenteritis virus by RT-PCR and differentiation from porcine respiratory coronavirus[J]．Journal of Virological Methods，1997，66（2）：303-309.

[29] Guo R.，Fan B.，Chang X.，et al. Characterization and evaluation of the pathogenicity of a natural recombinant transmissible gastroenteritis virus in China[J]．Virology，2020，545：24-32.

[30] Bernard S.，Laude H. Site-specific alteration of transmissible gastroenteritis virus spike protein results in markedly reduced pathogenicity[J]．J Gen Virol，1995，76（Pt 9）：2235-2241.

[31] Krempl C.，Schultze B.，Laude H.，et al. Point mutations in the S protein connect the sialic acid binding activity with the enteropathogenicity of transmissible gastroenteritis coronavirus[J]．J Virol，1997，71（4）：3285-3287.

[32] 李志亚．猪传染性胃肠炎与猪流行性腹泻的区别[J]．现代农业科技，2010，000（15）：371-371.

[33] Haelterman E.O. Epidemiological studies of transmissible gastroenteritis of swine[J]．Proc US

Livest Sanit Assoc，1962，66：305-315.

［34］NY/T548—2015 猪传染性胃肠炎诊断方法［S］. 北京：中国农业出版社，2015.

［35］GB/T36871—2018 猪传染性胃肠炎病毒、猪流行性腹泻病毒和猪轮状病毒多重 RT-PCR 检测方法
［S］. 北京：中国标准出版社，2018.

［36］Kim S. H.，Kim I. J.，Pyo H. M.，et al. Multiplex real-time RT-PCR for the simultaneous
detection and quantification of transmissible gastroenteritis virus and porcine epidemic diarrhea virus
［J］. J Virol Methods，2007，146（1-2）：172-177.

［37］白兴华. TGEV TaqMan 荧光定量 RT-PCR 检测方法的建立及其 S 蛋白抗原位点的原核表达［D］.
北京：中国农业科学院，2007.

（吴发兴、崔进）

第四章
猪呼吸道冠状病毒病

　　猪呼吸道冠状病毒病是由猪呼吸道冠状病毒感染引起的猪的一种呼吸道传染病，目前呈世界流行。本病虽然感染率高，但发病率和病死率低，单独感染通常不会造成较大损失，如果出现混合感染则损失较大。因此，猪呼吸道冠状病毒单独作为猪传染性病原的意义不大，但作为猪呼吸道疾病综合征的病原之一，可诱发多因素呼吸道疾病。随着集约化养猪业的发展，猪呼吸道疾病综合征广泛流行，逐渐成为危害养猪业的严重疫病。目前预防本病还没有商品化的疫苗，养殖场必须通过加强饲养管理进行综合防控。

第一节　概　　述

一、定义

　　猪呼吸道冠状病毒病（Porcine respiratory coronavirus disease，PRCVD），是由猪呼吸道冠状病毒（Porcine respiratory coronavirus，PRCV）引起的一种以呼吸系统症状为主的猪传染性疾病。感染猪临床上以腹式呼吸为典型特征，目前呈全球流行。本病感染率高，但发病率和病死率低，单纯感染危害较小，如果出现混合感染或继发感染常导致严重损失。随着集约化养猪业的发展，该病日益成为危害国内外养猪业的严重疫病。不同年龄和不同品种的猪群都可感染，主要通过空气或直接接触传播，一年四季都可发生。

二、流行与分布

1. 国际流行历史与现状

　　本病于1984年首次发生在比利时[1]，几乎所有猪场均被感染PRCV，然后迅速传遍整个欧洲，呈地方性流行。英国、丹麦、法国、德国等其他欧洲国家先后有本病暴发的报道。北美于1990年分离到病毒，有猪群感染后无明显临床症状，但PRCV抗体呈阳性的现象。韩国于1996年报道猪群PRCV感染，3年后几乎遍及全国[2]。

2. 国内流行历史与现状

我国自 1996 年开始有本病的报道[3]。国内学者使用西班牙 Ingenasa 公司生产的 TGEV 和 PRCV 抗体鉴别 ELISA 试剂盒进行检测，发现 PRCV 抗体总阳性率为 27.92%[4]。2007 年一项调查发现，在广东省内饲养的美国系、丹麦系、加拿大系、法国系等猪场 PRCV 抗体阳性率分别达到 65.4%、75.7%、0.1%、0.9%，表明我国南方地区普遍存在本病的流行[5]。上海、浙江、安徽和湖北等地区也存在 PRCV 抗体阳性猪群[6]。2012 年对福建三明地区 21 个规模猪场 TGEV 和 PRCV 的感染情况调查发现，PRCV 阳性猪场达到 85.7%，同时感染两种病毒的阳性猪场占比为 57.1%，表明该地区猪场普遍存在双重感染[7]。因此，我国华东及南方地区普遍存在本病的感染，且病毒在猪群中可能已经长期存在。

三、危害

PRCV 引起的呼吸道症状较轻，一般呈亚临床感染或仅表现轻微的呼吸道症状，如轻微的间质性肺炎、呼吸加快、发热及体重下降等。因此，PRCV 单独感染作为猪传染性病原的意义不大，但可作为猪呼吸道疾病综合征（Porcine respiratory disease complex，PRDC）的病原之一，易诱发多因素呼吸道疾病。如与猪流感病毒（SIV）、猪伪狂犬病毒（PRV）、猪繁殖与呼吸综合征病毒（PRRSV）等混合感染，导致猪发热、呼吸困难、咳嗽等，病情加重；料肉比增加，日增重降低，严重者可导致病猪突然死亡[8]。

第二节 病 原 学

一、分类和命名

1986 年比利时首次分离到 PRCV，认为是 TGEV 的基因缺失变异株，属于非肠道致病性冠状病毒[1]。1989 年美国也分离到该病毒，经鉴定其基因组与 TGEV 相似性超过 90%。因此，PRCV 也属于套式病毒目（*Nidovirales*）、冠状病毒科（*Coronaviridae*）、正冠状病毒亚科（*Coronavirinae*）、α 冠状病毒属（*Coronavirus*）（图 4-1）。研究表明，所有 α 冠状病毒在形态特征、基因组结构、复制和感染特性等方面均具有相似特点。

二、培养特性

PRCV 对细胞培养的适应情况具有细胞依赖性，较敏感的细胞是猪甲状腺原代细胞、

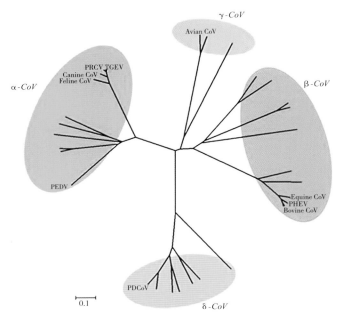

图 4-1　冠状病毒分类[9]

唾液腺细胞、猪睾丸细胞、胎猪肾细胞和猪肾细胞等。有研究发现，AR310 株在猪肾原代细胞中生长良好，在培养后 24h 产生典型的细胞病变，形成合胞体，大小均匀，内有 5～10 个细胞，这些细胞在 96h 后细胞核出现破裂、浓缩，细胞开始死亡，其内部结构变得模糊，周围细胞脱落[10]。然而，该毒株在 PK-15 培养时未形成细胞病变，RT-PCR 也未检测到病毒，怀疑该病毒未能适应 PK-15 细胞[11]。

三、理化特性

目前关于病毒抵抗力的报道较少，推测与 TGEV 相似。PRCV 对光和温度敏感，阳光照射 6 h，或 56 ℃ 90 min，或 65 ℃ 10 min 可灭活。该病毒在低温状态下较稳定，冻干状态下可存活 1 年以上，4 ℃条件下可保存 4 周[12]。

四、毒株分类

因为 PRCV 大多从 TGE 流行或 TGEV 血清学阳性的猪群中分离到，与 TGEV 序列同源性较高，且仅观察到由基因缺失和点突变引起的差异，没有发现 PRCV 所独有的序列，因此 PRCV 被认定是 TGEV 基因缺失突变的结果。分析发现，PRCV 法国分离株 RM4 与 TGEV Purdue 株间的核苷酸和氨基酸水平有 96% 的同源性。PRCV 与其他 TGEV 毒株的同源性也很高。两种病毒之间的差异主要有两处：①PRCV 在 S 蛋白的 N端有大量碱基缺失，不同毒株的碱基缺失情况各不相同，缺失范围为 621～681 个核苷酸[13]。PRCV S 基因的大段缺失机制尚不清楚，可能与 RNA 重组伴随多聚酶跳跃有关，免疫压力也可能具有一定作用。如 AR310 是第一个从小肠组织分离的 PRCV 毒株，AR310 来源的猪群曾接种过 TGEV 商品疫苗，推测免疫选择压力可能在 AR310 的 S 基因缺失中起到一定作用[14]。许多毒株在 ORF3/ORF3a 和（或）ORF3b/ORF3-1 内有不同大小的缺失，因而不能检测到这些 mRNA 或只能检测到截短的 mRNA 和蛋白。其中 AR310 株和 LEPP 株的 ORF3 基因编码的 72 个氨基酸的蛋白及 8 个基因组 mRNA 均与 TGEV 的 Miller 株一致，它们是 PRCV 分离株中有完整功能性 ORF3 基因的毒株[15]。

五、基因组结构和功能

PRCV 基因组为单股正链 RNA，基因组全长 27～28 kb，5′端具有帽子结构，并与一短引导序列相连，3′端具 polyA 尾。全基因组可分为 7 个区，每个区有一个或多个开放阅读框（ORF），整个基因组的结构顺序为 5′-1a-1b-S-3/3a-3-1/3b-E-M-N-7-3′（表 4-1）。ORF1a 和 1b 编码病毒的聚合酶，ORF2、ORF4、ORF5、ORF6 分别编码病毒的纤突蛋白（S）、小膜蛋白（E）、膜蛋白（M）和核衣壳蛋白（N）。ORF3a 和 ORF3b 和基因 7 的 ORF 分别编码病毒的非结构蛋白[12]。PRCV 只有 1 个血清型。PRCV 和 TGEV 二者不能通过中和试验区分开（图 4-2）。

表 4-1　五个毒株的结构与非结构蛋白的氨基酸长度[16]

	强毒株 TGEV Miller M6	致弱株 TGEV Miller M60	强毒株 TGEV Purdue	致弱株 TGEV Purdue P115	PRCV-ISU-1 株
Replicase 1a	4017	4017	4017	4017	4014
Replicase 1b	2680	2680	2680	2680	2680
S	1449	1448	1449	1447	1222
3a	72	72	71	71	—
3b	244	67	244	244	205
E	82	82	82	82	82
M	262	264	262	262	261
N	382	382	382	382	382
7	78	78	78	78	78

1. S 蛋白

与 TGEV 相似，均有抗原位点 A，可刺激机体产生中和抗体[18,19]。PRCV 中 S 蛋白变异性较大，不同分离株 S 基因缺失片段大小在 621～681nt 之间，这些缺失可导致两个抗原位点（C 和 B 或 D）丢失（图 4-3）。根据这些缺失的抗原位点，可制备相应的单克隆

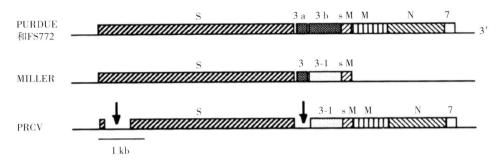

图 4-2　PRCV 与 TGEV 参考毒株的基因组相似性比较[17]

抗体，用于建立鉴别诊断方法[20]。冠状病毒的 S 蛋白对于病毒黏附于靶细胞及病毒与细胞膜的融合起关键作用，PRCV S 蛋白的缩短可导致病毒繁殖位点的改变，由原来的嗜消化道器官组织变为嗜呼吸道器官组织，从而获得了感染呼吸道的能力[12]。

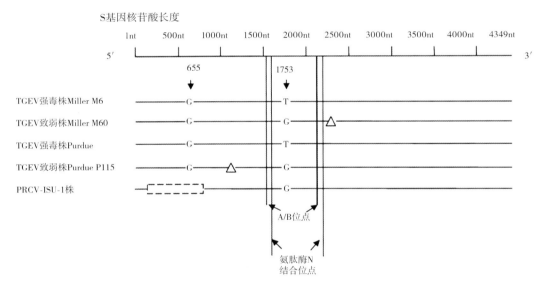

图 4-3　病毒 S 基因的缺失和突变示意[16]

两个 TGEV 弱毒株和 PRCV 中 1 753nt 的 T 到 G 突变，导致 S 蛋白中 585 处丝氨酸被丙氨酸取代。
标出了 A／B 位点的近似抗原区域（nt 1 518～2 118）和氨肽酶 N（APN）结合位点（nt 1 566～2 232）

2. M 蛋白

为跨膜糖蛋白，与 S 蛋白结合参与病毒的组装。M 蛋白可能与 N 蛋白有相互作用。

3. N 蛋白

为核衣壳蛋白，含 400 多个氨基酸，在特定区域存在高度保守的基序[21]。

4. ORF3

为非结构蛋白。有毒力的 PRCV 有完整的 *ORF3a* 基因，而无致病性 PRCV *ORF3* 基因发生改变，导致其功能丧失或编码产物无功能，或者 *ORF3a* 基因会缺失[22]（图 4-4）。

同样，有研究发现无致病性的 TGEV 变异株空斑形态发生变化，ORF3 有缺失，说明 ORF3 可能是毒力与复制的重要决定簇。但也有研究发现 *ORF3a* 存在、*ORF3b* 基因缺失的 PRCV 毒株，检测不出 mRNAs 或其功能丧失[23]。非结构蛋白研究将对建立区别疫苗株免疫与野毒感染的方法很有帮助。

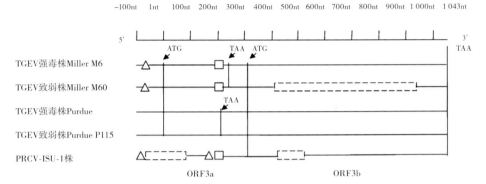

图 4-4 五个毒株 *ORF3a* / *3b* 基因（nt 1～1 043）示意[20]

由于 ATG 起始密码子缺失，PRCV-ISU-1 无法编码非结构蛋白 3a。TGEV M60 株的 ORF 3b 中有 531 nt 缺失（405～935 nt），PRCV-ISU-1 株的 OPF3b 中有 117 nt 缺失（407～523 nt）

六、 病毒的遗传变异

通过对 PRCV 和 TGEV 毒株的序列比较，加深了人们对 PRCV 毒株的来源、进化和基因缺失区功能的认识。PRCV 是 TGEV 基因缺失突变的结果，与 TGEV 同源性很高，仅观察到由缺失和点突变组成的差异，没有发现 PRCV 独有的序列。PRCV AR310 和 LEPP 两个毒株存在完整的 *ORF3* 基因，S 基因缺失 621 nt，提示从 TGEV 到 PRCV 进化过程中可能存在中间基因型[13,24]。许多欧洲 PRCV 分离株在 5′端同样位置有 672 nt 的缺失，说明可能来自共同的祖先，而源于美国的 PRCV 在不同位置有不同缺失（621～681nt），提示它们可能有独立的起源。

七、 致病机制

PRCV 对呼吸道细胞有亲和性，能感染猪呼吸道上皮细胞和肺泡巨噬细胞。病毒能在鼻、肺、气管、支气管、细支气管、肺泡和巨噬细胞中复制。PRCV 感染能增加肺对大肠杆菌脂多糖（LPS）的敏感性。通过给 SPF 猪接种 PRCV，随后接种 LPS，可复制出多因素呼吸道疾病，猪表现为呼吸困难、食欲减退和废绝，而仅接种 PRCV 或 LPS 的猪仅表现亚临床感染[25]。一旦感染，猪很快发生病毒血症，且病毒散播到实质器官及淋巴结；PRCV 仅感染一些位于肠绒毛和腺窝上皮层的肠道细胞，不会散播到邻近细胞。PRCV 仅

限制在肠管复制的现象，可解释为何很少在 PRCV 感染猪群粪便中检测到病毒[26,27]。

第三节　流行病学

一、传染源

隐性带毒猪或者患病猪是本病的主要传染源。这些猪可通过口鼻飞沫及其形成的气溶胶，或者病毒污染的设施设备使健康猪感染[28,29]。

二、传播途径

本病主要通过空气和直接接触传播。呼吸道途径是本病的主要传播途径。阳性猪场在饲养管理过程中大多对空气消毒不严格，猪舍尘埃粒子过多，有害气体含量超标，对动物的呼吸道刺激较强。当猪呼吸道黏膜在刺激下遭到一定程度破坏时，便为野毒感染创造了一定的机会。病毒通过空气或直接接触而感染所有年龄的猪，甚至可以发生远距离传播。在粪便中检测不到病毒，表明不存在粪-口传播途径[30]。

三、易感动物

不同年龄和不同品种的猪群都可感染，新购入仔猪易被感染而发病。仔猪人工感染PRCV 后出现短暂发热，肺部啰音，生长缓慢；母猪人工感染后，部分猪出现咳嗽及繁殖障碍。但仔猪可通过吮乳获得母源保护，可抵抗 TGEV 感染[31]。

四、流行特点

在大部分地区，PRCVD 已变成地方流行性疫病，常年存在于猪群中。感染猪通过呼吸道分泌物中排毒，通过空气或直接接触传播，但病毒不分泌到粪便中。本病一年四季都可发生。PRCVD 能持续在猪场中流行，或者春夏季炎热时消失，而在寒冷季节又再次出现。猪群发病情况与猪场饲养管理水平、病毒感染剂量、是否存在混合感染、养殖环境和感染季节等因素有关。猪群养殖密度、猪场间的距离和季节性会影响 PRCVD 流行和传播[32]。在高密度饲养区域，PRCV 可传播于数千米外的邻近猪场。母源抗体下降的仔猪在转群进入保育猪舍后不久即可表现血清学阳性，或者阴性猪与隐性带毒猪混养也会被感染。感染过 PRCV 的母猪所产仔猪因腹泻导致的死亡率始终较低，即使哺乳仔猪感染TGEV，也不会使母猪发病或无乳[33]。

五、分子流行病学

有学者用鼻拭子分离到 3 株 PRCV（BW126、BW154 和 BW155）[34]。这 3 株病毒 S

基因区域缺失了 105～752 nt，这明显与早期报道的分离株缺失大小不同。此三株病毒在 ORF3/3a 和 ORF3-1/3b 处也有序列变化，影响了 PRCV 的 ORF 大小和氨基酸序列[15]。

PRCV 的 S 基因 5′ 端有一个较大的基因缺失区，而在 ORF3/3a 和 ORF3-1/3b 则有个小的缺失区（图 4-5）。这些缺失区在美国和欧洲分离株稍有不同[35]。PRCV 的每个 ORF 的上游都有共同的基因序列 CTAAAC，但 ORF3/3a 上游的这个共同序列部分缺失或改变。由于中和抗体可直接作用于 TGEV 的 S 蛋白 A 抗原位点，而 PRCV 在 A 抗原位点并未缺失，因此利用中和试验和大多数的传统血清学检测不能区分 TGEV 和 PRCV 感染。PRCV 各个分离株缺失区的大小差异较大，从 621 nt 至 681nt 不等，进而丧失了 B、C 位点，这是通过阻断 ELISA 鉴别检测 TGEV 和 PRCV 的分子基础[36,37]。

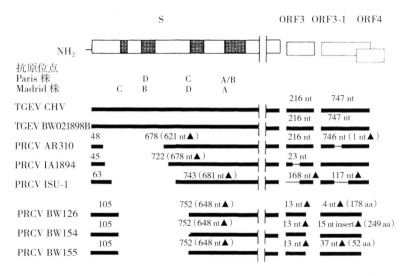

图 4-5　PRCV 和 TGEV 不同分离株在 S、ORF3/3a、ORF3-1/3b 的缺失

空白区域表示缺失区大小

第四节　临床诊断

一、临床症状

PRCV 感染猪所引起的临床症状及严重程度取决于毒株的差异，通常表现为亚临床型，临床症状比较温和或不表现症状，与 TGE 完全不同。仔猪是该病主要侵袭对象，特别是 2～3 周龄处于哺乳期的仔猪，感染率很高，但发病率和病死率非常低。单纯的 PRCV 感染只是表现短期咳嗽，并无其他临床表现。保育猪和育肥猪大多呈现一过性感染，表现轻微呼吸道炎症、间发性咳嗽和气喘。性成熟的母猪和种公猪感染后通常无临床症状。仔猪感染后，出现短暂发热、肺部啰音、张口呼吸，生长受阻，体重下降。哺乳母

猪出现发热、咳嗽及繁殖障碍等症状。由于猪群中广泛存在多种呼吸道病毒和细菌，它们与 PRCV 的混合感染可导致严重的呼吸道疾病[38,39]。如 PRRSV 感染后，再感染 PRCV，病猪发热、体重减轻、呼吸道症状等更加严重。当试验感染 PRCV 2d 后再感染 PRV，猪呼吸道症状的严重程度明显增加。

二、剖检病变

剖检病变主要在肺脏，呈斑驳色泽与实质化，病变与其他病毒性肺炎相似。肺脏可见多灶性支气管间质性肺炎，气管坏死，肺泡有大量渗出物[39]。

三、病理变化

在 PRCV 感染猪体内只有在小肠中有少数分散细胞含有 PRCV 抗原，被感染的细胞位于小肠绒毛囊层中或底部，病毒不扩散到周围其他细胞中，说明 PRCV 对其他细胞的侵蚀性较低[40]。

四、鉴别诊断

PRCV 与 TGEV 抗原密切相关，猪感染 PRCV 后产生的抗体与 TGEV 具有交叉中和反应，而且常从 TGE 地方流行的猪群中分离到 PRCV，因此有必要建立 TGEV 与 PRCV 的鉴别诊断方法，如阻断 ELISA 法、免疫荧光法、cDNA 探针斑点杂交、原位杂交、斑点杂交、RT-PCR/PFLP、RT-PCR、RT-套式 PCR 等[36,41]。此外，PRCV 也需与其他常见的可导致呼吸道疾病的病原体进行鉴别诊断，如猪繁殖与呼吸综合征病毒（PRRSV）、猪流感病毒（SIV）和猪伪狂犬病毒（PRV）等。

第五节　实验室诊断

一、样品采集

进行病原学诊断时可以采集鼻腔液棉拭子、肺组织匀浆液等样品。进行血清学抗体调查时，可采集猪的血液样本[42,43]。

二、血清学检测技术

1. 阻断 ELISA

PRCV 的 S 蛋白 1 个或 2 个抗原位点（C 和 B 或 D）缺失，蛋白分子较小[3,44,45]。由于大多数病毒中和抗体是直接针对 A 位点，传统的抗体检测方法并不能区分 PRCV 与

TGEV。因此，基于针对 S 缺失区的抗原位点（一个是 A 位点，另一个是 D 位点）的单克隆抗体（简称单抗）所建立的阻断 ELISA 方法，可从血清学上区分 PRCV 和 TGEV 感染[46,47]。A 位点在两种病毒中都是比较保守的，只要感染了 PRCV 或 TGEV 的猪血清中均会产生针对此位点的抗体，阻断 ELISA 即是通过血清抗体与病毒 S 蛋白结合，与 A 位点单抗竞争。相反，D 位点只在 TGEV 中存在，PRCV 缺失，感染 TGEV 的猪血清与位点 D 单抗竞争。然而，有时可能会出现 TGEV 假阳性结果或模棱两可的反应，很难确诊 TGEV 或 PRCV 感染猪群中 TGEV 的存在[48]。目前该方法可用于 PRCV 血清流行病学调查和进出口检疫，是区别 PRCV 和 TGEV 的常用方法。但由于单抗针对特定的抗原位点，而不同 TGEV 毒株的抗原位点可能有差异，会导致某些样品 PRCV 的漏检。

2. 中和试验

PRCV 和 TGEV 的抗原具有高度相似性，均可刺激机体产生中和抗体。该方法不能鉴别诊断 PRCV 或 TGEV 的感染。如果经中和试验检测为阳性，只能确认猪受到 TGEV 或 PRCV 感染[49]。

三、病原学检测技术

1. 病毒分离

本方法是诊断的经典方法，用于 PRCV 分离鉴定的细胞有猪肾细胞（PK-15）和猪睾丸细胞（ST）等。研究发现，PRCV 也能在猫肾传代细胞系 F81 中生长。鼻腔液棉拭子和肺组织匀浆液是常用于分离 PRCV 的材料，接种细胞后细胞病变形成过程与 TGEV 非常相似，都可见合胞体。但分离到的病毒还需要采用其他鉴定方法来进一步证实，以排除 TGEV 感染的可能性[50]。

2. 电子显微镜检查

可通过电镜和免疫电镜观察 TGEV 和 PRCV 进行区分，这两种病毒在形态上的微细差异对鉴别这两种病毒粒子具有初步诊断意义[51]。免疫电镜可应用于检测鼻腔分泌物中的 PRCV，但此方法无法区别 PRCV 与 TGEV，除非使用特异性单抗。

3. 免疫荧光抗体技术

此法是在病毒培养基础上结合免疫学反应特性的检测技术，在特异性、灵敏度上优于病毒分离，但相当耗时[52]。

4. 分子生物学方法

随着分子生物学技术的发展以及对 TGEV 与 PRCV 全基因组序列的深入分析，使得 RT-PCR 和核酸探针杂交等核酸检测技术在病原检测方面得到广泛应用。

（1）RT-PCR　根据 TGEV 和 PRCV 基因组序列，在 S 基因 5′端保守区设计一对引物（F：5′-GGGTAAGTTGCTCATTAGAAA -3′，R：5′-GCAGTGCCACGAGTCCTATCAT -3′），

此引物扩增区域系针对 TGEV 与 PRCV 差异较大区域，可实现鉴别诊断。与传统的血清学和免疫学检测方法相比，快速准确，特异性和敏感性较高[53]。国外也有应用多重 RT-PCR 对 TGEV 和 PRCV 进行鉴别检测的报道[54]。国内有专家采用巢式 RT-PCR（外引物 P1：5′-TTA GGA AGG GTA AGT TGC TC-3′，P2：5′-GAC TGG CCA TAA GCA ATT-3′；内引物：P1：5′-TAT TTG TGG TYT TGG TYG TAA TGC-3′，P2：5′-GGC TGT TTG GTA ACT AAT TTR CCA-3′）实现了对 TGEV 和 PRCV 的鉴别检测[55]。

（2）核酸探针杂交技术   对病毒 RNA 通过反转录形成的 cDNA 采用放射性同位素标记后，可与病毒的 mRNA 发生特异性结合，从而实现通过斑点杂交技术对 TGEV 和 PRCV 的分子特征进行鉴定[56]。国外有学者以 S 基因的部分序列制备放射性核酸探针，对接种于细胞培养物上和自然感染猪病变肺组织中的 TGEV 和 PRCV 进行检测，建立了快速原位杂交方法[57]。近年来一些非放射性标记物（如荧光素、生物素、地高辛等）标记的核酸探针被广泛应用到 PRCV 的分子生物学诊断研究中，其中对地高辛标记的核酸探针研究得更为深入，国外学者用此探针鉴别诊断 TGEV 和 PRCV[58]。2005 年又发展出了一种基于 RT-PCR 的斑点杂交技术来鉴别检测 PRCV 与 TGEV，检测的敏感性相比普通 RT-PCR 有了很大提高。

第六节　预防与控制

迄今为止，我国关于 PRCV 的研究和报道较少，是否存在 PRCV 大面积流行尚没有确切的数据。因此，首先应该开展 PRCV 流行病学调查，掌握我国 PRCV 的流行分布规律，减少猪群感染，对解决当前猪呼吸道综合征的复杂问题具有重要意义。加强对病毒免疫学和致病机制研究，为疫苗的研发奠定基础。

一、疫苗研发

该病目前还没有成熟的市售疫苗。PRCV 与 TGEV 在免疫学上有部分交叉反应，现有市售的 TGEV 疫苗在免疫后产生的抗体理论上对 PRCV 的感染可能起到一定的保护作用。免疫过 TGEV 疫苗的猪群 PRCV 感染率明显低于未免疫猪群。但由于这两种病毒在血清学上还存在一定差异，故不能用 TGEV 疫苗来完全替代 PRCV 疫苗。使用 AR310 毒株的 S 基因主要抗原位点片段构建了携带 PRCV S 基因片段的复制缺陷型重组腺病毒，通过蛋白印迹和间接免疫荧光试验证明 PRCV S 基因片段在 HEK293 细胞中成功获得了表达，有望制成基因工程疫苗[59]。另外，通过动物试验发现，仔猪接种 PRCV 6～8d 后再感染 TGEV，仔猪仅表现轻微的胃肠炎症状，攻毒 3d 后体重就开始恢复增加，且排毒量较对照组少，排毒时间也较短，其原因可能在于仔猪接种 PRCV 后，启动了免疫系统，限制了 TGEV 在肠内的繁殖。PRCV 能诱导肠道对 TGEV 的主动免疫作用，表明感染过 PRCV 的断奶仔猪对于 TGEV 攻毒可以提供部分保护，减少 TGEV 排毒，减轻腹泻，说明 PRCV 和 TGEV 有一定的交叉保护作用[60]。

二、抗病毒药物

由于本病病程短，且症状表现较轻，对猪的后期生长无明显的不良影响，也不会严重影响母猪的生产性能，故单纯的 PRCV 感染无须治疗。但对于养殖环境较差、消毒制度不严格的猪场，建议使用广谱抗生素进行饲喂，以防止出现支原体、胸膜肺炎放线杆菌、肺炎链球菌等继发感染。一旦出现继发感染或者混合感染，可导致感染严重，甚至出现死亡。常用的药物有土霉素、四环素、多西环素、硫酸头孢喹肟、替米考星、复方阿莫西林等，用药量为临床治疗量的一半就能达到明显效果[2]。

三、其他措施

病毒性疾病的预防以疫苗免疫为主，但目前没有成熟的市售疫苗，养殖场必须通过加强生产管理进行预防。除了强化饲养管理外，猪群的饲养密度适宜，猪舍通风良好，猪场舍与舍之间的间距合理，不同饲养区之间绿色隔离带建设合理等都是预防本病发生的良好措施。日内温湿度差异过大、长途运输、频繁更换饲养员、饲料霉变、天气突变及注射应激等因素都会促使本病的流行，一定要注意避免[2]。养殖场应坚持"养大于防、防大于治"的养殖理念。猪群的整体免疫机能正常，能够保持对外界的高度抵抗力，可预防本病的发生。

▶ 主要参考文献

[1] Pensaert M., Callebaut P., Vergote J. Isolation of a porcine respiratory, non-enteric coronavirus related to transmissible gastroenteritis[J]. Vet Q, 1986, 8 (3)：257-261.

[2] 杜贵贤，余少华. 猪呼吸道冠状病毒感染的免疫与防治[J]. 畜禽业，2018，29 (8)：93-96.

[3] 张净，夏谦，高晓燕，等. 用阻断酶联免疫吸附试验检测猪传染性胃肠炎病毒抗体和猪呼吸道冠状病毒抗体[J]. 中国兽医科技，1996 (12)：24-25.

[4] 罗坚强，柴文娴，王姣，等. 常州地区猪传染性胃肠炎和呼吸道冠状病毒病血清学调查[J]. 养殖与饲料，2014 (10)：38-40.

[5] 鱼海琼，罗长保，林志雄，等. 广东省部分猪场猪圆环病毒、猪呼吸道冠状病毒、猪流感病毒的血清学抗体调查情况初报 [C]. 石家庄：中国畜牧兽医学会2009学术年会，2009.

[6] 蒋静，李健，胡永强，等. 上海等4省市动物冠状病毒的流行病学调查[J]. 畜牧与兽医，2007 (12)：50-52.

[7] 陈小丽，吴德喜. 三明地区规模猪场传染性胃肠炎和呼吸道冠状病毒病血清学调查[J]. 福建畜牧兽

医，2013，35（2）：20-21.

［8］查红波.猪呼吸道冠状病毒感染［J］.中国动物保健，2003（11）：50-51.

［9］Wang，Leyi. Animal coronaviruses. ［M］. New York：Springer，2016.

［10］Callebaut P.，Pensaert M. B.，Hooyberghs J. A competitive inhibition ELISA for the differentiation of serum antibodies from pigs infected with transmissible gastroenteritis virus（TGEV）or with the TGEV-related porcine respiratory coronavirus［J］. Vet Microbiol，1989，20（1）：9-19.

［11］Mcclurkin A. W.，Norman J. O. Studies on transmissible gastroenteritis of swine. Ⅱ. Selected characteristics of a cytopathogenic virus common to five isolates from transmissible gastroenteritis ［J］. Can J Comp Med Vet Sci，1966，30（7）：190-198.

［12］邱深本，罗映霞，黄爱芳，等.猪呼吸道冠状病毒研究进展［J］.广东农业科学，2008（11）：84-86.

［13］房红莹，窦守强，罗满林.猪呼吸道冠状病毒研究进展［J］.中国兽药杂志，2007（5）：40-43.

［14］Costantini V.，Lewis P.，Alsop J.，et al. Respiratory and fecal shedding of porcine respiratory coronavirus（PRCV）in sentinel weaned pigs and sequence of the partial S-gene of the PRCV isolates ［J］. Arch Virol，2004，149（5）：957-974.

［15］Rasschaert D.，Duarte M.，Laude H. Porcine respiratory coronavirus differs from transmissible gastroenteritis virus by a few genomic deletions［J］. J Gen Virol，1990，71（Pt 11）：2599-2607.

［16］Zhang X.，Hasoksuz M.，Spiro D.，et al. Complete genomic sequences，a key residue in the spike protein and deletions in nonstructural protein 3b of US strains of the virulent and attenuated coronaviruses，transmissible gastroenteritis virus and porcine respiratory coronavirus［J］. Virology，2007，358（2）：424-435.

［17］Laude H.，Van Reeth K.，Pensaert M. Porcine respiratory coronavirus：Molecular features and virus-host interactions［J］. Vet Res，1993，24（2）：125-150.

［18］Callebaut P.，Enjuanes L.，Pensaert M. An adenovirus recombinant expressing the spike glycoprotein of porcine respiratory coronavirus is immunogenic in swine［J］. J Gen Virol，1996，77（Pt 2）：309-313.

［19］李焕荣，张春叶，林祥梅，等.猪呼吸道冠状病毒及实验室诊断方法研究进展［J］.北京农学院学报，2007（2）：78-80.

［20］Zhang X.，Hasoksuz M.，Spiro D.，et al. Complete genomic sequences，a key residue in the spike protein and deletions in nonstructural protein 3b of US strains of the virulent and attenuated coronaviruses，transmissible gastroenteritis virus and porcine respiratory coronavirus［J］. Virology，2007，358（2）：424-435.

［21］覃健萍，曹永长，毕英佐.猪呼吸道冠状病毒（PRCV）研究概况［J］.广东畜牧兽医科技，2004（2）：15-16.

［22］Paul P. S.，Vaughn E. M.，Halbur P. G. Pathogenicity and sequence analysis studies suggest potential role of gene 3 in virulence of swine enteric and respiratory coronaviruses［J］. Oxygen

Transport to Tissue，1997，412：317-321.

[23] Vaughn E. M.，Halbur P. G.，Paul P. S. Sequence comparison of porcine respiratory coronavirus isolates reveals heterogeneity in the S，3，and 3-1 Genes[J]. Journal of Virology，1995，69（5）：3176-3184.

[24] 王慧珊，高志强，王金宝，等．猪传染性胃肠炎病毒与猪呼吸道冠状病毒荧光 RT-PCR 鉴别检测方法建立与应用[J].中国动物检疫，2011，28（10）：31-34.

[25] Reeth K. V.，Gucht S. V.，Pensaert M. In vivo studies on cytokine involvement during acute viral respiratory disease of swine：troublesome but rewarding [J]. Veterinary Immunology & Immunopathology，2002，87（3-4）：161-168.

[26] 黄绍棠．一种与传染性胃肠炎病毒相关的新病毒——猪呼吸道型冠状病毒[J].中国兽医杂志，1992（1）：48-49.

[27] 李振华．猪冠状病毒性疫病的诊断与控制[J].北京农业，2013（30）：150.

[28] 李海霞，徐继艳．猪呼吸道疾病综合征的控制策略[J].黑龙江畜牧兽医，2006（6）：109-110.

[29] 徐畅．猪呼吸道疾病与控制策略[J].畜牧兽医科技信息，2018（8）：99-100.

[30] 徐新林，张成武．规模化猪场猪传染性胸膜肺炎防治[J].农村科技，2014（4）：70.

[31] 张兆军，杨焕良．病毒性猪呼吸道疾病的诊断与防制[J].畜牧兽医科技信息，2005（11）：85-87.

[32] 钟长银，张梓英．猪呼吸道疾病综合征的预防与控制[J].河南畜牧兽医，2005（3）：22.

[33] 王守忠．猪冠状病毒感染[J].当代畜禽养殖业，2003（6）：27-28.

[34] Kim L.，Hayes J.，Lewis P.，et al. Molecular characterization and pathogenesis of transmissible gastroenteritis coronavirus（TGEV）and porcine respiratory coronavirus（PRCV）field isolates co-circulating in a swine herd[J]. Archives of Virology，2000，145（6）：1133-1147.

[35] Enjuanes L.，Zeijst B. A. M. V. Molecular basis of transmissible gastroenteritis virus epidemiology [M]. New York：Springer US，1995.

[36] 范秀萍．TGEV/PRCV 鉴别诊断方法的建立及 TGEV N 蛋白单克隆抗体的制备 [D]. 哈尔滨：东北农业大学，2009.

[37] 张净，周以凤．应用微量血清中和试验检测猪传染性胃肠炎病毒抗体[J].动物检疫，1991（4）：13-14.

[38] 李训良，刘贺．猪传染性胃肠炎检测技术研究进展[J].畜禽业，2017（3）：4-6.

[39] 潘耀谦，刘兴友．猪病诊治彩色图谱 [M]．北京：中国农业出版社，2004.

[40] 陈正贤．猪呼吸道冠状病毒[J].动物检疫，1993（3）：19-20.

[41] 王树成，朱世强．运用阻断 ELISA 鉴别诊断进口猪血清中 TGEV、PRCV 抗体[J].中国进出境动植检，1996（1）：33-34.

[42] Cox E.，Hooyberghs J.，Pensaert M. B. Porcine respiratory coronavirus related to transmissible gastroenteritis virus [J]. Research in Veterinary Science，1990，48（2）：165-169.

[43] Pensaert M. B. Transmissible gastroenteritis virus（respiratory variant）[J]. Virus Infections of Porcines，1989：154-165.

[44] Saif L. J.，Wesley R. D. Transmissible gastroenteritis and porcine respiratory coronavirus [J].

ResearchGate，1999，45：295-325.

[45] Krempl C.，Schultze B.，Laude H.，et al. Point mutations in the S protein connect the sialic acid binding activity with the enteropathogenicity of transmissible gastroenteritis coronavirus [J]. Journal of Virology，1997，71 (4)：3285-3287.

[46] Simkins R. A.，Weilnau P. A.，Cott J. V.，et al. Competition ELISA，using monoclonal antibodies to the transmissible gastroenteritis virus (TGEV) S protein，for serologic differentiation of pigs infected with TGEV or porcine respiratory coronavirus [J]. American Journal of Veterinary Research，1993，54 (2)：254.

[47] Simkins R. A.，Weilnau P. A.，Bias J.，et al. Antigenic variation among transmissible gastroenteritis virus (TGEV) and porcine respiratory coronavirus strains detected with monoclonal antibodies to the S protein of TGEV [J]. American Journal of Veterinary Research，1992，53 (7)：1253-1258.

[48] Sestak K.，Zhou Z.，Shoup D. I.，et al. Evaluation of the baculovirus-expressed S glycoprotein of transmissible gastroenteritis virus (TGEV) as antigen in a competition ELISA to differentiate porcine respiratory coronavirus from TGEV antibodies in pigs [J]. Journal of Veterinary Diagnostic Investigation，1999，11 (3)：205-214.

[49] 尹杰，文心田，曹三杰，等. 间接 ELISA 检测猪传染性胃肠炎与猪呼吸道冠状病毒抗体的方法建立 [C]. 郑州：2010.

[50] Laude H.，Van Reeth K.，Pensaert M. Porcine respiratory coronavirus：Molecular features and virus-host interactions [J]. Vet Res，1993，24 (2)：125-150.

[51] 王继科，马思奇，王明，等. 猪流行性腹泻与猪传染性胃肠炎病毒的电镜和免疫电镜观察 [J]. 中国预防兽医学报，1999 (3)：32-34.

[52] Costantini V.，Lewis P.，Alsop J.，et al. Respiratory and fecal shedding of porcine respiratory coronavirus (PRCV) in sentinel weaned pigs and sequence of the partial s-gene of the PRCV isolates [J]. Archives of Virology，2004，149 (5)：957-974.

[53] 尹燕博，吴国平，孙淑芳，等. RT-PCR 检测和区分猪传染性胃肠炎病毒和猪呼吸道冠状病毒的研究 [J]. 中国预防兽医学报，2002 (4)：62-64.

[54] Kim O.，Choi C.，Kim B.，et al. Detection and differentiation of porcine epidemic diarrhoea virus and transmissible gastroenteritis virus in clinical samples by multiplex RT-PCR [J]. Veterinary Record，2000，146 (22)：637-640.

[55] 沈海娥，郭福生，龚振华，等. 应用套式 PCR 检测和区分猪传染性胃肠炎病毒和猪呼吸道冠状病毒的试验 [J]. 中国动物检疫，2003 (7)：21-23.

[56] Shockley L. J.，Kapke P. A.，Lapps W.，et al. Diagnosis of porcine and bovine enteric coronavirus infections using cloned cDNA probes [J]. Journal of Clinical Microbiology，1987，25 (9)：1591-1596.

[57] Sirinarumitr T.，Paul P. S.，Halbur P. G.，et al. Rapidin situhybridization technique for the detection of ribonucleic acids in tissues using radiolabelled and fluorescein-labelled riboprobes [J].

Molecular & Cellular Probes，1997，11 (4)：273-280.

[58] Vaughn E. M.，Halbur P. G.，Paul P. S. Use of nonradioactive cDNA probes to differentiate porcine respiratory coronavirus and transmissible gastroenteritis virus isolates [J] . J Vet Diagn Invest，1996，8 (2)：241-244.

[59] 贺东生，王磊，邱深本，等. 携带猪呼吸道冠状病毒 S 基因片段的重组腺病毒的构建及鉴定[J] . 中国预防兽医学报，2007，29 (10)：743-747.

[60] 杨乐乐，郭福生，孙淑芳，等. 猪传染性胃肠炎病毒 S 基因全抗原位点片段及猪呼吸道冠状病毒缺失片段表达产物的反应原性比较[J] .病毒学报，2005 (5)：384-388.

（周　斌）

第五章
猪血凝性脑脊髓炎

猪血凝性脑脊髓炎是由猪血凝性脑脊髓炎病毒感染引起猪的一种急性传染病，以呕吐和神经症状为典型特征，主要对幼龄仔猪的危害性较大，死亡率高。本病于 1957 年首次发生于加拿大，目前呈世界范围分布。近年来也有成年猪感染发病的报道，血清学调查发现成年猪群隐性感染率较高。本病对养猪业的危害备受关注。

第一节　概　　述

一、定义

猪血凝性脑脊髓炎（Porcine hemagglutinating encephalomyelitis，PHE）是由猪血凝性脑脊髓炎病毒（Porcine hemagglutinating encephalomyelitis virus，PHEV）感染引起的一种急性、高度传染性疾病。临床上以 3 周龄以内的哺乳仔猪发病为主，病仔猪呈现呕吐和神经症状等特征，死亡率可达 100%[1]。有的 PHEV 毒株可感染成年猪引起发病，表现以呼吸道感染为主的急性流感样症状[2]。

二、流行与分布

1. 国际流行历史与现状

本病于 1957 年首次发现于加拿大的安大略省[3]。血清学调查证实，PHEV 感染呈世界性分布[4]。在欧洲（英国、比利时、德国、法国、奥地利、丹麦、捷克）、亚洲（中国、日本、韩国、泰国）、北美洲（加拿大、美国）、南美洲（阿根廷）和大洋洲（澳大利亚）等多个国家均可检测到 PHEV 感染，并且在多数猪群中呈亚临床感染[5]。2009—2010 年对韩国 17 个猪场检测发现，哺乳仔猪 PHEV 感染阳性率为 14.3%，断奶仔猪为 6.5%[6]。针对美国 13 个州以及墨西哥和加拿大的 269 份腹泻样品检测发现，5% 的星状病毒感染阳性病例中可以检测到 PHEV 核酸[7]。2017 年捷克猪冠状病毒的流行率评估发现，大约 8%（12/151）的鼻拭子样本中可检测到 PHEV 核酸[8]。

近年来，呈现大规模暴发的 PHE 疫情也有多次报道。2006 年阿根廷部分猪场暴发本病，导致 1 226 头哺乳仔猪死亡，致死率约为 12.6%[9]。2015 年美国密歇根州农业博览会上暴发急性猪呼吸道疾病，排除了甲型流感病毒感染，确定 PHEV 是感染猪表现急性流感样疾病的原因[2]。对美国 19 个州的 104 个养猪场的 2 756 份血清样品（>28 周龄繁殖母猪）进行 PHEV 抗体检测，总体阳性率为 53.35%，证明本病在美国猪群中的感染较为普遍[10]。

2. 国内流行历史与现状

我国最早在 1984 年就有本病的报道，导致北京郊区某猪场 252 头猪死亡，死亡率高达 80%以上[11]。1994 年，我国台湾地区暴发 PHEV 感染，仔猪病死率几乎达 100%[12]。血清学调查证实，在吉林、山东、河北、天津、辽宁、黑龙江等地均有不同程度的 PHEV 抗体阳性猪群[13-15]。本病自 1999 年以来在国内多个地区暴发，尤其是 2007 年以后多个规模化猪场发生严重疫情，死亡率高达 47.6%～100%，给本病的防控再次敲响了警钟[16-19]。

三、危害

猪血凝性脑脊髓炎的分布广泛，随着病例报道的逐渐增多，其对养猪业的危害性也受到高度关注。大量数据显示，PHEV 抗体阴性的哺乳仔猪感染病毒后，死亡率可达 100%。由此可见，本病一旦暴发流行，其危害十分严重。

由于发病仔猪呈现的神经症状（如精神紧张、震颤痉挛、抽搐等）与仔猪伪狂犬病极为相似，以呕吐为主要症状的仔猪临床表现与猪流行性腹泻等有很多相似性，因此，本病在临床诊断时常常被误诊。2015 年发生于美国的成年猪感染后呈现的症状与急性猪流感极为相似，使得 PHEV 对成年猪的危害性也得到高度重视[2]。

此外，呈隐性感染的成年猪不仅可向周围环境散毒，而且病毒在宿主体内长时间复制可能发生基因变异，进而导致毒力增强，也给养猪业造成极大威胁。因此，对本病的防控不容忽视。

第二节 病 原 学

一、分类和命名

PHEV 属于冠状病毒科、β 冠状病毒属的成员，是目前唯一能够感染猪的嗜神经性冠状病毒[20]。由于病毒具有凝血活性和典型的神经嗜性，自然状况下仅感染猪，并导致脑炎和脊髓炎，因此将其命名为猪血凝性脑脊髓炎病毒。本病毒的英文缩写曾有用"HEV"和"PHE-CoV"等不同的写法，但 2011 年以后发表的文献中多用"PHEV"。根据 ICTV

对冠状病毒的命名规则，PHEV 毒株常以"PHEV-分离地英文缩写-分离年份"方式命名，如 2014 年分离自长春的毒株，命名为 PHEV-CC14[19]。

二、形态结构和化学组成

在电镜下，PHEV 具有冠状病毒的典型特征，病毒粒子呈球形，直径为 100~150 nm，棒状的表面突起排列成"日冕"状从囊膜凸出，脂质的双层膜包裹一个核糖核蛋白复合体核心[21]。利用电镜技术对 IBV、TGEV、PHEV、新生犊牛腹泻冠状病毒（Neonatal calf diarrhea coronavirus，NCDCV）及 HCoV-OC43 的形态多样性进行对比研究，证明这 5 种冠状病毒群体具有相似的内部结构（图 5-1），包括内膜袋（Inner membranous bag）和内折叠（Inner fold)[22]。当受到化学试剂的刺激后，病毒外包膜脂蛋白受到自然环境的某种修饰后，环境与病毒内部之间的渗透反应将改变自然状态下病毒颗粒的形态特征[22]。

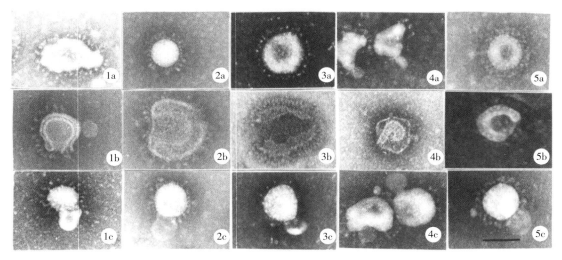

图 5-1 五种冠状病毒的电子显微照片[22]

1a~5a 表示甲醛或洗涤剂处理之前的病毒形态，其余表示甲醛或洗涤剂处理之后的病毒舌状结构（1b~5b）和内部折叠外翻（1c~5c）。1-IBV，2-NCDCV，3-PHEV，4-TGEV，5-HCoV-OC43

三、生物学特性

自然状况下 PHEV 仅感染猪。可在传代适应的小鼠及大鼠脑中复制[23,24]。PHEV 对神经细胞易感，也可在原代猪肾细胞中培养，细胞病变的特征是形成合胞体。本病毒也可在猪的甲状腺、胎肺、睾丸细胞系中培养繁殖，在电镜下可见培养细胞中病毒粒子通过内质网膜芽生而装配形成。PHEV 具有凝血活性，能凝集小鼠、大鼠、鸡等动物的红细胞。病毒只有一个血清型，与新生犊牛腹泻冠状病毒及人冠状病毒 OC43 有一定的抗原交叉反应[25]。

四、理化特性

PHEV 在 pH 4～10 环境中稳定，对热和脂溶剂敏感，56℃ 30 min 可以使病毒灭活，乙醚和氯仿能去除其感染性和凝血活性，紫外线能明显减弱其感染性。病毒在低温状态下相对比较稳定，－80℃或液氮中冻存能够存活多年。与 IBV、TGEV、NCDCV 及 HCoV-OC43 相比，PHEV 对甲醛、吐温-80、油酸钠及 NP-40 等刺激处理具有强抵抗性[22]。

五、毒株分类

PHEV 不同毒株间的基因差异主要集中在非结构蛋白 NS2 和 NS4.9，以及结构蛋白 S 等基因，但 PHEV 基因组在进化上保持相对稳定，未见有 PHEV 发生自然重组的报道。不同毒株间具有血清学交叉反应[5]。根据已有病例的临床表现特征，结合对分离毒株的基因序列分析，推测 PHEV 的不同毒株感染后引起的临床症状可能会有差异。以此为依据，可将 PHEV 分为三个基因型：基因Ⅰ型（在 NS2 和 NS4.9 中具有截短的碱基缺失）、基因Ⅱ型（在 NS2 中具有大片段的碱基缺失）和基因Ⅲ型[2]。

六、 基因组结构和功能

PHEV 基因组为单股正链 RNA，长度约为 30kb（29 866～30 684 bp）。基因组至少包含 11 个开放阅读框（ORF），5′末端有帽子结构，3′末端有 poly（A）尾，基因排列次序为 5′-UTR-ORF1ab-HE-S-E-M-N-3′-UTR，编码附属蛋白的基因分布在结构蛋白基因之间（图 5-2）[26]。

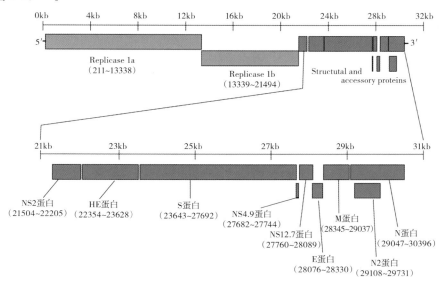

图 5-2　PHEV/2008 毒株全基因组 ORF 序列的预测图谱[26]

ORF1ab 长度约占基因组总长度的 2/3，包括 ORF1a 和 ORF1b，通过核糖体移码阅读产生 2 个多聚蛋白，即 pp1a 与 pp1ab。多聚蛋白在病毒自身编码的水解酶（木瓜样蛋白酶和 3C 样蛋白酶）作用下形成 16 个非结构蛋白，分别被命名为 nsp1~nsp16，其中包括一系列病毒生存所必需的关键酶。例如，nsp3 编码的木瓜样蛋白酶（PLP）参与多聚蛋白的水解过程，PLP 与自噬相关蛋白 Beclin1 相互作用可诱导 PHEV 感染的细胞发生不完全自噬，维持病毒自身的复制增殖[27,28]；nsp5 编码 3C 样蛋白酶参与多聚蛋白的水解过程；nsp12 编码 RNA 依赖的 RNA 聚合酶，参与病毒的复制增殖；nsp14 和 nsp16 编码的蛋白酶参与基因组 5′端帽子的形成。

位于 ORF1ab 下游的 5 个 ORF 分别编码 5 种结构蛋白：血凝素酯酶蛋白（HE）、纤突蛋白（S）、小膜蛋白（E）、膜蛋白（M）和核衣壳蛋白（N）。这 5 种蛋白功能各异，共同维持着病毒粒子正常的生物功能。HE 蛋白是具有血凝特性的一种糖蛋白，只存在于 β 冠状病毒 A 亚群和 C 型流感病毒中，能够吸附多种动物的红细胞，对病毒粒子的形成起着相当重要的作用。S 蛋白是一种糖蛋白，含有多种抗原表位，包括病毒的中和性抗原表位，可刺激宿主产生中和抗体，对病毒的吸附和侵袭过程起关键作用。S 蛋白第 291~548 位氨基酸与神经细胞黏附分子（Neural cell adhesion molecule，NCAM）特异性结合介导病毒的侵入[29,30]。E 蛋白是病毒粒子包膜组成成分，控制病毒粒子的组装。M 蛋白是一种糖基化的跨膜蛋白，在病毒的组装和出芽过程中起重要作用，是整个病毒粒子中含量最高的结构蛋白[20]。N 蛋白位于病毒粒子内部，与基因组 RNA 形成串珠样的核衣壳结构，有 N1 和 N2 两个表位，其中 N1 可刺激宿主产生具有高亲和力的抗体。N 蛋白也是一种重要的干扰素拮抗蛋白，能够有效抑制 PHEV 感染细胞干扰素的产生[26]。

在编码结构蛋白的基因之间含有编码附属蛋白的基因，目前已知的附属蛋白有 NS2、NS4.9 和 NS12.7。PHEV 基因组中 NS2 基因的部分片段缺失增加病毒的呼吸道嗜性，能够引起成年猪流感样症状[2]。关于 NS4.9 及 NS12.7 蛋白的功能研究较少。

七、 致病机制

PHEV 是一种典型的嗜神经性冠状病毒，主要侵害宿主的中枢神经系统。自然情况下，易感动物通过呼吸道和消化道感染，然后病毒沿外周神经末梢以不同的移行路径到达中枢神经系统[20]。经足垫给大鼠接种 PHEV 后 3d，即可在同侧背根神经节检测到病毒抗原；经足垫给小鼠接种病毒可引起神经症状及死亡，通过在接种病毒后 1h 切断接毒同侧的坐骨神经得到抑制，为本病毒的神经传播途径研究提供了直接证据[31]。病毒在体内主要定位于神经细胞，不感染胶质细胞。

1. PHEV 侵入机体的途径

病毒侵入机体的模式可能是：①经呼吸道感染的病毒首先在鼻黏膜上皮细胞中复制，

然后转移到三叉神经节和脑干三叉神经传感核；或者沿外周迷走神经转移到脑干迷走神经核，进而侵入到大脑皮质、海马等区域的神经细胞内进行复制，最终导致神经损伤而表现神经症状（图5-3）；②经消化道感染后，病毒从小肠神经丛转移到局部脊髓感觉神经节，逆行通过外周神经到达神经中枢负责肠道蠕动的区域，从而导致临床表现明显的呕吐。以显影剂饲喂感染的仔猪，显影剂在仔猪胃内停留时间（2～10d）显著长于在正常仔猪胃内的停留时间（约10h）[32]。食物滞留的原因可能是PHEV感染损伤胃壁神经丛导致胃排空迟滞，据此推测胃的病变与仔猪衰弱症状有较强的相关性[32]。

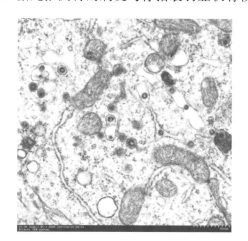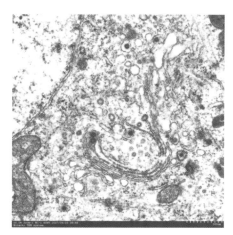

图5-3　PHEV在小鼠大脑皮质区域神经细胞中复制

2. PHEV致神经损伤的机制

PHEV侵入脑组织后，小胶质细胞和星形胶质细胞被显著激活而参与神经炎症反应，但病毒并不感染胶质细胞，主要在神经细胞内复制增殖[33,34]。PHEV的纤突蛋白S第291～548位氨基酸与神经细胞黏附分子（NCAM）特异性结合后吸附于神经细胞表面，通过网格蛋白介导的内吞途径进入细胞，这一过程需要在酸性环境下，发动蛋白、胆固醇和Eps15等多种蛋白的参与下完成[30,35]。在PHEV入侵过程中，快速激活胞内整合素α5β1-FAK-Cofilin级联信号，并借助于微丝高度动态变化区域的肌动蛋白解聚因子的解聚作用动态调控F-actin骨架系统，从而为病毒侵入神经细胞提供动力作用[36]。

PHEV感染神经细胞后，诱导宿主miR-142-5p表达显著上调，其靶向抑制unc-51样激酶1（ULK1）的表达而使神经细胞出现轴突生长发育不良、树突棘形成不稳定以及神经突不规则膨胀和断开等退行性病变[37]。PHEV感染诱导ULK1功能缺失后，加速了病毒依赖Rab5GTPase激活型囊泡实现胞内转运，造成NGF/TrkA信号转导异常，最终导致神经细胞损伤[38]。PHEV感染诱导宿主细胞miR-let-7b下调后，靶向性促使激活型caspase 3表达上调，会加速神经细胞凋亡[39]。病毒在感染的神经细胞内质网和高尔基体连接处出芽，在囊泡内组装的子代病毒粒子以囊泡分泌方式释放出胞外，并利用胞吞和胞吐方式在相邻神经元之间跨突触传播，促使其由外周神经向中枢神经系统传播[40]。

第三节　流行病学

一、传染源

发病猪和隐性带毒猪为本病的主要传染源，被病毒污染的饲料、饮水、垫草等也可以传播病毒。研究表明，病猪通过口鼻分泌物向外排毒的时间为感染后 1～28d，通过粪便向外排毒的时间为 1～10d[20]。无明显临床症状的感染猪由呼吸道向外排毒可长达 10d，未见有长期带毒猪存在[32]。

二、传播途径

本病可通过消化道和呼吸道传播。病猪通过鼻腔分泌物或粪便向外排毒，易感猪通过口、鼻互相接触或吸入含有病毒的气溶胶而感染发病。感染后，病毒首先在鼻黏膜、扁桃体、肺和小肠黏膜上皮中复制，然后通过外周神经末梢以不同的移行路径传播到中枢神经系统[20]。病毒在体内主要定位于大脑、脊髓、延髓及脑干神经核中神经元的核周围胞质及突起。在整个 PHEV 感染过程中检测不到病毒血症，与狂犬病病毒的侵袭途径有一定的相似性。

三、易感动物

自然情况下，PHEV 仅感染猪，尤其是 3 周龄以内的哺乳仔猪最易感。除部分毒株可引起急性流感样症状外，成年猪多为隐性感染。PHEV 可人工感染小鼠和大鼠。

四、流行特点

本病流行十分普遍，且在大多数猪群中呈现亚临床感染。临床症状主要见于哺乳期仔猪，PHEV 抗体阴性母猪所生的仔猪可整窝发病、死亡[20]。年龄较大的猪感染后，常不会出现明显的临床症状。有报道显示，PHEV 可导致成年猪发病，表现以呼吸道感染为主的急性流感样症状[2]；将分离到的病毒用 42 日龄猪进行回归试验，证明其可导致感染猪表现流感症状和背部肌肉抽搐等神经症状，其致病机理仍需进一步研究[41]。

在本病流行地区，大部分仔猪可通过初乳获得母源抗体的保护，母源抗体至少可存在 6 周；当母源抗体逐渐消失时，主动免疫逐渐形成，发挥抗病毒作用。研究表明，主动免疫与被动免疫更替时间为仔猪出生后 8～16 周[32]。应注意此阶段仔猪的饲养管理，防止疫病发生。

本病暴发通常是由于引进无明显临床症状的带毒猪。病毒带入猪群的 3～4 周内，所有抗体阴性的新生仔猪都可感染发病[32]。通常情况下，发病后期出生的仔猪可通过母猪的初乳中获得母源抗体而不再发病。病毒会在感染猪群中存在一段时间，但持续时间目前仍不清楚。

五、分子流行病学

不同国家或地区猪群中 PHEV 抗体的血清阳性率有较大差别，如加拿大 31％、比利时 95％、北爱尔兰 46％、英格兰 49％、德国 75％、日本 52％～82％、美国 11％～99％[5]。对我国吉林、辽宁和山东等省部分地区未见有明显临床症状猪群的血清抗体检测发现，总体阳性率分别为 54.7％、44％和 61.24％，说明 PHEV 感染在猪群中普遍存在，且多呈隐性传播。

对 44 株冠状病毒 E 蛋白基因序列进行系统进化树分析，发现北美株 PHEV 67N 毒株（感染仔猪以神经症状为主要特征）与 BCoV F15、BCoV Mebus、HCoV-OC43 亲缘关系较近（图 5-4）[64]；而 PHEV NT9（感染仔猪以腹泻、呕吐、衰竭为主要特征）与比利时株 PHEV VW572 的亲缘关系最近，与 PHEV 67N 遗传距离较远[42]。2009 年分离自吉林

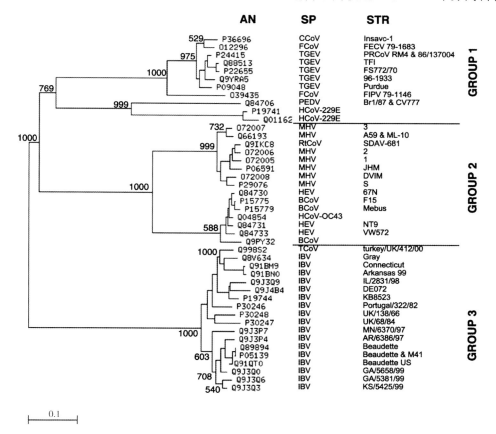

图 5-4　不同冠状病毒的系统进化树分析[64]

省四平市某猪场病死仔猪的 PHEV-JL09 毒株，其 *HE* 基因与 PHEV 67N（AY078417）亲缘关系最近，其次为加拿大株 PHEV IAF-404（AF481863）和欧洲株 PHEV VW572（DQ011855）[17]。

2017 年，对美国密歇根州、印第安纳州及俄亥俄州的 10 株 PHEV 分离株（感染成年猪以流感样症状为主要特征）进行全基因组测序，利用 CGView 比较软件进行统计分析，发现这些毒株与 PHEV VW572 毒株具有 2.1%~2.2% 的基因组差异，这些差异主要集中在 ORF1b、NS2、S、NS4.9 及 3'-UTR，其中非结构蛋白 NS2 基因变异最大（图 5-5）。根据 NS2 的差异可将 PHEV 毒株分为 3 个基因型[2]。通过对 GenBank 中收录的 PHEV 全基因组序列进行系统进化树分析，不同的 PHEV 分离株分为明显的两簇，分别称为基因Ⅰ型（GⅠ）与基因Ⅱ型（GⅡ），来自中国的分离株（PHEV-2008、PHEV-CC14）和来自比利时的分离株（PHEV-VW572）分别构成基因Ⅰ型的 2 个亚型（GⅠ-1、GⅠ-2），来自 2017 年美国的分离株位于基因Ⅱ型，分别构成了基因Ⅱ型的 3 个亚型（GⅡ-1、GⅡ-2、GⅡ-3）[26]。

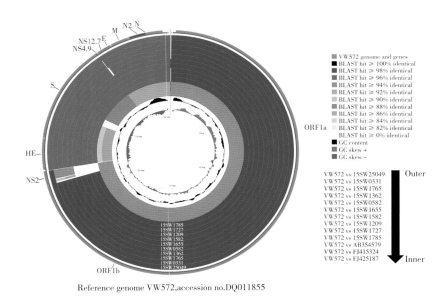

图 5-5 10 株 PHEV 美国分离毒株的全基因组比较[2]

第四节 临床诊断

一、临床症状

PHEV 可感染各个年龄段的猪，但不同的毒株感染后猪表现的临床症状存在一定的差异。根据发病猪的主要临床症状，可分为三种类型：脑脊髓炎型、呕吐-衰竭型和流感型。通常情况下，小于 4 周龄的仔猪感染后常见的临床症状为神经症状、呕吐、消瘦等，部分病例可见有腹泻特征；有些毒株感染成年猪后主要表现流鼻涕、咳嗽等急性呼吸道症状。不同的临床症状可能与病毒自身的毒力、感染途径以及动物的年龄等因素有关。

1. 脑脊髓炎型

多在仔猪出生后 4～7d 内发病，初期有间歇性呕吐，打喷嚏、咳嗽或上呼吸道不畅等症状。间歇性呕吐可持续 1～2d，但往往症状轻微，不会导致严重脱水。1～3d 后，病猪出现全身肌肉颤动等神经症状，步态蹒跚，向后退行，后期呈犬坐姿势、虚弱、不能站立。鼻和蹄部发绀，有时出现失明、角弓反张及眼球颤动现象。最后因呼吸困难、衰竭、昏迷而死。发病仔猪死亡率可达 100%，常在出现症状后 4～5d 死亡。较大的猪常见后躯麻痹，发病轻而短暂。少数病例伴随失明和表现迟钝，在 3～5d 后能够完全恢复。同一窝猪从开始发病到表现出明显症状一般要经过 2～3 周[4]。

2. 呕吐-衰竭型

潜伏期为 4～7d，常见反复呕吐或干呕。哺乳仔猪表现为刚吃奶不久即停止吸吮，吃下的奶又很快吐出来。发病初始体温升高，但 1～2d 内可恢复正常。有的感染猪磨牙、不爱喝水或喝水很少，便秘和体质变弱。持续呕吐及食物摄入减少导致病猪体况迅速变差。较小的仔猪几天后会严重脱水，表现呼吸困难、昏迷、死亡。较大的猪食欲消失，消瘦，这种消耗状态可持续 1～6 周直至饿死（图 5-6）。可见因胃扩张导致仔猪上腹部膨大。同窝猪病死率几乎 100%，幸存者可能会成为永久性僵猪。在疾病暴发的急性期，一些病猪可能会显示出神经症状，如步态异常、反应迟钝、颤抖及眼球震颤等[4]。

图 5-6　仔猪感染 PHEV 后表现厌食、呕吐、消瘦[20]

3. 流感型

通常认为 4 周龄以上的猪感染后多无明显的临床症状，部分感染的母猪会出现短暂性厌食（1～2d），但也有感染的成年猪发病，表现以呼吸道感染为主的急性流感样症状。由于病毒最初的复制部位为鼻黏膜，咳嗽和打喷嚏是最常见的临床症状。目前，流感型病例仅见于美国密歇根州、俄亥俄州和印第安纳州[2]。

二、大体剖检病变

1. 以神经症状为主的病例

急性感染病死猪，仅部分病例可见轻度的鼻黏膜和气管黏膜卡他，脑脊髓液稍增多，软脑膜充血或出血。心、肝、肾实质变性，肾点状出血，肺和脾充血、淤血，肠浆膜充血。脑脊髓血管充血，灰质有少量出血点。膀胱积尿，黏膜偶见少量小点出血。有的猪结肠系膜及肠壁水肿。慢性感染的病死猪，其尸体呈现恶病质，腹围增大，腹部常常因胃充气而膨胀（图 5-7）。眼结膜呈黄白色，皮下和肌间结缔组织水肿。肝淤血、实质变性，肾实质变性，心脏扩张，胸腔积血，小肠和结肠呈卡他性出血性炎[1]。

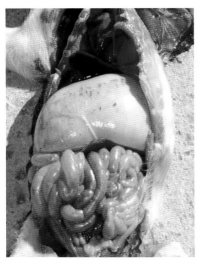

图 5-7　5 周龄 PHEV 感染仔猪胃胀[9]

2. 以呕吐-衰竭为主的病例

脑膜充血，肾脏有点状出血，胃底部黏膜充血，黏液分泌增多，黏膜形成皱褶，肠黏膜脱落。其他病变不明显[1]。

三、组织学病理变化

1. 以神经症状为主的病例

临床表现神经功能紊乱的仔猪，有 70%～100% 病例呈现非化脓性脑脊髓炎病变，主要表现为神经细胞变性、脑膜炎、脑和脊髓小静脉及毛细血管充血、血管周围水肿，毛细血管周围可见单核细胞浸润（图 5-8a）；有时可见血管周围大量的炎性细胞浸润形成"血管套"。有的病例在半月状神经节的感觉根和胃壁肌间神经节也发现"血管套"现象。部分病例可见数量不等的少突胶质细胞、小胶质细胞、巨噬细胞和少量淋巴细胞组成的胶质细胞增生性结节（图 5-8b）。病变严重的部位是延髓、脑桥、间脑、脊髓前段的背角，有的病变扩延到小脑白质，白质的小静脉及毛细血管充血、血管数目增多。白质中散在神经元呈急性肿胀。脊髓各段的灰质神经元包括背角感觉神经元、中间联络神经元和腹角运动神经元呈急性液化，并有小胶质细胞包围和吞噬而呈噬神经元现象。还可见三叉神经节和脊神经节炎症。肺泡壁毛细血管扩张充血、淤血，呈现间质性肺炎变化。肝细胞颗粒变性，部分肝细胞发生脂肪变性，窦状隙高度扩张，淤积大量的红细胞。肾小管上皮细胞肿胀、变性，肾小管间毛细血管扩张、充血。脾小体淋巴细胞疏松，核浓缩，部分淋巴细胞溶解消失[1,4,5]。

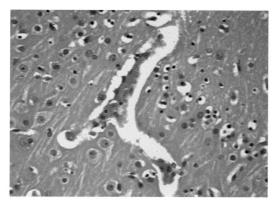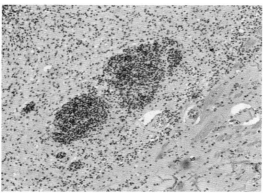

图 5-8　PHEV 感染后呈神经症状仔猪的组织学病理变化

a. 脑组织可见小血管和毛细血管周围水肿，周围有炎性细胞浸润；部分神经细胞变性、坏死（HE，400×）；

b. 脑组织部分区域可见大量的胶质细胞聚集形成增生性结节[19]（HE，100×）

2. 以呕吐-衰竭为主的病例

临床上以呕吐-衰竭为主的病例有 20%～60%可见脑实质内血管充血扩张，部分神经细胞肿胀、变性、坏死（图 5-9a）。神经细胞和血管周围水肿，神经纤维脱髓鞘。有的病例可见到噬神经现象，但未见有"血管套"现象。鼻黏膜下和气管黏膜下见淋巴细胞、浆细胞浸润。扁桃体变化以隐窝上皮变性和淋巴细胞浸润为特征。15%～85%病例的胃壁神经节变性和血管周围炎，尤以幽门区明显。胃底腺上皮细胞变性、肿胀、萎缩，黏膜肌层下层有小灶状淋巴细胞浸润。肾脏呈肾小球肾炎变化，肾小囊消失。大部分病例可见到整个肾组织内局灶性出血，部分肾小球呈"指状"萎缩；肾小管上皮细胞变性、坏死（图5-9b）。肝脏窦状隙高度扩张、充血，肝细胞肿胀，毛细胆管管腔内含有均质红染的微细

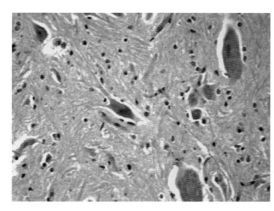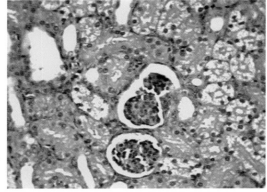

图 5-9　PHEV 感染后呈明显呕吐症状仔猪的组织学病理变化

a. 脑组织可见部分神经细胞肿胀、变性、坏死（HE，400×）；

b. 肾小球萎缩，大量的肾小管上皮细胞变性、坏死（HE，400×）

颗粒，周围结缔组织水肿。约有 20% 自然感染病猪，可见支气管周围间质性肺炎，呈现淋巴细胞、巨噬细胞和中性粒细胞围管性浸润。肺泡上皮肿胀和间隔增宽，巨噬细胞、淋巴细胞浸润[1,4,5]。

四、鉴别诊断

根据临床症状、大体剖检病变、组织学病理变化和流行病学特点综合分析，可进行初步诊断。但确诊需结合病毒分离鉴定与血清学检测等实验室诊断进行。

应注意与猪传染性脑脊髓炎、猪传染性胃肠炎、猪流行性腹泻、猪伪狂犬病、猪脑心肌炎等常见猪病进行鉴别诊断。猪传染性脑脊髓炎主要通过消化道感染，病猪有眼球震颤特征，成年猪感染后也可出现神经症状。猪传染性胃肠炎和猪流行性腹泻都是消化道疾病，以严重的腹泻为临床特征，无明显的神经症状和中枢神经病变；但病猪表现的呕吐症状与 PHEV 感染相似。另外，猪传染性胃肠炎病毒在肾细胞培养中不产生合胞体病变。猪伪狂犬病呈现的神经症状与本病有高度相似性，常常被误诊；但猪伪狂犬病母猪表现的流产现象、实质器官的坏死灶等病变在本病中没有发现。

第五节　实验室诊断

鉴于本病临床症状与多种疾病类似，确诊往往需要采集样品进行实验室诊断。

一、样品采集

样品采集及处理方式见表 5-1。

表 5-1　样品采集及处理方式

组织/样品	新鲜样品（非冷冻）	固定（10%中性福尔马林）
血清	8 mL	—
鼻、咽拭子	鼻腔深部	—
支气管肺泡灌洗液	10 mL	
鼻甲骨	2 cm×2 cm×2 cm	1 cm 厚的薄片
脑	沿正中线矢状面切开，取其中一半	取另一半固定
脊髓	颈、胸、腰段各 5cm 长度	颈、胸、腰段各 5 cm 长度
脑脊液	3 mL	—
淋巴结	下颌淋巴结、腹股沟淋巴结、肺门淋巴结、肠系膜淋巴结等	各固定一半
扁桃体	一半	一半
胃	3 cm×3 cm×3 cm	1 cm 厚度

（续）

组织/样品	新鲜样品（非冷冻）	固定（10%中性福尔马林）
肺	5 cm×5 cm×5 cm	2 cm×2 cm×1 cm
心	4 cm×4 cm×4 cm	2 cm×2 cm×1 cm
肝	4 cm×4 cm×4 cm	2 cm×2 cm×0.5 cm
肾	一半	包括皮质和髓质
脾	5 cm 的小段	1 cm 厚度
空肠	10 cm 的小段	2 cm 长度，2 段
回肠	10 cm 的小段	2 cm 长度

二、血清学检测技术

1. 血清中和试验（SN）

将待检血清经 56℃ 30 min 灭活后用 MEM 培养基梯度稀释；将 50 μL 200 $TCID_{50}$ 的猪血凝性脑脊髓炎病毒液与不同稀释浓度的待测血清按照 1∶1 均匀混合，37℃ 孵育 1 h；取每个滴度混合后的悬液 50 μL 加入长满单层细胞的 96 孔细胞培养板中，37℃ 吸附 1 h 后加入 100 μL MEM。血清中和滴度以 50% 反应终点的血清稀释度的倒数表示，或培养 72 h 后，检测培养液对鸡红细胞的凝集活性[43]，以此来检测病毒是否在细胞上增殖。通常把中和抗体的效价为 1∶8 或更高判为阳性，否则判为阴性。

2. 血凝/血凝抑制试验（HA/HI）

PHEV 表面的 HE 蛋白能够凝集小鼠和鸡的红细胞，因此可用 HA/HI 试验检测病毒滴度。待检血清首先置于 56℃ 水浴灭活 30 min，然后用 250 mL/L 的鸡红细胞和 200 g/L 的高岭土处理以去除非特异性物质，使用 4 U 抗原及 5 mL/L 鸡红细胞进行 HI 试验。同时，通常设定已知的阴性血清、阳性血清、红细胞、抗原以及不加抗原的待检血清作为对照；以结果中出现完全抑制的血清稀释倍数为 HI 效价[44]。

3. 琼脂扩散试验

在制备好的琼脂糖平皿中间和周围打孔，中央孔与周围孔的间距一般是 3 mm。在中间孔中加入抗原，待检血清、阴性血清和阳性血清分别加入周围孔中；将琼脂糖平板放置湿盒内，然后将湿盒置于 37℃ 培养 24～48 h，观察特异性沉淀线。如果抗原与待测血清产生的沉淀曲线和抗原与阳性对照血清作用产生的沉淀线相融合，则可判断该待测血清为阳性，不出现线则为阴性。该方法操作简单，可以用于 PHEV 血清抗体的流行病学调查[45,46]。

4. 酶联免疫吸附试验（ELISA）

重组 N 蛋白双抗体夹心 ELISA 可用于检测 PHEV。利用兔抗 PHEV 多克隆抗体

（pAbs）1∶8 000 倍稀释后包被酶标板，以 PHEV-N 单克隆抗体（mAbs）作为检测抗体（最佳工作浓度为 0.5 μg/mL），封闭液为 5% BSA，封闭时间为 2 h，PHEV pAbs 包被 4℃过夜，mAbs 孵育条件为 37℃ 1 h，显色 15 min，建立的双抗体夹心 ELISA 检测方法对 PHEV 的最低检测限为 63.12 ng/mL[47]。用该方法对人工感染小鼠和对从吉林省采集的 200 份猪血清样品进行检测，与 RT-PCR 检测结果符合率达 90% 以上[48]。

5. 可视化检测芯片技术

目前已经开发可视化检测芯片技术检测 PHEV、TGEV 和 PEDV 三种猪冠状病毒。将上述 3 种冠状病毒的 N 蛋白进行原核表达与纯化，用 0.01mol/L 的 PBS 将纯化蛋白分别稀释后固定至芯片载体（NC 膜）上，滴加待检血清后置于 37℃反应 1 h，加入 DAB 显色液后显色 3 min。本方法的最低检测限为血清稀释 12 800 倍，与 ELISA 的结果符合率达 90% 以上[49]。

6. 抗体胶体金免疫层析试纸（GICA）

以胶体金标记的兔抗猪 IgG 作为检测试剂，将 PHEV *HE* 基因原核表达重组蛋白（浓度 1.18 mg/mL，纯度 85.14%）及羊抗兔 IgG 抗体分别包被到试纸条检测线和对照线，制备的胶体金试纸可在 10 min 内完成待检样品中 PHEV 抗体的检测。与 HI 检测结果相比，本方法的特异性和敏感性分别为 93.41% 和 98.42%[50]，适合发病现场、门诊及实验室条件不具备的场所等检测临床样品使用。

三、病原学检测技术

1. 病毒分离鉴定

采集病毒感染 2d 内的病猪呼吸道分泌物或病死猪的脑等组织样品进行病毒分离成功率较高。首先将病料组织研磨后，反复冻融 2～3 次，0.22 μm 滤膜过滤除菌处理；接种于单层易感细胞如猪肾细胞（PK-15）或小鼠神经瘤母细胞（N2a）培养 48～72 h，通常连续盲传 5～8 代即可出现典型的细胞病变。将分离后的细胞病毒液收集后，冻融 3 次，磷钨酸负染后透射电镜观察病毒粒子应呈典型的"冠状病毒"形态。用 PHEV 特异性抗体对感染细胞进行免疫荧光染色呈阳性信号[19]。

2. 聚合酶链式反应

目前，针对 PHEV 核酸检测的常规技术包括 RT-PCR、巢式 RT-PCR、荧光定量 RT-PCR 和多重 RT-PCR 等。

（1）RT-PCR 根据病毒的 *HE* 和 *S* 基因等设计特异性引物（上游：5′-GTTTGGCCTCTTTTTCCTTTTG-3′，下游：5′-TTCAGAGCTAATAGATGGCACACC-3′），建立 RT-PCR 检测方法，病毒最低检测限为 100 TCID$_{50}$/mL，具有较好的特异性和敏感性[51]。

（2）巢式 RT-PCR 根据 PHEV 聚合酶 *pol* 基因（上游引物：5'-AGTATAGCAGC
TACACGTGGCG-3'，下游引物：5'-GGGCCAATACCAGACTACTAAC-3'）和 S 基因
（上游引物：5'-TGGATGTTCACTGGTAGTAGC-3'，下游引物：5'-GGTTGGGTGT
CGATGTGTTCAGC-3'）建立的巢式 PCR 方法可用于检测 PHEV，敏感性更高[52]。

（3）荧光定量 RT-PCR 根据 PHEV 的 S 基因保守序列设计特异性引物（上游：
5'-GGGACTTTCTATG TTTTA-3'，下游：5'-ATAATCAGCATTCACATC-3'），建立
了 PHEV SYBR Green Ⅰ荧光定量 RT-PCR 方法[53]。

（4）多重 RT-PCR 根据仔猪易感的四种冠状病毒（TGEV、PEDV、PHEV 和
PDCoV）的基因序列设计特异性引物（表 5-2），建立了同时可检测 4 种冠状病毒的多重
RT-PCR 方法，对 TGEV、PEDV、PHEV 和 PDCoV 的最低检测量分别为 32.8 pg、
28.4 ng、257 pg 和 592 pg[54]。

表 5-2 可用于同时检测 4 种冠状病毒的多重 RT-PCR 方法的引物序列

名称	引物序列（5'-3'）	产物大小（bp）
TGEV-F	GGCACGCTTGTAGACCTTTG	513
TGEV-R	CGGAATTTCACCGTAACTGG	
PEDV-F	TATCCCTCTATGCTCCTCTT	362
PEDV-R	TTCAACAATCTCAACTACGC	
PHEV-F	GGTATCAAAGTGTTGCCTCC	234
PHEV-R	GAACCCTTCCTGGATAGAAT	
PDCoV-F	CCATCGCTCCAAGTCATTCT	1 118
PDCoV-R	TGGGTGGGTTTAACAGACATAG	

3. 环介导等温扩增技术（LAMP）

已建立环介导等温扩增技术（Loop-mediated isothermal amplification，LAMP）快速
检测 PHEV。根据 PHEV 较为保守的 M 序列设计特异性引物，依据 LAMP 引物设计原
则筛选适合的 2 对通用引物，即外引物（上游：5'-CCACCTCTACATCCAAGG-3'，下
游：5'-AACAATGCGGTGTCCATG -3'）和内引物（上游：5'-CAGGTGTGTAACCT
TAGCAACGTTTTGTACTGGCTATTCTTTGTCAG-3'，下游：5'-TGACAGGATAG
GCGATACTAGTGGTTTTCCCTTATGGGTTGAAGGC-3'），在 63℃扩增 60 min，即
可得到最佳结果[55]。

4. 抗原捕获 ELISA 方法

应用制备的 PHEV 单克隆抗体 1∶4 000 稀释作为检测抗体，猪多克隆抗体 1∶2 000
稀释作为捕获抗体，酶标抗体 1∶4 000 稀释，封闭液为 5%脱脂奶粉，37℃封闭 1.5 h，

该方法的最低检测限为 3.75 mg/L[56]。

5. 抗原胶体金免疫层析试纸

将鼠抗 PHEV 单克隆抗体加入胶体金溶液中制成金标抗体作为检测试剂，鼠抗 PHEV 单克隆抗体和羊抗鼠 IgG 抗体分别包被到试纸条检测线和对照线，制成的胶体金试纸可在 10 min 内完成 PHEV 抗原的检测。与 RT-PCR 检测结果相比，该方法检测的特异性和敏感性分别为 100% 和 97.78%[57]。

6. 免疫化学染色

免疫荧光（IF）与免疫组织化学（IHC）技术能够高特异性地定位抗原所在位置，并且在疾病的诊断过程中可获得针对病原的典型性特征，使其在免疫病理学诊断中广泛应用。应用 IF 技术可以直观地识别 PHEV 在感染仔猪体内的分布情况，PHEV 主要定位于鼻黏膜、扁桃体、肺和小肠上皮细胞[58]。应用 IHC 技术对病死猪进行病毒形态学和抗原定位，在 2006 年阿根廷暴发的 PHE 疫情确诊中发挥了重要作用[9]。

第六节　预防与控制

一、疫苗

目前尚无针对本病的商品化疫苗。早期在实验室完成的 PHEV 氢氧化铝佐剂灭活疫苗在小鼠体内有较好的保护作用，临床应用初步表明，疫苗具有良好的安全性和有效性[59,60]。

二、抗病毒药物

目前尚无针对 PHEV 感染的特异性抗病毒药物。应用 RNA 干扰技术可有效抑制 PHEV 在细胞中的复制[61,62]。小分子药物 ATN-161 在小鼠体内可显著抑制 PHEV 的复制增殖，提高小鼠存活率[63]。

三、其他措施

由于目前没有有效的疫苗和治疗方法，因此良好的饲养、卫生管理非常关键。首先，引进猪时要注意观察其健康状况。临床上 PHEV 主要通过呼吸道和消化道等途径进行传播，通过对引进猪群进行隔离观察可切断病毒的传播途径，防止疾病的流行和扩散。其次，猪场应做好日常消毒工作，包括对猪场圈舍的地面、墙壁、水槽、食槽等进行严格彻底消毒。最后，发生本病时，对已经感染的病死猪进行焚烧或者深埋等无害化处理，防止病原的进一步扩散和传播。

▶ 主要参考文献

［1］高丰，贺文琦.动物疾病病理诊断学［M］.北京：科学出版社，2010：156-157.

［2］Lorbach J. N.，Wang L.，Nolting J. M.，et al. Porcine hemagglutinating encephalomyelitis virus and respiratory disease in exhibition swine，Michigan，USA，2015［J］. Emerg Infect Dis，2017，23 (7)：1168-1171.

［3］Alexander T. J.，Richards W. P.，Roe C. K. An encephalomyelitis of suckling pigs in Ontario［J］. Can J Comp Med Vet Sci，1959，23 (10)：316-319.

［4］Zimmerman J. J.，Karriker L. A.，Ramirez Alejandro，et al. Diseases of swine［M］.11th ed. Hoboken：John Wiley & Sons，Inc，2019，513-516.

［5］Killoran K. E.，Leedom Larson K. R. Porcine hemagglutinating encephalomyelitis virus. Swine Health Information Center and Center for Food Security and Public Health［EB］.2018，http：// www. cfsph. iastate. edu/pdf/shic-factsheet-porcine-Hemagglutinating-encephalomyelitis-virus.

［6］Rho S.，Moon H. J.，Park S. J.，et al. Detection and genetic analysis of porcine hemagglutinating encephalomyelitis virus in South Korea［J］. Virus Genes，2011，42 (1)：90-96.

［7］Mor S. K.，Chander Y.，Marthaler D.，et al. Detection and molecular characterization of porcine astrovirus strains associated with swine diarrhea［J］. J Vet Diagn Invest，2012，24 (6)：1064-1067.

［8］Moutelikova R.，Prodelalova J. First detection and characterisation of porcine hemagglutinating encephalomyelitis virus in the Czech Republic［J］. Veterinarni Medicina，2019，64：60-66.

［9］Quiroga M. A.，Cappuccio J.，Piñeyro P.，et al. Hemagglutinating encephalomyelitis coronavirus infection in pigs，Argentina［J］. Emerg Infect Dis，2008，14 (3)：484-486.

［10］Mora-Díaz J. C.，Magtoto R.，Houston E.，et al. Detecting and monitoring porcine hemagglutinating encephalomyelitis virus，an underresearched betacoronavirus［J］. mSphere，2020，5 (3)：e00199-20.

［11］陈福勇，狄伯雄，张中直.疑似猪血球凝集病毒性脑脊髓炎［J］.中国兽医杂志，1985，2：14-15.

［12］Chang G.，Chang T.，Lin S.，et al. Isolation and identification of hemagglutinating enchephalomyelitis virus from pigs in Taiwan［J］. J Chin Soc Vet Sci，1993，19：147-158.

［13］周铁忠，李晓卫，李永深，等.辽宁省猪血凝性脑脊髓炎流行病学调查与分析［J］.中国农学通报，2009，25 (18)：13-17.

［14］赵传博，陈克研，贺文琦，等.猪血凝性脑脊髓炎病毒的血清学调查［J］.中国畜牧兽医，2009，36 (7)：152-154.

［15］单长见，张竞，尹洋，等.猪血凝性脑脊髓炎病毒重组 N 蛋白间接 ELISA 检测方法的建立与应用［J］.中国兽医学报，2016，36 (11)：1813-1817.

［16］贺文琦，陆慧君，宋德光，等.1株高致病性血凝性脑脊髓炎病毒的分离与鉴定［J］.中国兽医学

报，2007，6：781-784.

[17] Gao W.，Zhao K.，Zhao C.，et al. Vomiting and wasting disease associated with hemagglutinating encephalomyelitis viruses infection in piglets in Jilin，China[J]．Virol J，2011，8：130.

[18] Dong B.，Lu H.，Zhao K.，et al. Identification and genetic characterization of porcine hemagglutinating encephalomyelitis virus from domestic piglets in China[J]．Arch Virol，2014，159（9）：2329-2337.

[19] Li Z.，He W.，Lan Y.，et al. The evidence of porcine hemagglutinating encephalomyelitis virus induced nonsuppurative encephalitis as the cause of death in piglets[J]．PeerJ，2016，4：e2443.

[20] Mora-Díaz J.C.，Piñeyro P.E.，Houston E.，et al. Porcine hemagglutinating encephalomyelitis virus：A review[J]．Frontiers in Veterinary Science，2019，6：53.

[21] 殷震，刘景华．动物病毒学[M]．北京：科学出版社，1997：690-692.

[22] Lamontagne L.，Marois P.，Marsolais G.，et al. Inner structures of some coronaviruses[J]．Can J Comp Med，1981，45（2）：177-181.

[23] Hirano N.，Tohyama K.，Taira H.，et al. Spread of hemagglutinating encephalomyelitis virus（HEV）in the CNS of rats inoculated by intranasal route[J]．Adv Exp Med Biol，2001，494：127-132.

[24] Hirano N.，Nomura R.，Tawara T.，et al. Neurotropism of swine haemagglutinating encephalomyelitis virus（coronavirus）in mice depending upon host age and route of infection[J]．J Comp Pathol，2004，130（1）：58-65.

[25] Vijgen L.，Keyaerts E.，Lemey P.，et al. Evolutionary history of the closely related group 2 coronaviruses：Porcine hemagglutinating encephalomyelitis virus，bovine coronavirus，and human coronavirus OC43[J]．J Virol，2006，80（14）：7270-7274.

[26] Shi J.，Zhao K.，Lu H.，et al. Genomic characterization and pathogenicity of a porcine hemagglutinating encephalomyelitis virus strain isolated in China[J]．Virus Genes，2018，54（5）：672-683.

[27] 苏晶晶．PHEV病毒蛋白PLP诱导N2a细胞自噬作用的研究[D]．长春：吉林大学，2018.

[28] Ding N.，Zhao K.，Lan Y.，et al. Induction of atypical autophagy by porcine hemagglutinating encephalomyelitis virus contributes to viral replication[J]．Front Cell Infect Microbiol，2017，7：56.

[29] Gao W.，He W.，Zhao K.，et al. Identification of NCAM that interacts with the PHE-CoV spike protein[J]．Virol J，2010，7：254.

[30] Dong B.，Gao W.，Lu H.，et al. A small region of porcine hemagglutinating encephalomyelitis virus spike protein interacts with the neural cell adhesion molecule[J]．Intervirology，2015，58（2）：130-137.

[31] Hirano N.，Tohyama K.，Taira H. Spread of swine hemagglutinating encephalomyelitis virus from peripheral nerves to the CNS[J]．Adv Exp Med Biol，1998，440：601-607.

［32］刘振轩，阙玲玲．动物冠状病毒疾病［M］．台北："台湾行政院农业委员会动植物防疫检疫局"，2003：58-61.

［33］Lan Y.，Zhao K.，Zhao J.，et al. Gene-expression patterns in the cerebral cortex of mice infected with porcine hemagglutinating encephalomyelitis virus detected using microarray［J］. J Gen Virol，2014，95（Pt 10）：2192-2203.

［34］唐志文，赵家宽，张竞，等．猪血凝性脑脊髓炎病毒感染可激活脑内的小胶质细胞［J］．中国兽医学报，2015，35（4）：540-544.

［35］Li Z.，Zhao K.，Lan Y.，et al. Porcine hemagglutinating encephalomyelitis virus enters Neuro-2a cells via clathrin-mediated endocytosis in a Rab5-，Cholesterol-，and pH-dependent manner［J］. J Virol，2017，91（23）：e01083-17.

［36］Lv X.，Li Z.，Guan J.，et al. Porcine hemagglutinating encephalomyelitis virus activation of the integrin α5β1-FAK-Cofilin pathway causes cytoskeletal rearrangement to promote its invasion of N2a cells［J］. J Virol，2019，93（5）：e01736-18.

［37］Li Z.，Lan Y.，Zhao K.，et al. miR-142-5p disrupts neuronal morphogenesis underlying porcine hemagglutinating encephalomyelitis virus infection by targeting Ulk1［J］. Front Cell Infect Microbiol，2017，7：155.

［38］Li Z.，Zhao K.，Lv X.，et al. Ulk1 governs nerve growth factor/TrkA signaling by mediating Rab5 GTPase activation in porcine hemagglutinating encephalomyelitis virus-induced neurodegenerative disorders［J］. J Virol，2018，92（16）：e00325-18.

［39］Lan Y.，Zhao K.，Wang G.，et al. Porcine hemagglutinating encephalomyelitis virus induces apoptosis in a porcine kidney cell line via caspase-dependent pathways［J］. Virus Res，2013，176（1-2）：292-297.

［40］Li Y. C.，Bai W. Z.，Hirano N.，et al. Neurotropic virus tracing suggests a membranous-coating-mediated mechanism for transsynaptic communication［J］. J Comp Neurol，2013，521（1）：203-212.

［41］Mora-Díaz J. C.，Temeeyasen G.，Magtoto R.，et al. Characterization of the immune response against porcine hemagglutinating encephalomyelitis virus in grow-finisher pigs［C］. In：25th International Pig Veterinary Society Congress. ChongQing，2018.

［42］Sasseville A. M.，Boutin M.，Gélinas A. M.，et al. Sequence of the 3'-terminal end（8.1 kb）of the genome of porcine hemagglutinating encephalomyelitis virus：Comparison with other hemagglutinating coronaviruses［J］. J Gen Virol，2002，83（Pt 10）：2411-2416.

［43］Sasaki I.，Kazusa Y.，Shirai J.，et al. Neutralizing test of hemagglutinating encephalomyelitis virus（HEV）in FS-L3 cells cultured without serum［J］. J Vet Med Sci，2003，65（3）：381-383.

［44］耿百成，高丰，贺文绮，等．血凝性脑脊髓炎病毒血凝抑制试验方法的研究［J］．动物医学进展，2005，6：98-100.

［45］Mengeling W. L. Evaluation of agar gel immunodiffusion for detection of immunologic response of pigs to experimental infection with hemagglutinating encephalomyelitis virus［J］.Am J Vet Res，1974，35（11）：1429-1431.

［46］张文通，李金祥，魏凤，等.猪血凝性脑脊髓炎实验室诊断方法综述［J］.猪业科学，2020，37（1）：102-103.

［47］尹洋.猪血凝性脑脊髓炎病毒双抗夹心 ELISA 抗原检测试剂盒的研制与应用［D］.长春：吉林大学，2017.

［48］陈克研.猪血凝性脑脊髓炎免疫层析检测试纸及其灭活疫苗的研制［D］.长春：吉林大学，2011.

［49］武鑫宇，李姿，石俊超，等.3 种猪冠状病毒抗体可视化检测芯片的研制与初步应用［J］.中国兽医学报，2020，40（1）：20-27.

［50］Chen K.，He W.，Lu H.，et al.Development of an immunochromatographic strip for serological diagnosis of porcine hemagglutinating encephalomyelitis virus［J］.J Vet Diagn Invest，2011，23（2）：288-296.

［51］常灵竹，贺文琦，陆慧君，等.猪血凝性脑脊髓炎病毒 RT-PCR 方法的建立及初步应用［J］.中国农学通报，2007，9：15-18.

［52］Sekiguchi Y.，Shirai J.，Taniguchi T.，et al.Development of reverse transcriptase PCR and nested PCR to detect porcine hemagglutinating encephalomyelitis virus［J］.J Vet Med Sci，2004，66（4）：367-372.

［53］臧德跃，王栋，李明谦，等.猪血凝性脑脊髓炎病毒 SYBR Green Ⅰ实时荧光定量 PCR 检测方法的建立［J］.中国兽医科学，2011，41（1）：60-64.

［54］杨艳楠.四种猪冠状病毒多重 RT-PCR 检测方法的建立及初步应用［D］.长春：吉林大学，2018.

［55］丁宁.猪血凝性脑脊髓炎病毒 LAMP 检测方法的建立及其临床初步应用［D］.长春：吉林大学，2013.

［56］赵传博，王丽，董波，等.猪血凝性脑脊髓炎病毒抗原捕获 ELISA 诊断方法的建立［J］.中国兽医学报，2013，33（4）：526-531.

［57］Chen K.，Zhao K.，Song D.，et al.Development and evaluation of an immunochromatographic strip for rapid detection of porcine hemagglutinating encephalomyelitis virus［J］.Virol J，2012，9：172.

［58］Andries K.，Pensaert M. B.Immunofluorescence studies on the pathogenesis of hemagglutinating encephalomyelitis virus infection in pigs after oronasal inoculation［J］.Am J Vet Res，1980，41（9）：1372-1378.

［59］Chen K.，Zhao K.，He W.，et al.Comparative evaluation of two hemagglutinating encephalomyelitis coronavirus vaccine candidates in mice［J］.Clin Vaccine Immunol，2012，19（7）：1102-1109.

［60］陈克研，贺文琦，陆慧君，等.猪血凝性脑脊髓炎病毒不同佐剂灭活疫苗免疫 BALB/c 小鼠的比较试［J］.中国畜牧兽医，2009，36（6）：34-37.

［61］Lan Y.，Zhao K.，He W.，et al.Inhibition of porcine hemagglutinating encephalomyelitis virus

replication by short hairpin RNAs targeting of the nucleocapsid gene in a porcine kidney cell line［J］.
J Virol Methods，2012，179（2）：414-418.

［62］Lan Y.，Lu H.，Zhao K.，et al. In vitro inhibition of porcine hemagglutinating encephalomyelitis
virus replication with siRNAs targeting the spike glycoprotein and replicase polyprotein genes［J］.
Intervirology，2012，55（1）：53-61.

［63］Lv X.，Li Z.，Guan J.，et al. ATN-161 reduces virus proliferation in PHEV-infected mice by
inhibiting the integrin α5β1-FAK signaling pathway［J］. Vet Microbiol，2019，233：147-153.

［64］Gonzalez J. M.，Gomez-Puertas P.，Cavanagh D.，et al. A comparative sequence analysis to revise
the current taxonomy of the family *Coronaviridae*［J］. Archives of Virology，2003，148：
2207-2235.

（贺文琦）

第 六 章

猪急性腹泻综合征

猪急性腹泻综合征是由猪急性腹泻综合征冠状病毒引起的一种猪的新发传染病，以急性腹泻、呕吐和仔猪急性死亡为典型特征。本病于 2016 年首发于广东，通过对肠道样本进行高通量测序、病毒分离和动物回归试验，证实本病的病原是一种新型冠状病毒，病毒来源于蝙蝠 HKU2 相关冠状病毒的跨种传播[1]。本病先后在广东和福建等呈局地暴发流行，作为一种猪新发传染病，引起了养猪行业高度关注。

第一节 概 述

一、定义

猪急性腹泻综合征（Swine acute diarrhoea syndrome，SADS）是由猪急性腹泻综合征冠状病毒（Swine acute diarrhoea syndrome coronavirus，SADS-CoV）引起的，以急性腹泻、急性呕吐和仔猪急性死亡为特征的一种急性传染病。SADS-CoV 能够引起仔猪急性腹泻，5 日龄以下仔猪死亡率高达 90% 以上[1]。也有专家称 SADS-CoV 为猪肠道 α 冠状病毒（Swine enteric alphacoronavirus，SeA-CoV）或 PEAV（Porcine enteric alphacoronavirus），是迄今为止发现的第 6 种猪源冠状病毒[2,3]。

二、流行与分布

2017 年在我国广东省首次发现 SADS-CoV。多项研究表明，该病毒为蝙蝠起源的 HKU2 相关冠状病毒。回顾性检测发现，至少自 2016 年 8 月开始，SADS-CoV 已在广东省多个猪场流行[4]。2018 年，福建省某猪场从猪粪便和小肠样本中分离鉴定得到 SADS-CoV毒株[5]。截至目前，中国以外其他国家和地区尚无 SADS-CoV 的相关报道。

三、危害

2017 年 1 月，广东地区某一规模化猪场暴发 SADS 疫情并迅速蔓延至附近 3 个猪场。SADS 临床症状突出表现为仔猪急性腹泻、急性呕吐、脱水，体重迅速下降致急性死亡，小于 5 日龄仔猪的死亡率为 90%～100%。4 个月内 SADS-CoV 导致约 25 000 头仔猪死亡，给养殖业造成了巨大的经济损失。2017 年 5 月之后，SADS 疫情得到一定控制，广东猪群没有新的 SADS-CoV 病例出现[1]。然而，在 2019 年 2 月，广东某猪场再次大规模暴发 SADS 疫情，导致约 2 000 头仔猪死亡[6]。

第二节 病 原 学

一、分类和命名

SADS-CoV 在分离地位上属于套式病毒目（*Nidovirales*）、冠状病毒科（*Coronaviridae*）、α 冠状病毒属（*Alphacoronavirus*）[2]。

二、形态结构和化学组成

SADS-CoV 是一种单股、正链、有囊膜的 RNA 病毒，病毒粒子直径为 100～120nm，包膜表面有丝状突起，形似日冕，具有典型的冠状病毒特征（图 6-1）。SADS-CoV 基因组全长约 27 kb，包括 5′-UTR、3′-UTR 及 9 个编码框[1-3]。

三、基因组结构和功能

SADS-CoV 基因组有 5′端帽子及 3′端 ployA 尾，基因组的两侧是非编码区（UTRs）。从 5′到 3′方向，

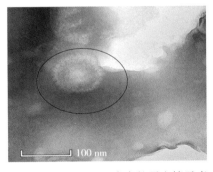

图 6-1 SADS-CoV 病毒粒子电镜示意

包含 9 个编码框，依次为编码复制酶的多顺反子 ORF1a 和 ORF1b、纤突蛋白 S（spike protein）、NS3a 蛋白、小膜蛋白 E（envelope protein）、膜蛋白 M（membrane protein）、核衣壳蛋白 N（nucleocapsid protein）以及 NS7a/7b 蛋白基因。其中，S、E、M、N 为结构蛋白，NS3a、NS7a 和 NS7b 为辅助蛋白（图 6-2）[2,3]。

ORF1a 和 ORF1b 位于基因组 5′端，约占基因组的 2/3，编码两个非结构多聚蛋白，经

图 6-2 SADS-CoV 的基因组结构

木瓜样蛋白酶(papain-like protease)和 3C 样蛋白酶(3C-like protease)等加工处理后可产生 16 个非结构蛋白(NSPs),参与蛋白水解、基因组复制和转录。在结构蛋白中,纤突蛋白 S 是介导冠状病毒进入宿主细胞的多功能分子,并且在不同毒株中具有多样性。最新研究结果显示,HKU2 和 SADS-CoV 的 S 蛋白结构相似,主要区别在于负责细胞黏附和受体结合的 S1 亚基,且 S 蛋白在结构水平上与 β-CoV 的 S 蛋白有一定相似性,表明 α-CoV 与 β-CoV 之间可能存在重组[7]。核衣壳蛋白 N 是结构蛋白中唯一可与 CoV 基因组 RNA 形成复合物的蛋白,在病毒体组装过程中与病毒膜蛋白 M 相互作用,并在增强病毒转录和组装效率中发挥关键作用。囊膜蛋白 E 是一种小的完整的膜蛋白,该蛋白在病毒颗粒中含量很少。膜蛋白 M 是跨膜糖蛋白,是病毒包膜的主要蛋白成分,也是病毒体被膜中最丰富的蛋白质[8]。

四、病毒的遗传变异

1. 野毒株

在已公布的 SADS-CoV 毒株序列中,病毒基因组序列差异主要存在于广东毒株(PEAV-GD-CH/2017、 SeACoV CH/GD-01/2017/P2、 SADS-CoV_Farm_A/B/C/D、 PEAV GDS04)和福建毒株 SADS-CoV-CH-FJWT-2018 之间。研究结果表明,SADS-CoV-CH-FJWT-2018 毒株基因组全序及其 S 基因序列与广东 SADS-CoV 分离株同源性最低,分别为 99.2%～99.5% 和 96.8%～97.5%,提示病毒可能在由广东传入福建的过程中发生部分变异[5,6]。

2. 细胞传代变异

毒株 SADS-CoV/CN/GDWT/2017 在 Vero 细胞上传至 83 代后,分别在 ORF1a/ORF1b、S、NS3a、E、M 以及 N 基因中出现 16 个核苷酸突变并产生 10 个氨基酸变化(表 6-1)。此外,在 P48 和 P83 株中发现 NS7a/7b 中有 58 bp 的缺失,这导致 NS7b 的丧失和 NS7a 的 38 个氨基酸变化(图 6-3)。接种仔猪后发现,P7 株引起典型的水样腹泻,而 P83 株引起轻度、延迟和短暂性腹泻[9]。

表 6-1 毒株 SADS-CoV/CN/GDWT/2017 不同代次核苷酸与氨基酸突变分析

基因名称	碱基突变位点	SADS-CoV/CN/GDWT/2017-P7	P18	P48	P83	氨基酸变化
ORF1a	683	C	C→T			A→V
	3838	G		G→T		A→S
	6230	T		T→C		L→S
	7832	A		A→G		D→G
	10242	C		C→T		无

（续）

基因名称	碱基突变位点	SADS-CoV/CN/GDWT/2017-P7	P18	P48	P83	氨基酸变化
	10737	A	A→C			无
	10831	G		G→A		V→I
	11994	T		T→G		无
ORF1b	16763	C		C→T		无
S	21166	T			T→C	无
	22497	A		A→C		E→A
NS3a	23987	C	C→A			P→H
E	24678	G		G→T		R→M
M	24832	C	C→T			L→F
N	26131	C		C→T		A→V
	26447	C			C→T	无

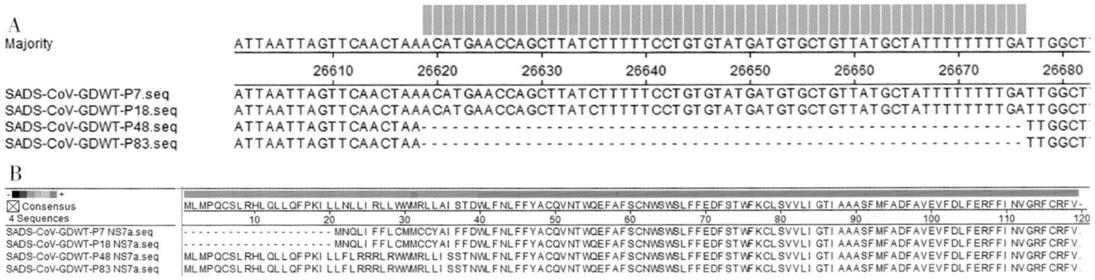

图 6-3 SADS-CoV/CN/GDWT/2017 不同代次基因序列比对

五、致病机制

SADS-CoV 主要感染肠道，引起轻度至中度肠道损伤，具有小肠组织嗜性（图 6-4）。此外，在心、肝、脾、肾、胃和肺中也可检测到病毒 RNA。有研究显示，SADS-CoV 在体外具有广泛的种属嗜性，能够感染来自各种物种的细胞系，其中包括蝙蝠、小鼠、大鼠、沙鼠、仓鼠、猪、鸡、非人类灵长类动物和人类[10]。已知的血管紧张素转化酶 2（ACE2）、二肽基肽酶 4（DPP4）、氨基肽酶（APN）和小鼠癌胚抗原相关细胞黏附分子 1A（mCEACAM1a）等 4 种冠状病毒蛋白受体均不是 SADS-CoV 入侵细胞的受体[1]。这表明 SADS-CoV 的功能性受体很可能是细胞中的常见分子[10]。也有研究表明，SADS-CoV 可通过诱导 Vero 细胞以及 IPI-2I（猪回肠上皮细胞）细胞凋亡，从而促进病毒的复制[11]。SADS-CoV感染能干扰 IPS-1（干扰素 β 启动刺激因子 1）和 RIG-I（维甲酸诱导基因蛋白I）活性，从而抑制 IRF3（干扰素调节因子 3）磷酸化和核易位以阻断I型干扰素的产生[12]。

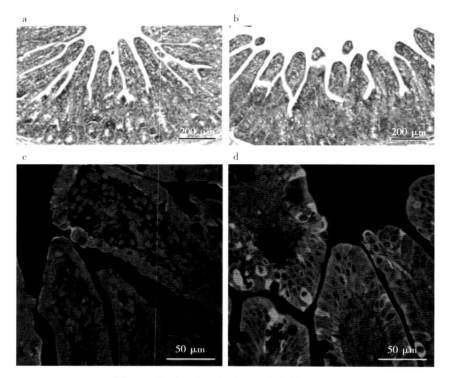

图 6-4　仔猪空肠组织病理及免疫荧光切片

a、b. 未感染/感染 SADS-CoV 仔猪空肠组织病理切片；c、d. 未感染/感染 SADS-CoV 仔猪空肠组织免疫荧光

第三节　流行病学

一、传染源

携带 SADS-CoV 的病猪是本病的主要传染源，携带病毒的菊蝙蝠也有可能成为传染源[1]。

二、传播途径

本病主要通过消化道传播。直接接触患病猪的体液或排泄物，或接触被病毒污染的饲料、人员、车辆或污染物等，都可造成疫病传播。

三、易感动物

SADS-CoV 主要感染新生仔猪，成年母猪很少发病[1]。SADS-CoV 在体外具有非常广泛的种属嗜性，并且能够感染来自多个物种（包括啮齿动物和人类）的细胞系。此外，SADS-CoV 小鼠感染试验表明，SADS-CoV 可通过口服和腹膜内途径感染野生型

C57BL/6J小鼠，脾脏树突状细胞（DC）是 SADS-CoV 在小鼠中复制的主要部位，提示啮齿动物有可能成为 SADS-CoV 的易感宿主[10]。现有研究结果显示，SADS-CoV 具有通过猪跨物种传染给人的潜在风险[13]。

四、流行病学

2017 年 1 月，广东省清远某猪场暴发 SADS 疫情，发病场距离发现广东首个 SADS 病例的佛山市仅 100km。随后，在附近 20～150km 范围内的另外 3 个猪场也先后暴发 SADS 疫情，最终导致约 25 000 头仔猪死亡。由于猪场及时采取严格的控制措施，使得疫情得到有效控制，从 2017 年 5 月未见有新的 SADS-CoV 流行[1]。通过对疫情周边地区的猪场进行 SADS-CoV 回顾性检测，发现 SADS-CoV 至少在 2016 年 8 月就已在当地存在[4]。2018 年，在福建某猪场中检测到 SADS-CoV，分析从广东传播到福建的可能性较大[5]。2019 年 2 月，广东另一规模猪场再次暴发 SADS 疫情，造成约 2 000 头仔猪死亡[6]。同年，分别在辽宁和甘肃地区的猪腹泻样本中检测到 SADS-CoV[14]。说明 SADS-CoV 已在我国广东省以外地区存在，但尚未暴发疫情。目前，我国以外国家和地区未见 SADS-CoV 的相关报道。通过全基因组序列比对分析发现，目前已报道的 SADS-CoV 毒株序列相似性为 99.3％～100％，S 基因序列相似性为 96.8％～97.5％（图 6-5）[6]。

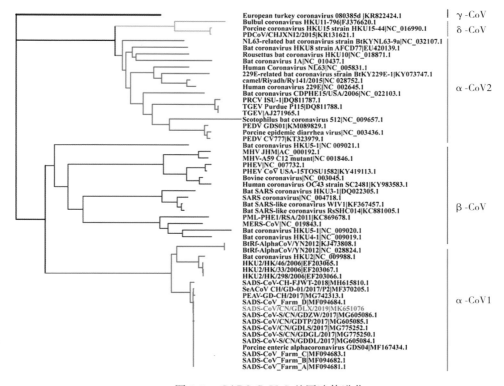

图 6-5　SADS-CoV S 基因遗传进化

第四节　临床诊断

一、临床症状

该病的临床症状与其他已知的猪肠道冠状病毒引起的临诊症状非常相似，包括严重且急性的腹泻和呕吐、新生仔猪消瘦脱水以及小于 5 日龄新生仔猪由于体重迅速下降导致的死亡（图 6-6）。SADS-CoV 可以感染各种年龄阶段的猪，但对新生仔猪的影响最为严重。在 5 日龄或更小日龄的仔猪中，病后 2～6d 死亡，死亡率高达 90％，8 日龄以上仔猪死亡率则下降到 5 ％。母猪感染仅表现轻度腹泻，2d 内能自愈。另外，该病不引起仔猪或母猪的发热[1]。

图 6-6　SADS-CoV 感染仔猪临床症状

二、剖检病变

仔猪感染 SADS-CoV 后，主要病变器官为肠道。在发病高峰期剖检攻毒组和对照组仔猪，攻毒组仔猪腹腔内心、肝、脾、肺、肾未见明显病变，但整个肠道内充满黄色液体，肠道变得薄而透明，肠系膜充血（图 6-7）[2,9]。

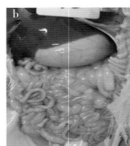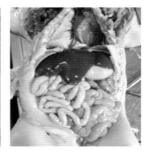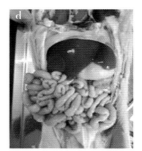

图 6-7　SASD-CoV 攻毒仔猪肠道病变情况
a、b. 攻毒组攻毒后第 2 天和第 4 天；c、d. 对照组第 2 天和第 4 天

三、病理变化

组织病理学观察显示，病毒感染能够引起整个肠道病变，包括肠壁变薄变透明，充满黄色液体，肠系膜充血，小肠尤其是空肠和回肠的肠绒毛萎缩、脱落，上皮细胞变形坏死（图 6-8）。免疫组化显示，SADS-CoV 主要感染仔猪的十二指肠、空肠和回肠，并具有组织嗜性（图 6-9）[1,9]。

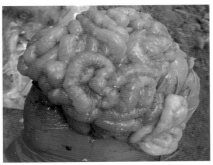

图 6-8 SADS-CoV 感染仔猪肠道变化

十二指肠　　　　　　　空肠　　　　　　　回肠

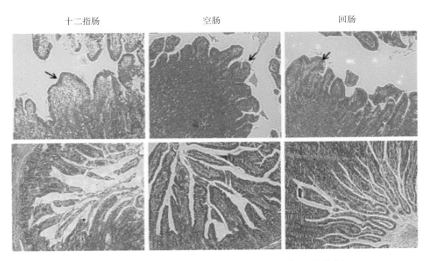

图 6-9 SASD-CoV 攻毒仔猪肠道组织病理学分析

四、鉴别诊断

SADS-CoV 与其他猪冠状病毒，如猪流行性腹泻病毒（PEDV）或猪 δ 冠状病毒（PDCoV）具有相似的感染过程。7 日龄仔猪攻毒后剖检显示，在仔猪的小肠、盲肠和结肠均能观察到明显的病变，这与 PEDV 或 PDCoV 感染的剖检变化相似[3]。先前报道PDCoV 感染会引起空肠和回肠的显微病变[15]，而在 SADS-CoV 感染的仔猪中，病变分布在整个肠道，提示 SADS-CoV 造成的肠道损伤比 PDCoV 更为严重[3]。

第五节 实验室诊断

一、样品采集

在发病早期优先选择腹泻仔猪进行采样，可采集肛拭子、组织内脏（心、肝、脾、肺、肾、扁桃体、胃、十二指肠、空肠、回肠、肠系膜淋巴结和腹股沟淋巴结）等样品进行实验室检测。将所有标本悬浮在磷酸盐缓冲液（PBS）中，进行实验室检测前宜置-80℃保存。

二、血清学检测技术

1. 基于 SADS-CoV S 蛋白亚基 S1 的抗体分析

利用荧光素酶免疫沉淀系统（Luciferase immunoprecipition system，LIPS）建立了一种基于 SADS-CoV S 蛋白亚基 S1 的抗体分析方法[1]。LIPS 是一种非放射性溶液相免疫分析法，利用荧光重组抗原融合蛋白定量测定未知抗体的方法。该方法特异性高、灵敏性较好，但由于实验操作比较复杂，特别是构建含有荧光素酶-抗原融合蛋白的表达载体耗时较长，对工作人员及需要的仪器设备要求较高，不利于在猪场临床广泛使用。

2. 间接免疫荧光法（Immunonuorescenee assay，IFA）

利用小鼠或兔 SADS-CoV 特异性抗血清建立了一种针对 SADS-CoV 的间接免疫荧光方法[1,3,16]。IFA 的基本原理是利用荧光物质标记抗体后，对抗原（待检样品）进行定位，其具备血清学检验方面的特异性、荧光检验类型的敏感性以及显微镜检的优点等，在临床诊断中具有较好的应用价值，缺点是只能进行定性而不能进行定量分析。

三、病原学检测技术

1. 病毒分离与鉴定

病毒分离与鉴定是检测 SADS-CoV 最为常见和准确的方法。采集感染仔猪的肠道组织样品研磨、冻融、离心后，取上清液接种胰蛋白酶培养的 Vero 细胞，传代培养可产生细胞病变[1-3]。但该方法工作量大、耗时耗力，不能用于大规模检测。

2. 分子诊断技术

RT-PCR 是目前进行病毒核酸检测的常用方法。针对 SADS-CoV 的 N 蛋白基因设计特异性引物，然后通过 RT-PCR 扩增后用于 SADS-CoV 的快速检测，是早期从仔猪肠道样品中检测 SADS-CoV 的主要方法[6]。通过对 PCR 产物的进一步测序分析，可实现确诊目的。

在 RT-PCR 基础上，学者们又建立了 TaqMan 实时荧光 RT-PCR 方法（表 6-2）和 SYBR Green 荧光定量方法（表 6-3）。随着 PCR 扩增反应程序的延续，荧光信号不断积累，从而能够实时定量检测目的基因。这两种方法解决了普通 RT-PCR 无法定量等问题，同时敏感性和特异性也有很大提高，适用于大规模快速临床检测[14,17-19]。

表 6-2　SADS-CoV TaqMan 实时荧光 RT-PCR 方法的引物和探针

引物	序列（5′-3′）	扩增片段
qSADS-N-F	CTGACTGTTGTTGAGGTTAC	155 bp
qSADS-N-R	TCTGCCAAAGCTTGTTTAAC	
探针	5′-FAM-TCACAGTCTCGTTCTCGCAATCA-TAMRA-3′	

表 6-3　SADS-CoV SYBR Green 荧光定量方法的引物

引物	序列（5′-3′）
SADS-CoV-F	ATGACTGATTCTAACAACAC
SADS-CoV-R	TTAGACTAAATGCAGCAATC

套式 RT-PCR 也可用于 SADS-CoV 的快速检测。相对于普通 RT-PCR，套式 RT-PCR通过两轮扩增的方法可最大限度地降低非模板物质、样品 RNA 丰富不够和纯净度不足等因素对扩增的影响，敏感性和特异性有了较大提高。该方法不与 PEDV、PDCoV 和 TGEV 产生交叉反应，因此，与普通 PCR 相比，具有更高的灵敏度和特异性且经济、易于推广等诸多优点[5]。

基于 SADS-CoV 的 N 基因成功建立了实时逆转录环介导等温扩增方法（RT-LAMP）（表 6-4）。该方法操作简单且不需要昂贵的仪器设备，适用于常规实验室开展 SADS-CoV 检测，具有较好的特异性、灵敏性和可重复性。与常规 PCR 相比，该方法具有更短的周转时间（30～60 min）和更高的灵敏度（高出 1～2 个数量级）等优势[20]。

表 6-4　SADS-CoV RT-LAMP 检测引物

引物	序列（5′-3′）	基因组位置（nt）
SADS-F3	CAGCCTTCTAACTGGCACTT	25 707～25 726
SADS-B3	ACAGTCAGGTCTGGTGGTAA	25 884～25 903
SADS-FIP	CGTCAACAGCGACCCAATGCA-TCCTCACG	25 786～25 806
	CAGATGCTCC	25 745～25 762
SADS-BIP	AACTAGCCCCACAGGTCTTGGT-AACCCAA	25 814～25 835
	ACTGAGGTGTAGC	25 860～25 879

（续）

引物	序列（5′-3′）	基因组位置（nt）
SADS-LB	TCGCAATCGTAACAAAGAACCT	25 838～25 859
SADS-LF	CACCCTGAATCCGTTTCCTG	25 766～25 785

第六节　预防与控制

猪急性腹泻综合征作为一种猪的新发传染病，目前还没有有效的疫苗进行预防。只有通过严格的生物安全措施，防止病毒传入。本病一旦传入猪场，宜尽早采取严格的隔离、扑杀、消毒、无害化处理等综合防控措施，防止疫情进一步扩散，造成更大损失。

一、加强饲养管理，落实生物安全措施

猪场要实行分点隔离饲养与"全进全出"的饲养制度，严格落实各项生物安全措施，定期驱虫灭鼠，强化日常消毒，保证营养平衡。做好仔猪出生后的护理工作，保证产房温度适宜，保持环境的清洁卫生，使仔猪及早吃上初乳、补铁补硒、饮用清洁干净的合格水。

二、疫苗免疫

鉴于猪急性腹泻综合征是国内新出现的一种猪冠状病毒病，目前还没有商品化的疫苗。某些发病猪场借鉴猪流行性腹泻的防控经验，使用组织苗免疫或返饲的方法进行控制，具有一定效果。

三、治疗

目前还没有针对 SADS-CoV 的特定性治疗方法。病猪应保持在温暖、干燥的环境中，可口服电解质进行补液，防止脱水死亡。尽早将发病猪栏进行严格隔离，强化消毒和无害化处理，严格限制人员和物品等的流动，防止疫情进一步扩散。

▶ **主要参考文献**

[1] Zhou P.，Fan H.，Lan T.，et al. Fatal swine acute diarrhoea syndrome caused by an HKU2-related coronavirus of bat origin[J]. Nature，2018b，556（7700）：255-258.

[2] Pan Y.，Tian X.，Qin P.，et al. Discovery of a novel swine enteric alphacoronavirus（SeACoV）in Southern China[J]. Veterinary Microbiology，2017，211：15-21.

［3］ Xu Z.，Zhang Y.，Gong L.，et al. Isolation and characterization of a highly pathogenic strain of porcine enteric alphacoronavirus causing watery diarrhoea and high mortality in newborn piglets［J］. Transboundary and Emerging Diseases，2019，66（1）：119-130.

［4］ Zhou L.，Sun Y.，Lan T.，et al. Retrospective detection and phylogenetic analysis of swine acute diarrhoea syndrome coronavirus in pigs in Southern China［J］. Transboundary and Emerging Diseases，2019，66（2）：687-695.

［5］ 张誉瀚，袁为锋，张帆帆，等.2018年江西及福建省新现猪急性腹泻冠状病毒的分子流行病学调查［J］.养猪，2019（4）：57.

［6］ Zhou L.，Li Q. N.，Su J. N.，et al. The re-emerging of SADS-CoV infection in pig herds in Southern China［J］. Transboundary and Emerging Diseases，2019，66（5）：2180-2183.

［7］ Yu J.，Qiao，S.，Guo R.，et al. Cryo-EM structures of HKU2 and SADS-CoV spike glycoproteins and insights into coronavirus evolution［J］. Nat Commun，2002，11（1）：3070.

［8］ 叶景荣，徐建国.冠状病毒的生物学特性［J］.疾病监测，2005（3）：160-163.

［9］ Sun Y.，Cheng J.，Luo Y.，et al. Attenuation of a virulent swine acute diarrhea syndrome coronavirus strain via cell culture passage［J］. Virology，2019，538：61-70.

［10］ Yang Y.，Qin P.，Wang B.，et al. Broad cross-species infection of cultured cells by bat HKU2-related swine acute diarrhea syndrome coronavirus and identification of its replication in murine dendritic cells in vivo highlight its potential for diverse interspecies transmission［J］. Journal of Virology，2019，93（24）：e01448-19.

［11］ Zhang J.，Han Y.，Shi H.，et al. Swine acute diarrhea syndrome coronavirus-induced apoptosis is caspase-and cyclophilin D-dependent［J］. Emerging Microbes and Infections，2020，9（1）：439-456.

［12］ Zhou Z.，Sun Y.，Yan X.，et al. Swine acute diarrhea syndrome coronavirus（SADS-CoV）antagonizes interferon-β production via blocking IPS-1 and RIG-Ⅰ［J］. Virus Research，2020，278：197843.

［13］ Yang Y.，Yu J.，Huang Y. Swine enteric alphacoronavirus（swine acute diarrhea syndrome coronavirus）：An update three years after its discovery［J］. Virus Research，2020，285：198024.

［14］ Huang X.，Chen J.，Yao G.，et al. A TaqMan-probe-based multiplex real-time RT-qPCR for simultaneous detection of porcine enteric coronaviruses［J］. Applied Microbiology and Biotechnology，2019，103（12）：4943-4952.

［15］ Chen Q.，Gauger P.，Stafine M.，et al. Pathogenicity and pathogenesis of a United States porcine deltacoronavirus cell culture isolate in 5-day-old neonatal piglets［J］. Virology，2015，482，51-59.

［16］ Yang Y.，Lang Q.，Xu S.，et al. Characterization of a novel bat-HKU2-like swine enteric alphacoronavirus（SeACoV）infection in cultured cells and development of a SeACoV infectious clone［J］. Virology 2019，536，110-118.

［17］ 贺东生，李锦辉，刘博闻，等.华南猪群猪急性腹泻综合征的诊断和病原鉴定［J］.猪业科学，

2018，35（10）：80-82.

［18］Zhou L.，Sun Y.，Wu J. L.，et al. Development of a TaqMan-based real-time RT-PCR assay for the detection of SADS-CoV associated with severe diarrhea disease in pigs ［J］. Journal of Virological Methods，2018，255：66-70.

［19］Ma L.，Zeng F.，Cong F.，et al. Development of a SYBR green-based real-time RT-PCR assay for rapid detection of the emerging swine acute diarrhea syndrome coronavirus ［J］. Journal of Virological Methods，2019，265：66-70.

［20］Wang H.，Cong F.，Zeng F.，et al. Development of a real time reverse transcription loop-mediated isothermal amplification method （RT-LAMP） for detection of a novel swine acute diarrhea syndrome coronavirus （SADS-CoV） ［J］. Journal of Virological Methods，2018，260：45-48.

（马静云）

第七章
猪丁型冠状病毒病

猪丁型冠状病毒病，也称猪 δ 冠状病毒病，是近年来在猪群中新出现的一种肠道传染病，以腹泻、呕吐和脱水为主要特征，发病率和死亡率高达 50％～100％，尤其以哺乳仔猪发病最为严重，给养猪业带来一定的经济损失。目前本病在全球多个国家流行，具有全球流行的潜在趋势，引起广泛关注。

第一节 概 述

一、定义

猪丁型冠状病毒病（Porcine deltacoronavirus disease，PDCoVD），是由猪丁型冠状病毒（Porcine deltacoronavirus，PDCoV）感染引起的猪的一种新发肠道传染病，主要感染整段小肠，尤其是空肠和回肠，临床上以仔猪水样腹泻、呕吐，严重情况下仔猪脱水衰竭死亡为主要特征。不同日龄和品种猪均可感染，哺乳仔猪感染后危害较严重，死亡率较高，其他年龄段猪感染后死亡率低。

二、流行与分布

2012 年中国香港首次报道 PDCoVD 的发生，在猪腹泻直肠拭子中检测到了 PDCoV（HKU15），从 169 份样本中检测到 17 份阳性，阳性率约为 10％，但未分离到病毒[1]。2014 年初，美国俄亥俄州开始暴发仔猪腹泻，确认了 PDCoV 的存在。该病蔓延至美国 20 个州以及邻近的加拿大和墨西哥部分地区，表明该病在北美地区已经普遍流行[2-4]。随后，韩国、泰国、日本、越南、老挝和中国台湾地区等相继在猪群临床腹泻样本检测到 PDCoV。本病在亚洲多个国家和地区呈广泛流行[5-9]。

国内追溯性研究发现，2004 年安徽猪群中可能已存在 PDCoV 的流行。通过 RT-PCR 和全基因组序列测定，证实从安徽、广西、湖北和江苏等地采集的临床样本中 PDCoV 阳性率为 6.51％[10]。检测结果显示，国内猪群 PDCoVD 发生情况有逐渐上升趋势[11,12]。目前在我国至少有 17 个省（直辖市）的猪群临床样本中检测到了 PDCoV，病原学检测阳性率 4.33％～33.71％，感染率差异较大。本病主要是以地方流行为主。本病有时还与

PEDV 发生混合感染。

三、危害

作为近年来新发现的肠道冠状病毒病，PDCoVD 能够引起仔猪不同程度的腹泻，猪群感染后，具有传播快、感染率高等特点。虽然该病临床上导致的疫病严重性小于 PED，但是经常与其他引起腹泻的病原，如 PEDV、TGEV 等混合感染，给养猪业造成巨大的经济损失。

PDCoV 可以感染鸡胚并连续传代，SPF 鸡和火鸡感染后出现轻度腹泻症状和粪便排毒，可以在群间传播并产生抗 PDCoV 特异性 IgY 抗体[13,14]。同时 PDCoV 也可感染犊牛，导致其粪便排毒和血清阳转，但无临床症状和病理学损伤[15]。因此 PDCoV 具有跨种间传播能力。

第二节 病 原 学

一、分类和命名

2007 年通过宏基因组测序方法首次从野生亚洲豹猫和中国白鼬獾群中发现一种新型的 δ 冠状病毒。猪源冠状病毒于 2012 年被首次发现，遗传分析发现与野生亚洲豹猫存在的 δ 新型冠状病毒属同一分支，故将其命名为猪 δ 冠状病毒。2012 年以来北美和亚洲国家相继发现猪群新的腹泻疫情，随后美国学者确认病原为 PDCoV。PDCoV 在分类地位上属于套式病毒目 (*Nidovirales*)、冠状病毒科 (*Coronaviridae*)、正冠状病毒亚科 (*Orthocoronavirinae*)、δ 冠 状 病 毒 属 (*Deltacoronavirus*)、*Buldecovirus* 亚 属、*Coronavirus* HKU 15 种。除 PDCoV 而外，*Buldecoviru* 亚属的成员还包括：夜莺冠状病毒 (Bulbul coronavirus HKU 11)、黑水鸡冠状病毒 (Common moorhen coronavirus HKU 21)、文鸟冠状病毒 (Munia coronavirus HKU 13)、绣眼鸟冠状病毒 (White-eye coronavirus HKU 16)。

二、形态结构

PDCoV 在电镜下呈球形，有囊膜、纤突，呈典型的冠状病毒形态，在负染电镜下可观察到病毒粒子表面有大量刺状突起结构，病毒粒子直径为 80～160nm（图 7-1）。

三、生物学特性

PDCoV 可在猪睾丸细胞 (Swine testicle，ST) 和猪肾小管上皮细胞 (LLC porcine

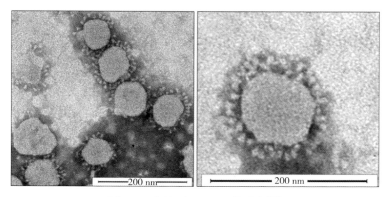

图 7-1 电镜下 PDCoV 的形态[16]

kidney，LLC-PK）等细胞中复制并稳定增殖。在体外培养时，需加入适量胰酶，有利于病毒的复制。研究发现，胰酶在病毒粒子进入细胞和释放中不是必需的，但胰酶可以通过介导细胞间膜融合传递促进病毒的复制[17]。原位杂交和免疫荧光染色方法证实，体内 PDCoV 感染的复制位点主要位于小肠（十二指肠到回肠）和大肠的绒毛上皮细胞。RT-PCR 方法可在小肠和大肠组织及其他主要器官（肝、心、肾、脾和肠系膜淋巴结）中检测到病毒 RNA[3,18]。

四、对理化因子敏感性

PDCoV 有囊膜，外层含有脂质膜结构，易被破坏，因此对氯仿和乙醚等脂溶剂敏感，在离子或者非离子去污剂中极不稳定。

五、基因组结构和功能

PDCoV 基因组是不分节段的单股正链 RNA，全长约 25.4kb，是已知基因组最小的冠状病毒。5′端带有帽子结构和非编码区（untranslated region，UTR），3′端有 UTR 和 poly（A）尾，病毒基因组至少含有 8 个开放阅读框（Open reading frame，ORF）。基因组从 5′端到 3′端依次为 5′-UTR-ORF1a-ORF1b-S-E-M-NS6-N-NS7-3′-UTR（图 7-2）。

位于基因组 5′最前端的 5′-UTR，长度为 511～540nt，其后为 ORF1a 和 ORF1b，该部分占病毒基因组全长的 2/3，编码病毒复制酶多聚蛋白 pp1a 和 pp1ab。两种多聚蛋白可被剪切为 16 个非结构蛋白（Nonstructural proteins，Nsps），主要参与病毒的复制转录和宿主细胞先天性免疫调控[19,20]。尽管对冠状病毒编码蛋白一般特性和功能已有研究，但目前对 PDCoV 各蛋白详细功能的研究仍较少。Nsp5 是病毒的 3C 样蛋白酶（3C-like protease，3CL^{pro}），具有拮抗 I 型干扰素的作用，通过剪切 JAK-STAT2 信号通路中的 STAT2 蛋白，导致 STAT2 降解，进而抑制干扰素刺激基因（interferon-stimulated gene，ISG）表达抵抗宿主细胞的抗病毒作用。同时 Nsp5 可以通过剪切 NEMO 蛋白而抑制 RIG-Ⅰ介导的 IFN 细胞通路[21,22]。Nsp10 包含有锌指蛋白结构，可以抑制仙台病毒（Sendavirus，SeV）诱导的 IFN-β 产生和转录因子 IRF3 和 NF-κB 的激活，但抑制 IFN-β 产生不依赖其锌指结构[23]。Nsp12 包含有 RNA 依赖的 RNA 聚合酶（RNA-dependent RNA polymerase，RdRP）。Nsp13 是解旋酶（Helicase，HEL）。Nsp14 具有核糖核酸外切酶活性（Exonuclease，ExoN）和 N7-甲基转移酶活性（N7-Methyltransferase）。Nsp15 包含有核酸内切酶（Endonuclease，EndoU），可以抑制 IFN-β 产生，但不依赖其内切核糖核酸酶活性[24]。在冠状病毒的结构蛋白基因之间或内部，常存在一些小的 ORF 编码的辅助蛋白，PDCoV 的 M 基因和 N 基因之间以及 N 基因内部各存在一个 ORF，分别编码辅助蛋白 NS6 和 NS7。PDCoV 感染细胞中，NS6 主要分布于胞质中，定位于内质网和部分高尔基体。NS6 通过与 RIG-Ⅰ 和 MDA5 相互作用，减弱 RIG-I/MDA5 对 dsRNA 的识别或结合，抑制 IFN-β 产生[25,26]。在 NS7 稳定表达的 PK-15 细胞系中，NS7 主要定位于线粒体中[27]。此外，PDCoV 每个编码基因都有一段相同的转录调节序列（TRS），即 5′-ACACCA-3′，该序列是 δ 冠状病毒特有的。

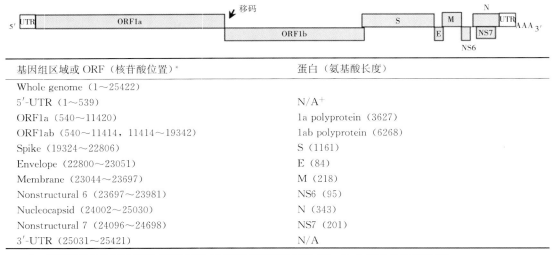

基因组区域或 ORF（核苷酸位置）*	蛋白（氨基酸长度）
Whole genome（1～25422）	
5′-UTR（1～539）	N/A+
ORF1a（540～11420）	1a polyprotein（3627）
ORF1ab（540～11414，11414～19342）	1ab polyprotein（6268）
Spike（19324～22806）	S（1161）
Envelope（22800～23051）	E（84）
Membrane（23044～23697）	M（218）
Nonstructural 6（23697～23981）	NS6（95）
Nucleocapsid（24002～25030）	N（343）
Nonstructural 7（24096～24698）	NS7（201）
3′-UTR（25031～25421）	N/A

* 核苷酸位置是根据 PDCoV HKU15-44/2009 基因组确定的（GenBank 登录号 JQ065042）。

+N/A：不适用。

图 7-2 PDCoV 基因组结构示意图[28,29]

S 蛋白又称纤突蛋白，构成 PDCoV 病毒粒子表面的刺状突起。S 蛋白通常在受体结合、细胞膜融合和进入等方面发挥作用。此外，S 蛋白含有诱导中和抗体的表位。在病毒粒子成熟过程中，S 蛋白被蛋白酶切割成 S1 和 S2 两个亚基，S1 主要参与病毒识别宿主细胞表面受体，S2 主要介导病毒和细胞膜之间的融合。冠状病毒 S 蛋白属于第Ⅰ类病毒膜融合蛋白，组成同源三聚体位于病毒包膜上。PDCoV S 蛋白结构解析结果显示，由 N

端 S1 亚基和 C 端 S2 亚基构成[28,29]。其中 S1 包含 2 个结构域，N 端结构域（S1-NTD）和 C 端结构域（S1-CTD）。PDCoV S1-NTD 具有和 α/β 冠状病毒的 S1-NTD 相同的结构折叠，识别糖类作为其潜在受体；PDCoV S1-CTD 具有与 α 冠状病毒 S1-CTD 相同的结构折叠，但其与 β 冠状病毒的 S1-CTD 不同。PDCoV S1-CTD 可与哺乳动物细胞表面的一个未经确认的受体结合，并作为主要的受体结合域（RBD）发挥作用。三聚体 S2 构成 S 蛋白的茎，每个 S2 亚基被不同单体亚基的 S1 的结构限制锁定在预融合构象中。PDCoV 纤突具有多种结构特征，如紧凑的结构、隐蔽的受体位点和关键表位，可能有助于病毒的免疫逃逸。不同冠状病毒所识别的宿主细胞受体不同，PDCoV 的功能性受体为氨基肽酶 N（Aminopeptidase N，APN）。例如，不同的冠状病毒可利用猪氨基肽酶 N（pAPN）、鸡氨基肽酶 N（gAPN）、人氨基肽酶 N（hAPN）和牛氨基肽酶 N（fAPN）作为感染宿主的受体，与其跨物种传播具有密切关系。其中 pAPN 是否为 PDCoV 感染宿主的功能性受体还存在一定争议。利用 CRISPR/Cas9 来检测 pAPN 作为 PDCoV 受体的生物学相关性研究发现，来自 pAPN 基因敲除猪的肺成纤维细胞而非 PAMs 细胞支持 PDCoV 的高水平感染，表明 pAPN 是 PDCoV 感染 PAMs 的受体，对 PDCoV 感染肺成纤维细胞来说不是必需的，推测可能有其他未知受体或者因子能够替代 pAPN 的功能[30]。

N 蛋白又称核衣壳蛋白，是已知的病毒组分中最丰富的蛋白，可发挥多种功能，与其他冠状病毒 N 蛋白功能相似。N 蛋白能自身相互作用形成非共价连接的寡聚体，主要定位于细胞核。在稳定表达 N 蛋白的 PK-15 细胞中，N 蛋白定位于细胞核和细胞质，与核糖体亚基或核蛋白相互作用参与 RNA 合成和核糖体的生物合成[31]。另外，通过干扰 dsRNA 和蛋白激酶 R 蛋白激活剂（PACT，Protein activator of protein kinase R）与人源 RIG-Ⅰ 的结合，N 蛋白可以抑制 SEV 诱导的 IFN-β 产生和转录因子 IRF3 的激活[32]。同时 N 蛋白可以直接靶定猪 RIG-Ⅰ，通过干扰结合 dsRNA 和环指蛋白 135（Ring finger protein 135，RNF135）介导的 K63 位多聚泛素化修饰，抑制猪视黄酸诱导基因样受体（RLR）诱导 IFN-β 的产生[33]。

六、 病毒的遗传变异

利用 PDCoV 全基因组序列和/或 S 和 N 基因序列可进行病毒的遗传演化分析。通过对 2012 年以来 GenBank 上公开的 90 株 PDCoV 全基因组（美国 29 株、中国 39 株、韩国 7 株、日本 8 株和东南亚国家 7 株）进行比对分析，将所有毒株划分为 3 个谱系（lineage），美国/日本/韩国谱系、中国谱系和越南/老挝/泰国谱系（图 7-3）。韩国和日本分离株与美国分离株位于同一个亚群中，与早期对韩国分离株 S 和 N 基因的遗传演化分析相一致，从而推断韩国的毒株可能来自美国，但是传播路线尚未确定。中国谱系毒株可进一步划分为 4 个小分支，基因序列分析显示这些毒株大部分 S 基因存在 3 nt 缺失，部分序列 3'-UTR 存在 1～11 nt 缺失。最早发现的 AH-2004 和 HKU15-44 2009 以及 2016—2017 年间在青藏高原周边地区藏香猪中分离的毒株位于分支 1 中；分支 2 以 HKU15-155 2010 为代表株；分支 3 主要以四川省的 2016 年以后新分离毒株为主，具有明显的地域性特点；分支 4 以 Sichuan S27 2012 为代表株，毒株分布于多个省份。

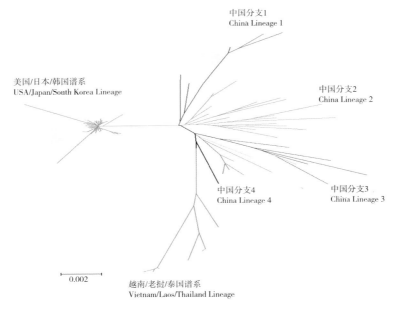

图 7-3　基于全基因组序列的 PDCoV 的遗传演化分析

东南亚国家分离株被划分至越南/老挝/泰国谱系，主要是 2015—2016 年间分离毒株，同时包含 2017 年我国广西分离株 GX-1468B-2017，按时间推算，该毒株可能是由东南亚国家传入我国广西境内。序列分析发现，该分支在 *ORF1ab* 基因存在 9 nt 缺失，同时邻近的中国分支 4 中的 Sichuan S27 2012 和 CH-01 2016 也存在同样的缺失。

尽管追溯发现国内 PDCoV 最早出现于 2004 年，但因信息有限，很难破译不同国家 PDCoV 的遗传演化关系，也很难确定 PDCoV 的起源，需要更多流行毒株的基因信息来阐明病毒的来源和遗传演化规律。

七、致病机制

PDCoV 急性感染时，腹泻症状出现时间与检测到病毒 RNA 的时间一致或者晚 1～2d。粪便中病毒 RNA 在随后的 1～3d 达到峰值，可持续 1 周，随后排毒量逐渐降低。仔猪血清中的病毒 RNA 在攻毒后 2～6d 可达 10^5～10^6 拷贝/mL。攻毒后第 4 天可在空肠、直肠、肠系膜淋巴结、肝脏、胃和十二指肠样本中检测到病毒，第 7 天可在盲肠、直肠、肠系膜淋巴结、远端空肠和回肠中检测到病毒。使用 PDCoV 特异性兔抗血清 IHC 染色检测攻毒组样本近端空肠至结肠绒毛和隐窝肠上皮细胞的细胞质中 PDCoV 抗原，结果显示攻毒后第 4 天，IHC 平均得分仔猪近端空肠、盲肠到结肠段分数低，中段空肠到回肠分数高，十二指肠和直肠阴性。第 7 天，病毒主要分布于大肠，盲肠到结肠段病毒含量低。第 27 天，通过免疫组织化学（IHC）技术未在组织中发现阳性染色。PDCoV 不同毒株感染猪后病毒血症出现时间存在差异，USA/IL/2014 毒株攻毒 5 日龄仔猪的第 4～7 天可以检测到病毒血症，Ohio CVM1 野毒感染 19 日龄无菌猪（gnotobiotic piglet）第 1～3 天出现病毒血症。早期严重的腹泻/呕吐可能伴随着急性、短暂的病毒血症，但目前尚未在血清中证实感染性病毒的存在[3,8,34]。

PDCoV 可以感染整段小肠和大肠的绒毛上皮细胞，其中空肠和回肠是主要的感染部位。类似于 PEDV 感染，PDCoV 感染时常引起急性、严重萎缩性肠炎，并伴有短暂的病毒血症。仔猪严重的腹泻和/或呕吐，脱水是仔猪死亡的主要原因。与 PEDV 和 TGEV 类似，PDCoV 引起的腹泻可能由吸收性肠上皮细胞大量丢失导致的吸收不良所致，感染的肠上皮细胞功能紊乱也可能导致吸收不良性腹泻。与 PEDV 相同，PDCoV 感染的结肠上皮细胞轻度空泡化，可能会干扰水和电解质的再吸收[35]。

冠状病毒可以通过内吞体途径和细胞膜表面侵入两种方式进入细胞。研究证实，PDCoV 可以通过这两种方式侵入猪回肠细胞系 IPI-2I 细胞[36]，而且细胞膜表面侵入途径的效率较内吞体途径更高，可能与 PDCoV 主要感染空肠和回肠有关，肠道中丰富的蛋白酶环境更有利于体内病毒通过细胞膜表面侵入途径感染小肠上皮细胞。

通过 TUNEL 染色和 annexin V/PI 染色试验发现，PDCoV 体内感染肠上皮细胞后，并不诱导细胞凋亡的发生，但在体外感染猪源细胞系 LLC-PK 和 ST 细胞时，会导致细胞发生凋亡，PDCoV 抗原阳性的 LLC-PK 和 ST 细胞伴随细胞病变的产生（如细胞变圆、脱落和聚集成团），可见 TUNEL 阳性信号。同时，annexin V 或 PI 阳性 LLC-PK 和 ST 细胞数量与对照细胞相比明显增加[37]。

PDCoV 感染 ST 细胞后，caspase 3（含半胱氨酸的天冬氨酸蛋白水解酶 3）、caspase 8 和 caspase 9 激活，并随着病毒感染量的增多，caspase 活性显著提高，表明 PDCoV 感染可同时激活内源性与外源性细胞凋亡通路。研究发现，PDCoV 感染通过线粒体释放到胞质的细胞色素 C 介导 caspase 依赖的线粒体凋亡通路诱导细胞凋亡的发生[38,39]。

作为 PDCoV 免疫逃避策略之一，PDCoV 感染不能诱导 IFN-β 的产生，而且通过抑制 IFN-β 启动子的激活来抑制 RIG-I 介导的 IFN 信号通路[40]。

第三节　流行病学

一、传染源

患病猪和隐性带毒猪是本病的主要传染源。病毒存在于感染猪的排泄物、分泌物、呕

吐物和乳汁等，也可通过被污染的饲料和运输车辆进行传播。

二、传播途径

本病主要经直接接触和消化道传播，粪-口传播被认为是在猪群内传播的重要传播途径，也可通过病毒污染的饲料、饮水等传染给群间健康猪。研究显示，病毒还可通过呼吸道传播[41]。

三、易感动物

PDCoV 可以感染各个年龄段的猪，但主要引起新生仔猪的腹泻。未吃初乳的仔猪在人工感染 2～11d 后出现厌食、急性水样腹泻等，但在整个观察期间内全部恢复并存活。不同毒株和接毒剂量导致仔猪腹泻的严重程度和持续时间不同。成年猪感染后常呈一过性腹泻，很快恢复。研究证实，PDCoV 可以感染犊牛、鸡和火鸡[13-15]。

四、流行特点

PDCoV 在临床猪群中具有传播快、感染率高等特点，目前主要以地方性流行为主。研究发现，PDCoV 可能具有一定季节流行性特点，随着温度升高，PDCoV 检出率逐渐降低[42]。

第四节　临床诊断

一、临床症状

仔猪感染后 24h 可出现腹泻、呕吐等症状，96～120h 后表现为严重水样腹泻、呕吐、厌食、嗜睡，随后严重脱水。猪感染后的临床症状与 PEDV 感染类似。成年猪和母猪感染后症状较轻，常呈一过性腹泻后自愈。

二、剖检和病理变化

PDCoV 感染后（图 7-4），仔猪肠管胀气，肠壁肿胀变薄，呈透明状，小肠中伴有黄色水样内容物聚集。回肠和空肠出现轻度或者重度的萎缩性肠炎，偶尔伴有盲肠和结肠表面上皮细胞轻度空泡化，小肠、十二指肠的其余部分没有明显的绒毛萎缩或组织学损伤。急性感染时，空肠和回肠的末端或整个绒毛上可见肠上皮细胞空泡化或大量细胞脱落。绒毛萎缩融合并被退化或再生的扁平上皮细胞所覆盖。固有层可见炎性细胞浸润，如巨噬细胞、淋巴细胞、中性粒细胞和嗜酸性粒细胞。感染猪的其他器官，如肺、脾、肝、肾和肠系膜淋巴结均未发现损伤。胃上皮细胞偶见局灶性、轻度变性和坏死。

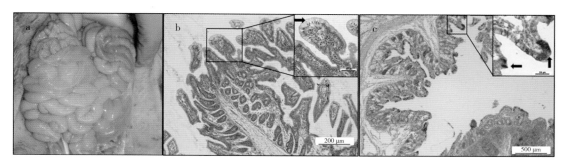

图 7-4　PDCoV 感染后剖检肠道病理损伤[16]

a. 肠道总体病理损伤变化；b. PDCoV 攻毒后空肠组织切片 HE 染色；c. PDCoV 攻毒后空肠组织切片免疫组化染色

三、鉴别诊断

PDCoV 感染的临床症状与 PEDV、TGEV 等肠道病毒相似，依靠临床症状和剖检变化难以区分，需通过实验室进行鉴别诊断。

第五节　实验室诊断

由于本病是猪的一种新发传染病，还未制定关于 PDCoV 实验室诊断的标准。快速诊断对于实施有效的 PDCoV 控制策略至关重要。开发高质量的诊断方法并了解 PDCoV 感染动态，在合适的时间选择合适的标本是获得可靠诊断结果的重要环节。在各种病毒学方法中，RT-PCR 等分子检测方法仍是诊断 PDCoV 的首选方法；免疫组化结合苏木精和伊红染色也常用于 PDCoV 引起的组织病理学损伤的判定。血清学检测可提示 PDCoV 的接触史，也可确定对病毒感染或疫苗接种的抗体反应。

一、病原学诊断

病原学诊断需要依据病毒分离、病毒核酸或病毒抗原的检测进行判定。病原学检测包括病毒粒子检测（电子显微镜）、病毒核酸检测（一步法 RT-PCR、巢式 RT-PCR、实时荧光定量 PCR 和原位杂交等）、病毒抗原检测（免疫荧光染色和免疫组化）、活病毒检测（病毒分离和猪体感染试验）。在上述方法中，PDCoV 特异性 RT-PCR 仍是 PDCoV 核酸检测的首选方法。

1. 核酸检测样品采集

RT-PCR 可以快速、敏感和特异地从临床样品中检测到病毒 RNA，但是不同发病时间的样品采集方式对检测具有很大的影响，因此需要采集合适的样品进行检测[19]。

（1）粪便样品和口腔液样本 急性感染期（1～10DPI）[*] 时，可采集个体粪便拭子或者圈舍内的环境粪便样品或口腔液进行 PCR 检测。当 PDCoV 感染超过 10～14d，采集个体的粪便拭子或口腔液更为合适。

（2）组织样本 急性感染期（1～10DPI）时，可采集病死猪的小肠，尤其是空肠和回肠，其他非肠道组织不适合 PDCoV PCR 检测。

（3）血清样本 PDCoV 感染可以引起病毒血症，但病毒血症一般是暂时的，并且处于低水平，因此血清不是 RT-PCR 检测的最佳选择。

（4）饲料和环境样本 污染的车辆和饲料可作为病毒传播的载体，有时可用于 RT-PCR 检测。

2. 核酸扩增检测技术

目前核酸检测的靶点主要针对保守的 M 蛋白和 N 蛋白基因。国内外已经建立了 RT-PCR、巢式 RT-PCR、实时荧光定量 RT-PCR、RT-iiPCR 和 PEDV/PDCoV 的双重荧光定量 RT-PCR 等方法，其中单重 RT-PCR 最低可以检测到 2 个 RNA 拷贝，双重可检测到 14 个 RNA 拷贝[2,4,34,43,44]。

二、血清学诊断

血清学诊断可用于确定之前动物感染病毒情况，分析病毒感染的抗体应答动力学，评价疫苗的有效性。最常用的血清学试验包括间接免疫荧光法（IFA）、病毒中和（VN）试验或荧光聚点中和（FFN）试验、酶联免疫吸附试验（ELISA）和荧光微球免疫分析（FMIA）等。其中应用最为广泛的是 ELISA。

血清学诊断方法主要是以 M 蛋白、N 蛋白和 S1 蛋白为包被抗原建立的间接 ELISA 方法，其中检测 M 抗体和 N 抗体的敏感性和特异性较好，临床血清检测抗体阳性率为 11％以上[45-48]。

第六节 预防与控制

一、疫苗

鉴于 PDCoV 为近年来新发现的肠道冠状病毒，目前尚无疫苗用于防控，但有两种研制中的疫苗获得临床试验批准，分别是 PDCoV 灭活疫苗和 PDCoV-PEDV 二联灭活疫苗，对于其临床保护效果，还需要更多的数据进行验证。

---

[*] 表示感染后 1～10d。

二、抗病毒药物

目前尚无有效的抗病毒药物。体外试验结果显示，氯化锂（LiCl）和二胺甘草酸盐（DG）可以在 PDCoV 复制早期和病毒吸附期发挥抗病毒作用[49]。在 LLC-PK1 细胞中，PDCoV 对瑞德西韦（Remdesivir）具有一定的敏感性[50]。

三、其他综合防控措施

通过在饲料中添加双倍推荐浓度的商业饲料添加剂（酸化剂和盐），可降低室温储存全价饲料中 PDCoV 的存活率，这可作为一种降低饲料中 PDCoV 的风险策略。然而，这些添加剂并不能完全灭活病毒。

PDCoV 的防控重点是哺乳仔猪和保育猪。具体治疗可参照 PED 和 TGE 的治疗方式。坚持"早发现，早治疗"的原则，及时隔离感染猪，做好环境消毒工作，补充盐类或含葡萄糖的电解质，使用相应的抗生素药物控制细菌感染。

预防措施主要包括提高猪场的生物安全水平，加强猪群饲养管理，做好猪场的清洁消毒工作，保持场内圈舍良好通风等。同时做好其他腹泻疫病和免疫抑制性疾病的防控，及时开展疫苗免疫和抗体监测工作。

▶ 主要参考文献

［1］ Woo P. C. ，Lau S. K. ，Lam C. S. ，et al. Discovery of seven novel mammalian and avian coronaviruses in the genus deltacoronavirus supports bat coronaviruses as the gene source of alphacoronavirus and betacoronavirus and avian coronaviruses as the gene source of gammacoronavirus and deltacoronavirus［J］. J Virol，2012，86（7）：3995-4008.

［2］ Wang L. ，Byrum B. ，Zhang Y. Detection and genetic characterization of deltacoronavirus in pigs，Ohio，USA，2014［J］. Emerg Infect Dis，2014，20（7）：1227-1230.

［3］ Ma Y. ，Zhang Y. ，Liang X. ，et al. Origin，evolution，and virulence of porcine deltacoronaviruses in the United States［J］. mBio，2015，6（2）：e00064.

［4］ Marthaler D. ，Raymond L. ，Jiang Y. ，et al. Rapid detection，complete genome sequencing，and phylogenetic analysis of porcine deltacoronavirus［J］. Emerg Infect Dis，2014，20（8）：1347-1350.

［5］ Lee S. ，C. L. Complete genome characterization of Korean porcine deltacoronavirus strain KOR/KNU14-04/2014［J］. Genome Announc，2014，2（6）：e01191-14.

［6］ Janetanakit T，Lumyai M，Bunpapong N，et al. Porcine deltacoronavirus，Thailand，2015［J］. Emerg Infect Dis，2016，22（4）：757-759.

［7］ Saeng-Chuto K. ，Lorsirigool A. ，Temeeyasen G. ，et al. Different lineage of porcine deltacoronavirus in Thailand, Vietnam and Lao PDR in 2015 [J]. Transbound Emerg Dis, 2017, 64 (1): 3-10.

［8］ Suzuki T., Shibahara T., Imai N., et al. Genetic characterization and pathogenicity of Japanese porcine deltacoronavirus [J]. Infect Genet Evol, 2018, 61: 176-182.

［9］ Hsu T. H., Liu H. P., Chin C. Y., et al. Detection, sequence analysis, and antibody prevalence of porcine deltacoronavirus in Taiwan [J]. Arch Virol, 2018, 163 (11): 3113-3117.

［10］ Dong N., Fang L., Zeng S., et al. Porcine deltacoronavirus in Mainland China [J]. Emerg Infect Dis, 2015.

［11］ 徐国栋，王磊. 国内猪丁型冠状病毒的感染状况汇总（2012—2017 年）［J］. 中国动物保健，2019，21（4）：50-51.

［12］ Wang M., Wang Y., Baloch A. R., et al. Detection and genetic characterization of porcine deltacoronavirus in Tibetan pigs surrounding the Qinghai-Tibet Plateau of China [J]. Transbound Emerg Dis, 2018, 65 (2): 363-369.

［13］ Liang Q., Zhang H., Li B., et al. Susceptibility of chickens to porcine deltacoronavirus infection [J]. Viruses, 2019, 11 (6): 573.

［14］ Boley P. A., Alhamo M. A., Lossie G., et al. Porcine deltacoronavirus infection and transmission in poultry, United States (1) [J]. Emerg Infect Dis, 2020, 26 (2): 255-265.

［15］ Jung K., Hu H., Saif L. J. Calves are susceptible to infection with the newly emerged porcine deltacoronavirus, but not with the swine enteric alphacoronavirus, porcine epidemic diarrhea virus [J]. Arch Virol, 2017, 162 (8): 2357-2362.

［16］ Dong N., Fang L., Yang H., et al. Isolation, genomic characterization, and pathogenicity of a Chinese porcine deltacoronavirus strain CHN-HN-2014 [J]. Vet Microbiol, 2016, 196: 98-106.

［17］ Yang Y. L., Meng F., Qin P., et al. Trypsin promotes porcine deltacoronavirus mediating cell-to-cell fusion in a cell type-dependent manner [J]. Emerg Microbes Infect, 2020, 9 (1): 457-468.

［18］ Jung K., Hu H., Eyerly B., et al. Pathogenicity of 2 porcine deltacoronavirus strains in gnotobiotic pigs [J]. Emerg Infect Dis, 2015, 21 (4): 650-654.

［19］ Zhang J. Porcine deltacoronavirus: Overview of infection dynamics, diagnostic methods, prevalence and genetic evolution [J]. Virus Res, 2016, 226: 71-84.

［20］ Masters P. S., Perlman S. Coronaviridae. In: Knipe D. M., Howley P. M. (Eds.), Field virology [M]. sixth ed. Wolters Kluwer, Lippincott Williams & Wilkins, 2013: 825-858.

［21］ Zhu X., Wang D., Zhou J., et al. Porcine deltacoronavirus nsp5 antagonizes type Ⅰ interferon signaling by cleaving STAT2 [J]. Journal of Virology, 2017, 91 (10): e00003-17.

［22］ Zhu X., Fang L., Wang D., et al. Porcine deltacoronavirus nsp5 inhibits interferon-β production through the cleavage of NEMO [J]. Virology, 2017, 502: 33-38.

［23］ 洪莹莹，猪 δ 冠状病毒非结构蛋白 nsp10 抑制 IFN-β 产生的机制研究 ［D］. 武汉：华中农业大学，2018.

［24］ Liu X., Fang P., Fang L., et al. Porcine deltacoronavirus nsp15 antagonizes interferon-β production independently of its endoribonuclease activity[J]. Molecular Immunology，2019，114：100-107.

［25］ Fang P.，Fang L.，Liu X.，et al. Identification and subcellular localization of porcine deltacoronavirus accessory protein NS6[J]. Virology，2016，499：170-177.

［26］ Fang P.，Fang L.，Ren J.，et al. Porcine deltacoronavirus accessory protein NS6 antagonizes IFN-β production by interfering with the binding of RIG-Ⅰ_MDA5 to double-stranded RNA[J]. J Virol，2018，92（15）：e00712-18.

［27］ Choi S.，Lee C. Functional characterization and proteomic analysis of porcine deltacoronavirus accessory protein NS7[J]. Journal of Microbiology and Biotechnology，2019，29（11）：1817-1829.

［28］ Shang J.，Zheng Y.，Yang Y.，et al. Cryo-electron microscopy structure of porcine deltacoronavirus spike protein in the prefusion state[J]. J Virol，2018，92（4）：e01556-17.

［29］ Xiong X，Tortorici MA，Snijder J，et al. Glycan shield and fusion activation of a deltacoronavirus spike glycoprotein fine-tuned for enteric infections[J]. J Virol，2017，92（4）：e01628-17.

［30］ Stoian A.，Rowland R. R. R.，Petrovan V.，et al. The use of cells from ANPEP knockout pigs to evaluate the role of aminopeptidase N（APN）as a receptor for porcine deltacoronavirus（PDCoV）[J]. Virology，2020，541：136-140.

［31］ Lee S.，Lee C. Functional characterization and proteomic analysis of the nucleocapsid protein of porcine deltacoronavirus[J]. Virus Res，2015，208：136-145.

［32］ Chen J.，Fang P.，Wang M.，et al. Porcine deltacoronavirus nucleocapsid protein antagonizes IFN-beta production by impairing dsRNA and PACT binding to RIG-Ⅰ[J]. Virus Genes，2019，55（4）：520-531.

［33］ Likai J.，Shasha L.，Wenxian Z.，et al. Porcine deltacoronavirus nucleocapsid protein suppressed IFN-beta production by interfering porcine RIG-Ⅰ dsRNA-binding and K63-linked polyubiquitination[J]. Front Immunol，2019，10：1024.

［34］ Chen Q.，Gauger P.，Stafne M.，et al. Pathogenicity and pathogenesis of a United States porcine deltacoronavirus cell culture isolate in 5-day-old neonatal piglets[J]. Virology，2015，482：51-59.

［35］ Jung K.，Hu H.，Saif L. J. Porcine deltacoronavirus infection：Etiology，cell culture for virus isolation and propagation，molecular epidemiology and pathogenesis[J]. Virus Res，2016，226：50-59.

［36］ Zhang J.，Chen J.，Shi D.，et al. Porcine deltacoronavirus enters cells via two pathways：A protease-mediated one at the cell surface and another facilitated by cathepsins in the endosome[J]. J Biol Chem，2019，294（25）：9830-9843.

［37］ Jung K.，Hu H.，Saif L. J. Porcine deltacoronavirus induces apoptosis in swine testicular and LLC porcine kidney cell lines in vitro but not in infected intestinal enterocytes in vivo[J]. Vet Microbiol，2016，182：57-63.

［38］ Lee Y. J.，Lee C. Porcine deltacoronavirus induces caspase-dependent apoptosis through activation of the cytochrome c-mediated intrinsic mitochondrial pathway[J]. Virus Res，2018，253：112-123.

［39］ Jiao S.，Lin C.，Du L.，et al. Porcine deltacoronavirus induces mitochondrial apoptosis in ST cells[J]. Sheng Wu Gong Cheng Xue Bao，2019，35（6）：1050-1058.

［40］ Luo J.，Fang L.，Dong N.，et al. Porcine deltacoronavirus（PDCoV）infection suppresses RIG-Ⅰ-mediated interferon-beta production［J］. Virology，2016，495：10-17.

［41］ Woo P. C.，Lau S. K.，Tsang C. C.，et al. Coronavirus HKU15 in respiratory tract of pigs and first discovery of coronavirus quasispecies in 5′-untranslated region［J］. Emerg Microbes Infect，2017，6 （6）：e53.

［42］ Homwong N.，Jarvis M. C.，Lam H. C.，et al. Characterization and evolution of porcine deltacoronavirus in the United States［J］. Prev Vet Med，2016，123：168-174.

［43］ Song D.，Zhou X.，Peng Q.，et al. Newly emerged porcine deltacoronavirus associated with diarrhoea in swine in China：Identification，prevalence and full-length genome sequence analysis ［J］. Transboundary and Emerging Diseases，2015，62（6）：575-580.

［44］ Zhang J.，Tsai Y. L.，Lee P. Y.，et al. Evaluation of two singleplex reverse transcription-insulated isothermal PCR tests and a duplex real-time RT-PCR test for the detection of porcine epidemic diarrhea virus and porcine deltacoronavirus［J］. J Virol Methods，2016，234：34-42.

［45］ Okda F.，Lawson S.，Liu X.，et al. Development of monoclonal antibodies and serological assays including indirect ELISA and fluorescent microsphere immunoassays for diagnosis of porcine deltacoronavirus［J］. BMC Vet Res，2016，12：95.

［46］ Su M.，Li C.，Guo D.，et al. A recombinant nucleocapsid protein-based indirect enzyme-linked immunosorbent assay to detect antibodies against porcine deltacoronavirus［J］. J Vet Med Sci，2016，78（4）：601-606.

［47］ Luo S. X.，Fan J. H.，Opriessnig T.，et al. Development and application of a recombinant M protein-based indirect ELISA for the detection of porcine deltacoronavirus IgG antibodies［J］. J Virol Methods，2017，249：76-78.

［48］ Thachil A.，Gerber P. F.，Xiao C. T.，et al. Development and application of an ELISA for the detection of porcine deltacoronavirus IgG antibodies［J］. PLoS One，2015，10（4）：e0124363.

［49］ Zhai X.，Wang S.，Zhu M.，et al. Antiviral effect of lithium chloride and diammonium glycyrrhizinate on porcine deltacoronavirus in vitro［J］. Pathogens，2019，8（3）.

［50］ Brown A. J.，Won J. J.，Graham R. L.，et al. Broad spectrum antiviral remdesivir inhibits human endemic and zoonotic deltacoronaviruses with a highly divergent RNA dependent RNA polymerase ［J］. Antiviral Res，2019，169：104541.

（张锋、董雅琴）

第八章
鸡传染性支气管炎

鸡传染性支气管炎是由鸡传染性支气管炎病毒引起的一种急性、高度接触性传染病。鸡传染性支气管炎病毒是全球首个分离到的冠状病毒，早在 20 世纪 30 年代就已鉴定。目前，鸡传染性支气管炎仍是严重威胁全球养禽业的一种烈性传染病，世界动物卫生组织（OIE）将其列为法定报告的疫病，我国列为二类动物疫病。目前，弱毒疫苗和灭活疫苗在该病的防控中得到广泛应用，但该病的流行形势仍然十分复杂，在全球大多数地区已经成为一种地方流行性疫病。

第一节　概　　述

一、定义

鸡传染性支气管炎（Infectious bronchitis，IB）是由鸡传染性支气管炎病毒（Infectious bronchitis virus，IBV）引起的鸡的一种急性、高度传染性呼吸道疾病。各种年龄的鸡均易感，临床以气管啰音、咳嗽和打喷嚏，幼鸡流鼻涕，产蛋鸡产蛋减少和蛋品质下降为特征。

二、流行与分布

本病于 1930 年首次发现于美国北达科他州，Schalk 等于 1931 年正式报道。1937年首次用鸡胚分离到病毒 Beaudette 株，鉴定为 IBV Massachusetts（Mass 型）。从 20世纪 50 年代开始，又陆续发现了其他几种 IBV 血清型。目前本病呈世界性分布。从 20 世纪 40 年代至今，欧洲和亚洲分离到了大量 Mass 型毒株，如 1956 年荷兰分离到 H 株，目前被广泛使用的疫苗株 H120 和 H52 就是该毒株被驯化致弱的。从非洲、亚洲、澳大利亚、欧洲和南美分离到多种血清型。我国在 20 世纪 50 年代就有疑似本病的报道，但首例于 1972 年报道于广东。鸡传染性支气管炎是养禽业的一种常见病和多发病，即使免疫鸡群也会感染，且分离毒株的血清型常与接种的疫苗株不同。

三、危害

鸡传染性支气管炎病毒主要感染鸡，是商品蛋鸡和肉鸡的一个重要病原体。所有日龄鸡均可感染，但主要侵害 1～4 周龄的雏鸡，在育成鸡通常仅引起呼吸道症状。产蛋鸡感染后常会出现产蛋量和蛋质量下降。嗜肾型毒株感染后可引起间质性肾炎并致死。火鸡、雉鸡和珍珠鸡也有发病的报道。

第二节　病 原 学

一、分类和命名

IBV 在分类地位上属于套式病毒目（*Nidovirales*）、冠状病毒科（*Coronaviridae*）、γ 冠状病毒属（*Gammacoronavirus*）、*Igacovirus* 亚属、禽冠状病毒（*Avian coronavirus*）种的成员。

二、形态结构和化学组成

病毒粒子一般呈圆形或多边形。病毒有囊膜，直径为 90～200 nm，表面有长约 20 nm 的棒状纤突，呈放线状排列，核衣壳由螺旋结构的核糖核蛋白（Ribonucleoprotein，RNP）组成。在电子显微镜下观察，IBV 具有典型的冠状病毒形态[1]。

三、生物学特性

IBV 没有血凝蛋白，无自然凝集红细胞活性，但经 1% 胰蛋白酶（或乙醚）在 37℃ 处理 3h 后，能凝集鸡的红细胞。临床上常用间接血凝试验进行病毒鉴定。

鸡胚接种 IBV 后，孵至 18～19 日龄，可见胚体发育不良，蜷曲呈球形。气管环培养物接种 IBV 后，第 3 天可见纤毛停止运动，第 4～5 天上皮细胞开始脱落。

IBV 能干扰新城疫病毒在雏鸡、鸡胚和鸡胚肾细胞内的增殖，而鸡脑脊髓炎病毒会干扰 IBV 在鸡胚内的增殖[2]。

四、对理化因子敏感性

IBV 对外界抵抗力不强，56℃ 15min 和 45℃ 90min 可灭活大部分毒株[3]。在室温下，病毒只能存活几天。4℃ 储存会影响病毒的感染性，在 −70℃ 可长期保存。IBV 应避免在 −20℃ 保存，但感染性尿囊液在 −30℃ 存放多年后仍有感染性。感染性组织在 50% 甘油中无须冷冻即可良好保存和运输。感染性尿囊液冻干后经真空密封在冰箱中冷藏保存，至少可存放 30 年[4]。蔗糖或乳糖对病毒有稳定作用，可延长其保存期。冻干的病毒在 3℃保存 21 个月仍有感染性，但在 37℃下冻干保存的病毒 6 个月后即完全失活[5]。

不同的 IBV 毒株在 pH3.0 条件下的稳定性不同。在细胞培养时，IBV 在 pH 6.0～6.5 的培养液中最稳定。

IBV 对乙醚和常用消毒剂均敏感，0.1%的福尔马林、3%的来苏儿、1%苯酚、70%乙醇、氯仿、1%的氢氧化钠和 0.01%的高锰酸钾等可使其完全灭活。但有些毒株在 4℃20%的乙醚中可存活 18h[4]。

五、毒株分类

用于 IBV 鉴别和分类的方法很多，比较常用的是基于 S 蛋白对 IBV 进行血清型或基因型分类，而基因型分类是近年来发展起来的。早期根据 IBV 的组织嗜性，将毒株分为呼吸型、肾型、输卵管型、腺胃型及肠型等。传统意义上的 IBV 血清型是通过病毒中和（Virus neutralisation，VN）试验和血凝抑制（Haemagglutination-inhibition，HI）试验确定的。由于 HI 试验缺乏特异性，因此，VN 试验是首选的分型方法[6]。目前已发现 30多种 IBV 血清型，不同血清型的毒株在致病性和组织嗜性上存在较大差异，相互之间没有或仅有部分交叉免疫性，而且 IBV 血清型的数量仍在不断增加，给该病的防控增加了难度[7]。S 蛋白中的 S1 亚基可诱导产生血清型特异性抗体。随着病毒血清型数量的增加，对应标准血清的需求也不断增加，因此 HI 和 VN 试验都存在一定的局限性。有实验室采用针对特定血清型病毒的 S1 蛋白抗原表位制备特异性单克隆抗体，建立了酶联免疫吸附试验（Enzyme-linked immunosorbent assay，ELISA）。

随着分子生物学技术的不断发展，目前毒株多以基因型分类。因为 IBV 基因组的微小变异即可导致病毒致病性和血清型的改变，通过研究病毒的基因型有助于及时发现 IBV的流行及变异情况，故近些年对 IBV 的基因型研究逐渐增多。大多数诊断实验室使用 S1区的部分序列来确定 IBV 分离株的基因型。这种分析可用于 IBV 暴发后对病毒的来源和传播进行快速的流行病学评估，还可在鸡群中选择适宜的疫苗株。目前 QX 型（GI-19）是国内优势流行毒株，其次为 4/91 型（GI-13），近年来也有 TW 型（GI-7）的分离报道。

六、 基因组结构和功能

IBV 基因组为单股正链 RNA，长约 27.6 kb，主要编码 4 种结构蛋白，即纤突蛋白（S）、小膜蛋白（E）、膜蛋白（M）和内部的核衣壳蛋白（N）。S 蛋白是 IBV 的主要结构蛋白，位于病毒的最外面，决定了 IBV 的抗原性，与病毒的组织嗜性和致病性密切相关。病毒进入细胞后，S 蛋白被蛋白酶裂解为 S1（约 535aa）和 S2（约 625aa）两个亚基。其中 S1 蛋白介导病毒与宿主细胞结合，是决定 IBV 血清特异性抗原决定簇的主要蛋白，变异程度最大，可诱导机体产生中和抗体；S2 蛋白与病毒膜融合有关[8]。血凝抑制抗体和大部分中和抗体由 S1 诱导产生，具有免疫保护作用。S1 基因发生突变或重组可导致新基因型产生，造成免疫失败。基于 S1 基因的序列特征和遗传进化分析常用于 IBV 的分子流行病学研究。M 蛋白是最主要的跨膜蛋白，大部分在囊膜内侧，只有 10% 的 M 蛋白暴露于病毒外表面，可能形成抗原决定簇。M 蛋白通过与病毒核衣壳蛋白 N 和纤突蛋白 S 相互作用，在病毒装配过程中发挥重要作用。N 蛋白位于病毒粒子的内部，环绕着整个基因组，形成核糖核蛋白（RNP），参与 RNA 的合成、转录和翻译。小膜蛋白（E）占比很小，是病毒粒子形成所必需的，定位于 IBV 感染细胞中的高尔基复合体，与病毒包膜的形成、组装、出芽、促进细胞凋亡等密切相关。

IBV 基因组中还有一些编码非结构蛋白的基因，基因 1 编码 1a 和 1ab 两个多聚蛋白，这两种多聚蛋白在体内可由 IBV 编码的蛋白酶裂解为 16 个具有相应功能的非结构蛋白，与 RNA 的复制和转录等相关。基因 3 和基因 5 散布于结构蛋白基因中。基因 3 有三个开放阅读框，分别编码 3a、3b 和 3c 蛋白，其中 3c 蛋白为 E 蛋白；基因 5 编码 5a 和 5b 蛋白。病毒基因组结构顺序为：5'-UTR-1a/1ab-S-3a-3b-E-M-5a-5b-N-3'-UTR，其中 5' 端和 3' 端的非编码区各有 500 个核苷酸[9]。IBV 进入细胞后，从基因组 5' 端翻译合成复制酶，通过不连续转录机制形成 6 条亚基因组，分别编码 15 种非结构蛋白（nsp2～16）、4 种主要结构蛋白（S、E、M、N）和 4 种附属蛋白（3a、3b、5a、5b）。

七、 病毒的遗传变异

IBV 的具体进化机制目前尚不清楚。由于病毒的基因组较大且是单链 RNA，因此在复制时极易发生变异，碱基的插入、缺失和点突变以及不同毒株之间的基因重组可导致新基因型 IBV 的出现。S1 蛋白是暴露于 IBV 最表面的结构蛋白，在免疫选择压力下最容易发生变异，造成中和位点抗原决定簇的改变，从而形成新的血清型，但 IBV 基因组的任何位置都存在变异和重组的可能[10-12]。IBV 血清型众多，全世界报道的已有 30 多种，而且随着 IBV 的持续变异，新的血清型也不断出现。不同血清型 IBV 的 S1 基因序列差异为 20%～25%，有时甚至高达 50%，这也影响了毒株之间的交叉免疫保护效果[13]。从国内 IBV 疫苗免疫鸡群中分离到的强毒株 CK/CH/2010/JT-1 就是由 QX-like、CK/CH/LSC/99I-、tl/CH/LDT3/03-和 4/91 型 IBV 重组形成的[14-16]。基因重组可能导致疫苗的免疫失败。

有报道认为 IBV 的 N 基因内部也存在类似于 S1 基因的插入、缺失和点突变等变异情况，可能使病毒的某些生物学特性发生改变[17-18]。

八、 致病机制

IBV 主要感染鸡。尽管不同毒株的组织嗜性（呼吸道、肾脏和生殖道）有所差异，但都是通过呼吸道感染的。病毒可在多种类型的上皮细胞中复制并产生病变，包括呼吸管道上皮细胞（鼻甲骨、哈德氏腺、气管、肺和气囊的上皮细胞）、肾脏上皮细胞和生殖道上皮细胞（输卵管和睾丸上皮细胞）。病毒也可以在多种消化道（食道、腺胃、十二指肠、空肠、法氏囊、盲肠扁桃体、直肠和泄殖腔）细胞中繁殖，但临床症状不明显。一些从亚洲分离到的毒株可能引起腺胃病变。病毒通常在雏鸡和产蛋鸡的消化道内持续存在，但不导致其消化系统的临床症状。

不同 IBV 毒株对呼吸道、输卵管和肾脏的毒力或致病力也不尽相同。包括以 M41 为代表的 Mass 株在内的大多数 IBV 毒株，可产生呼吸道症状。多数毒株在单独作用时不会导致死亡，但 IBV 可损害呼吸道上皮，常使雏鸡发生继发感染，因而表现出不同的死亡率[19]。IBV 对输卵管的致病性差异较大。大多数 IBV 毒株可以在输卵管中复制，导致产蛋量下降，但不是所有 IBV 毒株都可以在输卵管上皮细胞中复制，并引起病理变化[20,21]。肾型 IBV 主要引起 10 周龄内的雏鸡感染并死亡，且毒株的毒力差异显著[22]。

第三节　流行病学

一、传染源及传播途径

病鸡和带毒鸡是本病的主要传染源。本病是一种高度接触性传染病，可在鸡群中迅速传播，潜伏期短。病鸡可通过泄殖腔和呼吸道排出病毒，是环境中病毒的主要来源。病鸡呼吸道排出的病毒，会通过空气中的尘埃或者以飞沫的形式传染给易感鸡。传播速度取决于病毒的毒力和群体的免疫情况。病鸡泄殖腔排出的病毒，通过传播媒介（如人员、衣物、饮水、饲料、粪便、器皿、设备等）间接传播，是病毒的潜在传染源[23]。

垂直传播在 IBV 流行病学中的作用尚未明确。但已有研究表明，IBV 感染的母鸡在感染后 1～6 周产下的蛋以及 1 日龄小鸡中也发现了病毒，这表明 IBV 可以垂直传播[24]。

《OIE 陆生动物卫生法典》规定本病的潜伏期为 50d。

二、易感动物

所有年龄的鸡均易感，但以雏鸡病情最为严重，可引起死亡。随着日龄的增大，鸡对 IBV 感染所引起的肾脏病变、生殖道病变甚至死亡的抵抗力增强。野鸡被认为是 IBV 的第二自然宿主，但有些种类的野鸡明显不易感[25]，推断可能只有部分种类的 IBV 可以感染野鸡。尽管 IBV 可能只引起鸡发病，但是越来越多的证据证明，鸡并不是 IBV 的唯一宿主[23]，孔雀和鸭也被发现可以感染 IBV[26]。此外，也有从鹅、火鸡、鹌鹑、企鹅、鹦鹉等禽类分离得到 IBV 的报道。

三、流行特点

本病全年均可发生，没有明显的季节性，但秋冬和冬春季节交替初期温度变化明显时发病率更高。鸡群饲养管理不当，如鸡舍内温度和湿度过高或过低、通风不良（氨气浓度较高）、饲养密度过大、饲料营养搭配不合理、缺乏矿物质和维生素，以及其他不良应激因素等，都可诱发本病。

四、分子流行病学

IBV 基因型的分布和多样性因地理位置而不同[27,28]。有些基因型在全世界范围内流行，而有的基因型仅在特定国家或地区流行。对 IBV 进行更精细的流行病学研究和更精确的进化分析，往往需要使用完整的 S 基因，甚至全基因组序列进行系统发育分析。

之前国内通常将 IBV 主要分成 9 个基因型，分别是 QX 型（又称 LX 型）、CK/CH/LSC/991 型、J2 型、4/91 型（又称 793/B 型）、JP 型、TW 型、Italy02 型、TC07-2 型、Mass 型。目前，国际上一般将 IBV 分为 8 个基因型，分别为 GI~GⅧ。其中，GI基因型包括 29 个基因亚型，分别为 GI-1~GI-29；GⅡ基因型包括 2 个基因亚型，分别为 GⅡ-1~GⅡ-2；其他基因型目前仅有一个亚型。根据 S 基因绘制的 IBV 系统发育进化树见图 8-1。

在全球范围内流行的 IBV 主要基因型包括：GⅠ-1（Mass 型）、GⅠ-7（TW 型）、

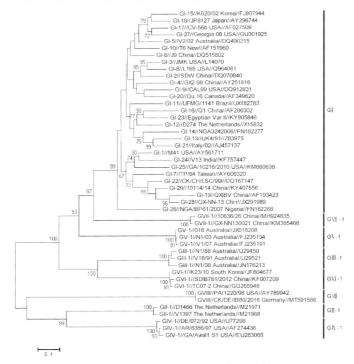

图 8-1　IBV S 基因系统发育进化树

GⅠ-13（4/91 型）、GⅠ-16（J2 型）、GⅠ-18（JP 型）、GⅠ-19（QX 型）、GⅠ-21（Italy02 型）、GⅠ-22（CK/CH/LSC/991）、GⅠ-28（LDT3 型）、GⅥ-1（Tc07-2）等。同时，在世界内存在大量 IBV 变异株，有些具有区域特异性，有些则分布广泛。从美国分离的 QX 株和 Mass 株、从英国分离的 4/91 株以及从荷兰分离的 H120 株发生了变异，在当地造成了较大影响，而且具有传播到其他国家的潜在风险[27,29]。目前 GⅠ-19（QX 型）在国际上呈主要流行趋势[30]，多地发现了 QX 型病毒大多存在基因重组现象[31-32]。我国还在近期发现了 IBV 和火鸡冠状病毒重组的病毒变异株。

国内 QX 型（GⅠ-19）最早于 1996 年从青岛分离，1999 年从新疆分离到代表毒株 LX4。推测国内 QX 毒株可能来源于韩国，因为韩国在 20 世纪 90 年代初就出现 KM91 株的流行，国内分离株与 KM91 遗传关系较近，加上我国青岛和韩国的地理距离，因此国内 QX 型毒株可能来源于韩国，并在国内不断进化，成为目前国内主要流行优势毒株。2001 年欧洲也发现 QX 型类似的毒株，目前该基因型已成为全球流行优势毒株[30]。

4/91 型（GⅠ-13）最早于 1991 年在欧洲出现，随后迅速传播到世界各地。我国于 2003 首次分离到类 4/91 型毒株 TA03 株，随后国内关于分离到此类型病毒的报道越来越多，成为国内广泛存在的基因型。鉴于该基因型的病毒易与其他毒株发生重组，因此建议慎用与 4/91 型毒株联合的多价 IBV 活疫苗。

TW 型（GⅠ-7）最早于 1958 年在中国台湾地区出现，因其地理因素，与中国大陆和周边国家有很大差异。台湾地区的 IBV 毒株可分为 TW-Ⅰ和 TW-Ⅱ两种基因型，其中 TW-Ⅱ主要在 1990 年之前流行，通常引起呼吸道症状；1990 年之后 TW-Ⅰ型开始广泛传播，通常表现为嗜肾型。国内分离株主要为 TW-Ⅰ型，TW-Ⅱ型分离较少。

第四节 临床诊断

一、临床症状

IB 主要引起鸡呼吸道感染，但是临床上表现为 3 种典型症状，即呼吸系统疾病、生殖系统疾病和肾炎。

呼吸系统疾病是由 IBV 引起的常见综合征[33-35]。雏鸡感染 IBV 的特征性呼吸道症状是喘气、咳嗽、打喷嚏、气管啰音和流鼻涕。也可见眼睛流泪，偶尔出现鼻窦肿胀。病鸡精神沉郁，扎堆于热源下，饲料消耗和增重显著下降。6 周龄以上的鸡和成年鸡的症状与雏鸡相似，但通常很少出现流鼻涕。单纯 IBV 感染临床症状可能持续时间较短，一般少于 7d。但感染 IBV 后通常会继发大肠杆菌感染，从而加重呼吸系统症状[36-37]。慢性感染病例临床症状可能会持续数周，死亡率为 5%～25%[23]。

IBV 可影响蛋鸡的生殖系统，雏鸡和成年鸡均可感染。产蛋鸡感染 IBV 后可能不表现呼吸道症状或仅有轻微的呼吸道症状，但表现产蛋量下降和蛋品质下降。产蛋量下降的幅度因产蛋期和感染的毒株不同而有所差异。产蛋恢复通常需要 6～8 周，但多数情况下不能恢复到原来的产蛋水平。除产蛋量下降、孵化率下降外，还会出现无精蛋、软壳蛋、畸形蛋和粗壳蛋[23]。

肉鸡感染肾型 IBV 后，表现为轻度和短暂的呼吸道症状，可能会在呼吸道病程中康复，但随后可能出现精神沉郁、羽毛松乱、下痢，饮水量增加，死亡率升高。

二、剖检病变

感染呼吸型 IBV 的病鸡在气管、鼻道和鼻窦中有浆液性、卡他性或干酪样渗出物。在急性感染病例的气囊内有泡沫样物质，混浊并含黄色干酪样渗出物，在大支气管周围可见到肺炎区。慢性感染病例，剖检可见器官充血、有大量黏液，继发感染大肠杆菌后可见气囊炎、心包炎和肝周炎等症状[38]。

产蛋鸡感染后腹腔中可见卵黄液，但引起其产蛋量明显下降的其他疾病也有类似现象。2 周龄内的雏鸡感染 IBV 可发生输卵管永久性损伤，使产蛋期的产蛋量和产蛋质量下降[20,39-41]。其中 IBV 对输卵管中间 1/3 区域影响最为严重，常导致输卵管闭锁和腺体机能减退[42]。

肾型 IBV 感染可引起肾脏苍白、肿大，同时肾小管和输尿管因尿酸盐沉积而扩张。雏鸡感染后最明显的病变是内脏尿酸盐沉积（也称为内脏型痛风）和尿石症，肾肿大、苍白。

三、病理变化

病鸡气管黏膜水肿。感染 18h 后可见气管纤毛缺损，上皮细胞变圆脱落，并有少量异嗜细胞和淋巴细胞浸润。感染 48h 后上皮细胞开始再生。增生后的固有层出现大量淋巴样细胞浸润，并形成多个生发中心，这些生发中心在感染 7d 后仍会存在。气囊感染会在24h 内发生水肿、上皮细胞脱落和纤维性渗出。随后异嗜细胞增多，伴有淋巴小结和成纤维细胞增生及立方上皮细胞再生。

实验感染成年母鸡，可导致其输卵管上皮细胞纤毛变短和缺失，管腺扩张，淋巴细胞、其他单核细胞、浆细胞及异嗜细胞浸润，输卵管黏膜出现水肿和纤维增生。上皮细胞，尤其是杯状细胞，变成立方状[42]。

肾型 IBV 感染后，病毒首先在气管内进行复制，引起与呼吸型 IBV 相同的组织病变，随后扩散到肾脏组织[23]。在肾脏，细胞病变表现为肾小管上皮细胞颗粒变性、空泡变性及肾小管上皮脱落，急性期肾间质组织中有大量异嗜细胞浸润。髓质中的肾小管病变最明显，不仅能看到局灶性坏死，而且能观察到肾小管上皮的再生趋势。在肾脏和输尿管可能出现尿酸盐沉积[43]。感染约 11d 后，开始进入康复期，炎性细胞逐渐变成淋巴细胞和浆细胞。IBV 的某些变异株可诱导产生一些其他的病理变化。雏鸡感染后出现中等病变程度的间质性肾炎，主要表现为肾小管中大量单核细胞浸润，肾小管扩张，内衬上皮细胞扁平化，管型形成和局灶性坏死。

四、鉴别诊断

鸡传染性支气管炎的临床表现可能与其他急性呼吸道病相似，如新城疫、传染性喉气管炎、低致病性禽流感及传染性鼻炎等。新城疫可以危害任何年龄和品种的鸡，发病时临床表现为张嘴呼吸并发出咕噜声、做甩头和吞咽动作、嗉囊积水严重、排绿色稀便，剖检可见喉头充血出血、腺胃乳头充血、肠道出血等。低致病性禽流感引发的呼吸道症状与鸡传染性支气管炎相似。传染性喉气管炎在鸡群中的传播速度比较慢，但呼吸道症状比鸡传染性支气管炎严重，发病时表现为单侧眼睛黏膜潮红，少数病鸡眼盲，咳嗽时会咳出带血分泌物，病情严重时可突然窒息死亡。鸡传染性支气管炎很少有面部肿胀的症状，因此根据面部肿胀可将传染性鼻炎与鸡传染性支气管炎区别开；鸡传染性鼻炎通常只发生于鸡和珍珠鸡中，其他禽类不易感染，临床上主要表现为打喷嚏、鼻腔中流出脓性分泌物、眼结膜发炎、眼睑周围肿胀，剖检可见鼻腔和鼻窦存在急性卡他性炎症，病变位置主要集中在上呼吸道部位。产蛋下降综合征所引起的产蛋量下降、鸡蛋壳质量问题与 IB 相似，但前者并不影响鸡蛋内部的质量。

第五节　实验室诊断

由于弱毒苗和灭活疫苗的普遍应用，加上鸡传染性支气管炎的临床症状与多种呼吸道疾病类似，因此对于该病的确诊必须要经过实验室检测。由于病原的基因型和血清型众多，最好进行病毒分离和鉴定，以明确病原的分子特征，针对性选择抗原匹配性疫苗进行科学防控。

一、样品采集

一旦出现明显临床症状，应立即根据观察到的 IB 类型采集样品。对于急性呼吸道类型，应采集活禽上呼吸道拭子或病死禽气管或肺组织；患有肾炎及出现产蛋问题的病禽，除采集呼吸道样本外，还应分别从肾脏和输卵管采样。尽管病毒分离较为成熟，但通过RT-PCR 及测序鉴定病毒是目前最为常用的方法。据报道，从盲肠扁桃体或粪便中分离病毒的成功率较高。但从消化道分离的病毒未必与近期的急性感染或临床疾病有关。使用与商品鸡群接触的 SPF 哨兵鸡，有助于 IBV 的早期监测和病毒分离。采集急性感染期和康复期的鸡血清进行抗体检测有助于诊断。

二、血清学检测技术

现已建立了多种血清学检测方法，比较常见的有 VN 试验、琼脂免疫扩散试验（Agar gel immunodiffusion，AGID）、HI 试验和 ELISA 等。每种方法在实用性、特异性、敏感性和经济性等方面各有优劣。ELISA 可以检测所有血清型抗体，一般用于大规模血清学检测，可用于检测疫苗和野毒感染后产生的抗体。在 20 世纪 60 年代早期，德国的 Woernle 等率先使用 AGID 检测 IBV[44]。AGID 也可以检测 IBV 所有血清型抗体，但是敏感性较低，并且由于禽种类、抗体存在和持续时间等差异容易产生结果不一致。VN 和 HI 试验具有较好的血清特异性，特别是对于没有感染过 IBV 的雏鸡[45]。VN 试验操作繁琐、时间长，不适于常规检测。采用 VN 和 HI 试验检测雏鸡血清，可反映出鸡群的血清型特异性抗体。定期监测禽群中 IB 抗体效价可指示疫苗或野毒感染的免疫反应水平。对于接触过疫苗或感染多种血清型野毒的老龄鸡来说，血清抗体对抗原性无相关的毒株有高度交叉反应性。因此，对于在血清学水平疑似暴发 IB 的鸡群，血清学方法诊断结果的可信度不高，因为检测到的某一血清型的抗体可能是由其他类型 IBV 感染引起的。

三、病原学检测技术

1. 病毒分离培养

拭子样品必须保存在含 10 000IU/mL 青霉素和 10mg/mL 链霉素的冷传输培养基中。可用灭菌 PBS 缓冲液或营养肉汤，将病料制成组织悬液（10%～20% w/v），用于鸡胚接种；或用组织培养液制备组织悬液，用于鸡气管环培养物（Tracheal organ cultures，TOC）接种[46]。接种 SPF 鸡胚或 TOC 前，应将悬液低速离心，并通过 0.2 μm 细菌滤器过滤。SPF 鸡胚和 TOC 常用于 IBV 的初次分离。不建议通过细胞培养进行 IBV 初次分离，因为在鸡胚肾细胞产生细胞病变前，通常需要使 IBV 分离株在鸡胚上进行适应增殖。鸡气管环培养法最初广泛用于 IBV 的体外研究模型，通过观察 IBV 感染后的气管环纤毛摆动情况来鉴定毒株。IBV 感染的气管环上皮细胞及纤毛层部位出现纤毛摆动停止和纤毛脱落，可作为 IB 诊断的重要依据。但气管环制作繁琐，对某些野毒株敏感性不强，容易出现误判。

用于病毒培养的鸡胚最好来自 SPF 鸡或未感染 IBV 且未免疫 IBV 疫苗的鸡群。通常情况下，取 0.1～0.2 mL 组织上清液，接种于 9～11 日龄鸡胚的尿囊腔。每天照蛋，持续 7d，最初 24h 内死亡可视为非特异性死亡。初次接种在鸡胚上的病毒造成的病变通常很有限，除非该分离株是已适应鸡胚的疫苗株。接种后 3～6d，收集所有鸡胚尿囊液，用含抗生素的培养液将其稀释 5 倍或 10 倍后，接种另一批鸡胚，以此类推，共传代 3～4

次。野毒株在鸡胚中传至第 2 代至第 4 代时，通常可见鸡胚产生明显病变，包括生长停滞、鸡胚蜷曲呈球形、羽毛营养不良、胚肾尿酸盐沉积等。随着分离株对鸡胚的适应性增强，在后期传代中可致死鸡胚。其他病毒，如呼吸道常见的腺病毒也能产生类似的鸡胚病变，很难与 IBV 导致的病变进行区分。含有 IBV 的尿囊液不能直接凝集红细胞，分离出的 IBV 必须通过其他方法进行血清型或基因型鉴定。被感染的尿囊液可在－20℃短期保存，长期保存需在－70℃以下，也可冻干后置 4℃ 保存。

用19~20 日龄鸡胚制备 TOC，可直接用于从临床病料中分离 IBV[46]。可使用自动组织切片机，制备大量适用的气管横切片或气管环[47]。气管环厚 0.5~1.0mm，置于含有 Eagle's-HEPES 的培养基中，置转瓶中 37℃ 培养（15 r/h）。气管环培养物感染 24~48h 后，通常可见 TOC 纤毛运动停滞。但这一现象也可能由其他病毒引起。因此，必须通过血清型分型或基因型分型进行验证。

2. 逆转录聚合酶链式反应（RT-PCR）

20 世纪 90 年代，研究发现 IBV 的血清型与 S 基因有关。将 S 基因的 S1 区域作为特征性靶基因，通过 RT-PCR 方法扩增再进行测序，可以区分不同的血清型。有研究人员基于国内主要流行的 QX 型（G I-19）IBV，建立了 RT-PCR 方法，引物序列见表 8-1[48]。

3. 实时荧光定量 RT-PCR

实时荧光定量 RT-PCR 可实现对 IBV 进行快速鉴定。该方法使用针对靶序列的特异性探针，不需要任何扩增后的处理步骤，可降低污染的可能性，且在 3h 内可获得结果。针对 IBV 基因组 5'-UTR 保守区域，建立了可检测所有血清型的通用 IBV 实时荧光定量 RT-PCR 方法（引物、探针序列见表 8-1），用于临床样本中 IBV 的高通量检测[49]。对于在区域内流行的已知基因型，可将针对 S1 基因的特异性实时荧光定量 RT-PCR 与该通用 RT-PCR 检测方法联合使用。然而，由于不同基因型之间的高度变异性和同一基因型病毒的不断进化，需要对检测方法进行定期评估，持续更新引物和探针。当基因型特异性 RT-PCR 检测结果为阴性且通用 RT-PCR 检测结果为阳性时，可能需要测序进行进一步鉴定，并相应地调整用于基因型特异性 RT-PCR 的引物和探针。

表 8-1 检测引物及探针

方法	引物名称	引物序列	基因	基因型
RT-PCR	上游引物	ACTGAACAAAAGACA（C）GACTTAGT	S1	QX
	下游引物	CCATAACTAACATAAGGGCAA		（G I-19）
实时荧光定量 RT-PCR	GU391	GCTTTTGAGCCTAGCGTT		
	GL533	GCCATGTTGTCACTGTCTATTG	5'-UTR	通用
	G 探针	FAM-CACCACCAGAACCTGTCACCTC-BHQ1		

第六节　预防与控制

传染性支气管炎作为一种病毒性疾病，一旦感染无特异性治疗方法，需采取疫苗免疫和生物安全措施等综合防控措施。由于IBV血清型众多，不同基因型同时流行导致新的变异株不断出现，给本病的防控带来巨大挑战。强化流行病学监测，了解当地IBV流行特点，选择抗原匹配性好的疫苗是进行疫苗免疫的前提。

一、疫苗免疫

疫苗接种是防控IB的有效方法，目前在集约化养禽场得到广泛应用。但IBV血清型众多，不同血清型之间交叉保护效果差。疫苗接种需要考虑以下几个因素：a）疫苗免疫的持续期不长，需重复接种；b）由于存在广泛的抗原变异，需根据区域流行的毒株抗原类型选择合适的疫苗；c）不同鸡群疫苗接种的时间和方法有差异，需要根据实际情况进行调整。

当前使用的IBV疫苗包括活疫苗和灭活疫苗。接种疫苗的种类和程序，取决于当地具体的流行情况，如流行的病毒类型、病毒污染面、养殖环境和鸡品种等。IBV减毒活疫苗能刺激机体产生良好的黏膜免疫、细胞免疫和体液免疫，临床上应用较为广泛。活疫苗经常使用的是经鸡胚传代致呼吸道毒性减弱的IBV毒株，可通过喷雾剂、气溶胶或饮水的方式进行接种。比较常用的活疫苗是基于Mass血清型的M41、Ma5、H52和H120等。此外，还有一些地方流行毒株对应的单价疫苗，如Conn 46、Ark 99、Florida、JMK、4/72、D247等[28]。美国辉瑞公司于2011年研制了QX型疫苗株L1148（分离自英国），可对荷兰分离的QX型强毒株D388攻击提供有效保护。2014年默沙东（MSD）公司的NOBILIS® IB Primo QX疫苗（致弱D388株）获欧盟批准。

目前国内常用的活疫苗包括H120、H52、Ma5、M41、28/86、W93等Mass血清型，以及肾型LDT3-A株，4/91型NNA株和近期批准的QX型QXL87株。H120和H52是我国从荷兰引进的疫苗株，对多数血清型具有较好的免疫保护效果，是国内使用最广的两种活疫苗。H120为荷兰株120代致弱毒株，常与LaSota制成二联苗用于初生雏鸡，使用非常普遍；H52毒力较H120强，为荷兰株52代致弱毒株，只适用于接种1月龄以上的鸡，常用于蛋鸡和种鸡的加强免疫；Ma5株毒力弱，受母源抗体干扰小，免疫原性强，可用于1日龄以上育雏鸡和产蛋鸡；28/86株为Mass的一个亚型，毒力弱，对肾型毒株感染保护率高，可用于任何日龄，但目前应用较少；W93为我国自主研制的Mass型疫苗，目前应用较少；LDT3-A株是基于2003年从广东鸭分离到的肾型毒株

tl/CH/LDT3/03进行致弱获得的减毒活疫苗；NNA 株为类 4/91 型疫苗，2017 年正式获得注册证书，可用来预防鸡群发生深层肌肉病变和产蛋下降；QXL87 与国内主要流行毒株 QX 型抗原性一致，是国内首个研发成功并申报注册的 QX 型 IBV 活疫苗，于 2018 年获得新兽药证书，对目前流行优势毒株 GX 型保护效果较好。

但是活疫苗存在一定的局限性，如热稳定性差、毒性存在返强风险、疫苗毒和流行野毒存在重组风险等[50-52]。

灭活疫苗主要用于蛋鸡。已接种过减毒活疫苗的雏鸡，在 13～18 周龄时，可皮下接种灭活疫苗。灭活疫苗诱导的抗体水平高且整齐，比活疫苗诱导的抗体持续时间更长[53-55]。大多数灭活疫苗属于 Mass 血清型的 M41 株。

有些 IBV 基因型或血清型与疫苗株密切相关，还有一些变异的毒株具有较明显的地域特征。因此，在使用疫苗时，应该对每个地区 IBV 的多样性进行鉴定，确定流行的毒株或基因型，以选择抗原匹配性较好的疫苗，提高防控的针对性[29]。

二、抗病毒药物

目前还没有针对该病的治疗方法，临床上主要以抗病毒、预防继发感染的原则进行治疗。对处于不同发病阶段的鸡群应采取不同的处理措施。病鸡刚表现出明显呼吸症状时，可用祛痰、止咳、平喘的中药，配合抗病毒药物，同时用药避免继发感染支原体和大肠杆菌。如果鸡群已经出现较多病鸡死亡，且病死鸡肾脏肿大症状明显，在用药的基础上需配合补充维生素和电解质，降低饲料中粗蛋白的比例。对于没有治疗价值的鸡，应及时淘汰，进行无害化处理[56]。

三、其他措施

采取综合性防治措施是防治本病的良策，要保持鸡舍、饲养管理用具、运动场地等清洁卫生，实施定期消毒；强化流行病学监测，尽早隔离病鸡，从源头上阻断传染源；严格生物安全措施，实行"全进全出"的饲养管理制度，健全生物安全管理体系；对发病鸡群注意加强保暖、通风和带鸡消毒，适当增加多维，增强鸡体抵抗力，适度使用抗生素控制细菌继发感染，降低死亡率。

▶ 主要参考文献

[1] Duckmanton L., Luan B., Devenish J., et al. Characterization of torovirus from human fecal specimens[J]. Virology, 1997, 239 (1): 158-168.

[2] 殷震，刘景华. 动物病毒学 [M]. 科学出版社，1997：625-630.

［3］ Otsuki K.，Yamamoto H.，Tsubokura M. Studies on avian infectious bronchitis virus (IBV). Ⅰ. Resistance of IBV to chemical and physical treatments［J］. Arch Virol，1979，60 (1)：25-32.

［4］ Cavanagh D.，Naqi. S. Disease of poultry［M］. 2003，Iowa：Iowa State University Press：101-119.

［5］ Hofstad M. S.，Jr Y. H. Inactivation rates of some lyophilized poultry viruses at 37 and 3 degrees C［J］. Avian Diseases，1963，7 (2)：170-177.

［6］ Cook J. K.，Brown A. J.，Bracewell C. D. Comparison of the haemagglutination inhibition test and the serum neutralisation test in tracheal organ cultures for typing infectious bronchitis virus strains［J］. Avian Pathol，1987，16 (3)：505-511.

［7］ Cavanagh D. Coronavirus avian infectious bronchitis virus［J］. Vet Res，2007，38 (2)：281-297.

［8］ Fraga A. P.，Balestrin E.，Ikuta N.，et al. Emergence of a new genotype of avian infectious bronchitis virus in Brazil［J］. Avian Diseases，2013，57 (2)：225-232.

［9］ Cavanagh D. Coronavirus avian infectious bronchitis virus［J］. Veterinary Research，2007，38 (2)：281-297.

［10］ Thor S. W.，Hilt D. A.，Kissinger J. C.，et al. Recombination in avian gamma-Coronavirus infectious bronchitis virus［J］. Viruses，2011，3 (9)：1777-1799.

［11］ Brooks J. E.，Rainer A. C.，Parr R. L.，et al. Comparisons of envelope through 5B sequences of infectious bronchitis coronaviruses indicates recombination occurs in the envelope and membrane genes［J］. Virus Research，2004，100 (2)：191-198.

［12］ Kuo S. M.，Kao H. W.，Hou M. H.，et al. Evolution of infectious bronchitis virus in Taiwan：Positively selected sites in the nucleocapsid protein and their effects on RNA-binding activity［J］. Veterinary Microbiology，2013，162 (2-4)：408-418.

［13］ Cavanagh D.，Davis P. J.，Cook J. K.，et al. Location of the amino acid differences in the S1 spike glycoprotein subunit of closely related serotypes of infectious bronchitis virus［J］. Avian Pathol，1992，21 (1)：33-43.

［14］ Kusters J. G.，Jager E. J.，Niesters H. G.，et al. Sequence evidence for RNA recombination in field isolates of avian coronavirus infectious bronchitis virus［J］. Vaccine，1990，8 (6)：605-608.

［15］ Nix W. A.，Troeber D. S.，Kingham B. F.，et al. Emergence of subtype strains of the Arkansas serotype of infectious bronchitis virus in Delmarva broiler chickens［J］. Avian Dis，2000，44 (3)：568-581.

［16］ Zhou H.，Zhang M.，Tian X.，et al. Identification of a novel recombinant virulent avian infectious bronchitis virus［J］. Vet Microbiol，2017，199：120-127.

［17］ Ji Y. P.，Pak S. I.，Sung H. W.，et al. Variations in the nucleocapsid protein gene of infectious bronchitis viruses lsolated in Korea［J］. Virus Genes，2005，31 (2)：153-162.

［18］ Sapats S. I.，Ashton F.，Wright P. J.，et al. Novel variation in the N protein of avian infectious bronchitis virus［J］. Virology，1996，226 (2)：412-417.

［19］ Song C. S., Kim J. H., Lee Y. J., et al. Detection and classification of infectious bronchitis viruses isolated in Korea by dot-immunoblotting assay using monoclonal antibodies ［J］. Avian diseases, 1998, 42 (1): 92-100.

［20］ Crinion R. A. P., Hofstad M. S. Pathogenicity of four serotypes of avian infectious bronchitis virus for the oviduct of young chickens of various ages ［J］. Avian Diseases, 1972, 16 (2): 351-363.

［21］ Mcmartin D. A. The pathogenicity of an infectious bronchitis virus for laying hens, with observations on pathogenesis ［J］. Br Vet J, 1968, 124 (12): 576-581.

［22］ Cumming R. B. Studies on avian infectious bronchitis virus. 2. Incidence of the virus in broiler and layer flocks, by isolation and serological methods. ［J］. Australian Veterinary Journal, 1969, 45: 309-311.

［23］ Sapats S., Ignjatovic J. Avian infectious bronchitis virus ［J］. Revue Scientifique Et Technique, 2000, 19 (2): 493-508.

［24］ Jane, K. A., Cook. Recovery of infectious bronchitis virus from eggs and chicks produced by experimentally inoculated hens ［J］. Journal of Comparative Pathology, 1971, 81: 203-211.

［25］ Allred J. N., Raggi L. G., Lee G. G. Susceptibility and resistance of pheasants, starlings, and quail to three respiratory diseases of chickens (infectious laryngotracheitis, infectious bronchitis, Mycoplasma gallisepticum infection) ［J］. Calif Fish Game, 1973, 59: 161-167.

［26］ Liu S., Chen J., Chen J., et al. Isolation of avian infectious bronchitis coronavirus from domestic peafowl (*Pavo cristatus*) and teal (Anas) ［J］. Journal of General Virology, 2005, 86 (3): 719-725.

［27］ De Wit J. J., Cook J. K. A., Harold M. J. F. van der Heijden. Infectious bronchitis virus variants: A review of the history, current situation and control measures ［J］. Avian Pathology Journal of the W. v. p. a, 2011, 40 (3): 223-235.

［28］ Valastro V., Holmes E. C., Britton P., et al. S1 gene-based phylogeny of infectious bronchitis virus: An attempt to harmonize virus classification ［J］. Infect Genet Evol, 2016, 39: 349-364.

［29］ Bande F., Arshad S. S., Omar A. R., et al. Global distributions and strain diversity of avian infectious bronchitis virus: A review ［J］. Animal Health Research Reviews, 2017, 18 (1): 70-83.

［30］ Knoetze A. D., Moodley N., Abolnik C. Two genotypes of infectious bronchitis virus are responsible for serological variation in KwaZulu-Natal poultry flocks prior to 2012 ［J］. Onderstepoort J Vet Res, 2014, 81 (1): 1-10.

［31］ 张小荣，程靖华，陈启稳，等．鸡腺胃分离的传染性支气管炎病毒基因型与致病性研究［J］．扬州大学学报：农业与生命科学版，2012, 33 (4): 6-9.

［32］ 陈良珂，封柯宇，李鸿鑫，等．2013—2017 年鸡传染性支气管炎病毒分子流行病学分析［J］．中国家禽，2018, 40 (15): 16-20.

［33］ Cavanagh D., Naqi S. Calnek B. W. Infectious bronchitis. In: Diseases of poultry. ［J］. 10th ed. 1997: 511-526.

［34］ Hitchner S. B. ，Winterfield R. W. ，Appleton G. S. Infectious bronchitis virus types：Incidence in the United States［J］. Avian Diseases，1966，10（1）：98-102.

［35］ Mcferran J. B. ，Mcnulty M. S. Virus infections of birds［J］. Ryōikibetsu Shōkōgun Shirīzu，1993，70（23 Pt 1）：1376-1380.

［36］ Gianforte E. M. ，Skamser L. M. ，Brown R. G. Experimental reproduction of chronic respiratory disease［J］. Annals of the New York Academy of Sciences，2006，79（Biology of the Pleuropneumonialike Organism）：713-717.

［37］ Cook J. K. Duration of experimental infectious bronchitis in chickens［J］. Res Vet Sci，1968，9（6）：506-514.

［38］ Fabricant J. ，P. P. Levine. Experimental production of complicated chronic respiratory disease infection（"Air sac" disease）［J］. Avian Diseases，1962，6（1）：13-23.

［39］ R. C. J. ，F. T. W. J. Persistence of virus in the tissues and development of the oviduct in the fowl following infection at day old with infectious bronchitis virus［J］. W. B. Saunders，1972，13（1）：52-60.

［40］ De Wit J. J. ，Nieuwenhuisen-van Wilgen J. ，Hoogkamer A. ，et al. Induction of cystic oviducts and protection against early challenge with infectious bronchitis virus serotype D388（genotype QX）by maternally derived antibodies and by early vaccination［J］. Avian Pathology Journal of the W. v. p. a，2011，40（5）：p. 463-471.

［41］ Benyeda Z. Comparison of the pathogenicity of QX-like，M41 and 793/B infectious bronchitis strains from different pathological conditions［J］. Avian Pathology，2009，38（6）：449-456.

［42］ Sevoian M. ，P. P. Levine. Effects of infectious bronchitis on the reproductive tracts，egg production，and egg quality of laying chickens［J］. Avian Diseases，1957，1（2）：136-164.

［43］ Purcell D. A. ，Tham V. L. ，Surman P. G. The histopathology of infectious bronchitis in fowls infected with a nephrotropic T strain of virus［J］. Australian Veterinary Journal，1976，52（2）：85-91.

［44］ Cook J. K. A. ，Jackwood M. ，Jones R. C. The long view：40 years of infectious bronchitis research［J］. Avian Pathology，2012，41（3）：p. 239-250.

［45］ Wit D. ，J. J. Detection of infectious bronchitis virus［J］. Avian Pathology，2000，29（2）：71-93.

［46］ Cook J. K. A. ，Darbyshire J. H. ，Peters R. W. The use of chicken tracheal organ cultures for the isolation and assay of avian infectious bronchitis virus［J］. Arch Virol，1976，50（1-2）：109-118.

［47］ Darbyshire J. H. ，Cook J. K. A. ，Peters R. W. Growth comparisons of avian infectious bronchitis virus strains in organ cultures of chicken tissues［J］. Archives of Virology，1978，56（4）：317-325.

［48］ Nian-Li Z. ，Fang-Fang Z. ，Yuan-Ping W. ，et al. Genetic analysis revealed LX4 genotype strains of avian infectious bronchitis virus became predominant in recent years in Sichuan area，China［J］. Virus genes，2010，41（2）：202-209.

［49］ Callison S. A.，Hilt D. A.，Boynton T. O.，et al. Development and evaluation of a real-time Taqman RT-PCR assay for the detection of infectious bronchitis virus from infected chickens［J］. Journal of Virological Methods，2006，138（1-2）：60-65.

［50］ Tarpey I.，Orbell S. J.，Britton P.，et al. Safety and efficacy of an infectious bronchitis virus used for chicken embryo vaccination［J］. Vaccine，2006，24（47-48）：6830-6838.

［51］ Mckinley E. T.，Hilt D. A.，Jackwood M. W. Avian coronavirus infectious bronchitis attenuated live vaccines undergo selection of subpopulations and mutations following vaccination［J］. Vaccine，2008，26（10）：1274-1284.

［52］ Faruku B.，Suri A. S.，Mohd H. B.，et al. Progress and challenges toward the development of vaccines against avian infectious bronchitis［J］. Journal of Immunology Research，2015，2015：1-12.

［53］ Box P. G.，Beresford A. V.，Roberts B. Protection of laying hens against infectious bronchitis with inactivated emulsion vaccines［J］. Veterinary Record，1980，106（12）：264-268.

［54］ Box P. G.，Roberts B.，Beresford A. V. Infectious bronchitis-preventing of egg production by emulsion vaccine at point-of-lay［J］. Developments in Biological Standardization，1982，51：97-103.

［55］ Gough R. E.，Alexander D. J. Comparison of serological tests for the measurement of the primary immune response to avian infectious bronchitis virus vaccines［J］. Veterinary Microbiology，1977，2（4）：289-301.

［56］ 孙立明. 肉鸡肾型传染性支气管炎的流行特点、临床症状、鉴别诊断及防控［J］. 现代畜牧科技，2020（3）：135-136.

（王楷宬、王素春）

163

第九章
火鸡冠状病毒性肠炎

火鸡冠状病毒性肠炎是由火鸡冠状病毒感染引起的一种急性、高度接触性肠道传染病，主要感染火鸡，以腹泻、食欲不振、体重减轻为特征，发病率和死亡率较高。由于没有针对本病的商品化疫苗和有效的治疗药物，给该病的防控带来巨大挑战。

第一节　概　　述

一、定义

火鸡冠状病毒性肠炎（Turkey coronavirus enteritis，TCE），又称蓝冠病（Bluecomb）、泥淖热（Mud fever）、传染性肠炎（Infectious enteritis），是由火鸡冠状病毒（Turkey coronavirus，TCoV）感染引起的火鸡的一种急性、高度传染性疾病。各种年龄火鸡均可感染，以精神沉郁、食欲不振、腹泻和体重减轻等为临床特征。

二、流行与分布

1951年美国华盛顿州雏火鸡首次暴发了一种被称为"泥淖热"的疾病，因其具有特征性的蓝冠变化，改称"蓝冠病"。1953年明尼苏达州暴发了相同的疾病，造成雏火鸡严重发病和死亡。1951—1971年，该病在美国明尼苏达州大规模流行，造成了巨大经济损失，仅1966年由本病导致的火鸡死亡数就占该州全部火鸡死亡数的23%，损失达50万美元以上。明尼苏达州从20世纪70年代初期开始净化该病，到1976年实现了成功清除[1]。此后，本病在北美仅零星发生。然而，近年来该病在北美又不断出现，发病率又有所上升[2]。90年代初，在印第安纳州、北卡罗来纳州等地又相继暴发本病，损失巨大[3]。此外，南卡罗来纳州、佐治亚州、弗吉尼亚州、纽约以及其他州也有本病的发生。1961年加拿大多个地区先后暴发本病[4]。澳大利亚、英国、巴西也有此病的报道[5,6]。

国内于2003年首次报道火鸡暴发本病，侵害15～25日龄雏火鸡，死亡率为10%～20%[7]。

三、危害

火鸡冠状病毒性肠炎可引起各年龄火鸡发病，主要引起 7～28 日龄雏火鸡发病。表现为食欲不振、水样腹泻、羽毛蓬乱，并伴随体重降低、发育迟缓甚至生长停滞。发病率高，可达 100％，雏火鸡死亡率较高，可达 50％～100％，6～8 周龄火鸡死亡率约为50％。病变主要集中在肠道，可引起肠黏膜损伤，包括肠绒毛变短、微绒毛脱落、上皮细胞脱落，以及空肠、回肠、盲肠出血等。

第二节 病 原 学

一、分类和命名

1971 年，Adams 和 Hofstad 采用鸡胚和火鸡胚增殖病毒，首次人工复制出火鸡冠状病毒性肠炎[8]。直到 1973 年，才确定火鸡冠状病毒是火鸡冠状病毒性肠炎的病原[9]。

火鸡冠状病毒在分类地位上属于套式病毒目、冠状病毒科、正冠状病毒亚科、γ 冠状病毒属的成员。基因组为线性、不分节段、单链、正股 RNA，大小约 30 kb。

早期通过病毒中和试验、血凝抑制试验及基因测序，认为火鸡冠状病毒与牛冠状病毒同源性很高，所以把火鸡冠状病毒归为 β 冠状病毒[10,11]。后来更多的研究推翻了这种结论。免疫荧光试验证实，TCoV 和 IBV 的单抗不能与 TGEV 或牛冠状病毒反应，而 IBV 的多抗和抗 IBV M 蛋白的单抗能够与 TCoV 反应，但 TCoV 的多抗不能与 IBV 反应，说明 TCoV 和 IBV 的抗原更为接近，但也存在差异。分析 TCoV N 基因序列、3′端非编码区和 M 基因部分序列，并与 IBV 和哺乳动物冠状病毒进行比较，发现 TCoV 和 IBV 的 M、N 基因的同源性高于 90％，而与哺乳动物冠状病毒同源性低于 30％；TCoV 和 IBV 的 3′端非编码区同源性高于 78％，与哺乳动物的冠状病毒同源性低于 30％。1999 年，Stephensen 等测定了 TCoV 一段非常保守的聚合酶基因，并与 IBV 和 9 种哺乳动物的冠状病毒进行了比较，同样证实 TCoV 与 IBV 更为接近。因此，TCoV 应为 γ 冠状病毒属的成员。

二、形态结构和化学组成

火鸡冠状病毒粒子主要呈球形，有囊膜，直径为 55～220 nm[12,13]。囊膜上有一圈有规则间隔的棒状纤突，长约 12 nm，呈花瓣或梨形的投影样。病毒在蔗糖中的浮密度为1.14～1.20 g/mL[13]。

火鸡冠状病毒 RNA 与其他冠状病毒相似，为不分节段的线性单链，大小为 30 kb 左右[14,15]。火鸡冠状病毒含有 4 种主要结构蛋白，M 蛋白、N 蛋白、S 蛋白和 E 蛋白。

M 蛋白，是一种跨膜糖蛋白，分子质量为 20~35 ku。大部分位于囊膜内，仅 N 端糖基化的小部分暴露在脂质层外面。M 蛋白的功能是在病毒装配时将核衣壳连接到囊膜上。抗 M 蛋白的抗体在补体存在时可中和病毒的感染性。

N 蛋白，是病毒的核蛋白，分子质量为 45~60 ku。对三株火鸡冠状病毒 Minnesota 株、Indiana 株和 NC95 株 N 蛋白基因全序列分析，发现编码区（CDS）均为 1 230bp，共编码 410 个氨基酸，同源性为 93.82%。N 蛋白是病毒内部的一种蛋白质，其功能主要是包裹病毒核酸，使之易于装配于核衣壳中，有大量抗原决定簇，能诱导产生抗体，有很强的免疫原性。

S 蛋白，是纤突糖蛋白，分子质量为 90~180 ku。与 M、N 蛋白相比，S 蛋白在进化上最为活跃。该蛋白位于病毒最外面，大部分暴露在脂质层外面，是构成囊膜突起的主要成分，由 S1 和 S2 两种多肽组成。对 Gh 株和 G1 株 S 蛋白基因全序列分析，发现 Gh 株全长 3 702 bp，其中 S1 为 1 614 bp，由 538 个氨基酸组成；S2 长度为 2 001 bp，由 667 个氨基酸组成。G1 株全长 3 711 bp，S1 为 1 623 bp，由 541 个氨基酸组成；S2 为 2 001 bp，由 667 个氨基酸组成。两株 S 蛋白基因之间的同源性高达 96%。S 蛋白的功能是在感染过程中，与宿主细胞受体结合，并穿透宿主靶细胞。S 蛋白具有诱导产生中和抗体和细胞介导免疫等功能。

E 蛋白是囊膜上第三种糖蛋白，分子质量为 120~140 ku，具有血凝活性，能凝集兔和豚鼠的红细胞，但不能凝集牛、马、鸡、小鼠等红细胞。

三、生物学特性

Minnesota 和 Quebec 株火鸡冠状病毒能凝集兔和豚鼠的红细胞，但不能凝集牛、马、绵羊、小鼠、猴子、鹅、鸡的红细胞。病毒可在 15 日龄以上的火鸡胚和鸡胚中培养。国内首个火鸡冠状病毒分离株就是通过接种 15 日龄 SPF 鸡胚分离到的。

四、对理化因子敏感性

22℃、pH3 环境下处理 30 min 不能降低火鸡冠状病毒的感染性；该病毒 50℃ 能耐受 1 h，即使在 1 mol/L 硫酸镁中也不被灭活；4℃ 条件下氯仿处理 10 min 可将其灭活。

感染火鸡冠状病毒的肠道组织在 −20℃ 或更低温度条件下保存 5 年以上，病毒仍然存活。火鸡冠状病毒在禽舍及养殖区内能持续存活相当长的时间，即使在火鸡清群后亦是如此。皂化酚和甲醛是杀灭污染禽舍中火鸡冠状病毒的有效消毒剂。

五、毒株分类

根据国际病毒分类委员会（ICTV）最新的冠状病毒分类，TCoV 属于 γ 冠状病毒属、禽冠状病毒的成员。TCoV 是除 IBV 外被确认的第二种禽冠状病毒。研究表明，IBV 和 TCoV 具有密切的抗原和基因组关系。间接免疫荧光法（IFA）显示，针对 IBV 的多克隆抗体和针对 IBV M 蛋白的单克隆抗体可与 TCoV 反应强烈[3,16]。基于全基因组序列、聚合酶基因、M 基因和 N 基因的系统发育分析表明，TCoV 在遗传上与 IBV 关系密切，二者均位于同一系统发育谱系。只有在基于纤突（S）基因构建的系统发育树中，IBV 分离株才明显地分布在 TCoV 之外[14,15,17,18]。除基因组学证据外，针对 IBV S 蛋白的单克隆抗体在间接免疫荧光试验中未能识别 TCoV 抗原，说明 TCoV 与 IBV 抗原性具有一定差异[16,19]。

研究表明，火鸡冠状病毒分离株之间抗原性及遗传学密切相关。各地分离株间交叉保护作用、交叉免疫荧光试验和酶联免疫吸附试验结果表明，这些毒株间的抗原关系密切。表面糖蛋白基因、核衣壳蛋白基因和 3′端的核苷酸序列分析结果表明，毒株之间遗传特征极其相似。

六、 基因组结构和功能

所有 TCoV 分离株均具有相似的基因组结构（图 9-1），5′末端为一个非翻译区（UTR），接着是位于基因组前 2/3 的两个开放阅读框（ORF 1a 和 1b）。3′端其余 1/3 的基因组包括编码 S、E、M 和 N 等主要结构蛋白的基因，以及编码附属蛋白或非结构蛋白的基因，如基因 3 和基因 5。5′~3′端依次为 S-3a-3b-E-M-5a-5b-N，其后依次为 3′-UTR 和 poly（A）尾巴。所有 TCoV 分离株的 S（CTGAACAA）、基因 3（ATGAACAA）、M（CTTAACAA）、基因 5（CTTAACAA）和 N（ATTAACAA）蛋白具有相同的转录调控序列（TRS），它们在核苷酸水平上以及 TRS 与各个基因的起始密码子之间的距离都是高度保守的[14,15,20]。基因 3

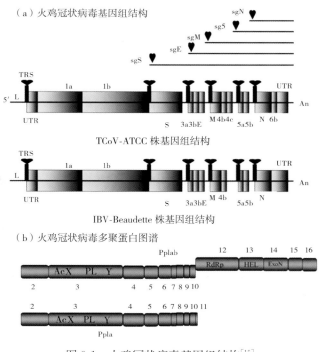

图 9-1 火鸡冠状病毒基因组结构[15]

和基因 5 是 γ 冠状病毒所特有的，在 α 和 β 冠状病毒中不存在这两种基因[14]。

七、 致病机制

火鸡冠状病毒首先在肠绒毛顶端的肠细胞和法氏囊上皮细胞中复制增殖。火鸡冠状病毒肠道感染试验表明，该病毒与其他肠道冠状病毒类似，可导致消化吸收不良和腹泻[21]。此外，火鸡冠状病毒也可通过改变肠道正常菌群而影响肠道正常生理功能。感染火鸡冠状病毒后，火鸡肠道菌群的变化特征是腐败和不发酵乳糖的细菌数量增多，乳杆菌也同时增多。天气情况、饲养管理及继发感染都可加剧火鸡冠状病毒感染，引起更大损失。抗生素可降低火鸡冠状病毒感染的死亡率，这很可能是由于控制继发性细菌感染的原因。

第三节　流行病学

一、传染源

发病火鸡和康复带毒火鸡是本病的主要传染源。火鸡排泄的粪便及被粪便污染的物品、车辆等是潜在的传染源，人和飞禽等可机械带毒。

二、传播途径

TCoV 主要通过粪-口途径传播[22]。排毒期为 14～49d 不等[23]。临床病例康复后数周仍可经粪便排毒。火鸡冠状病毒通常在群内和同场或邻近场的各群间迅速传播，亦可通过人员、设备和运输工具的移动而机械传播。已证实，拟甲虫的幼虫和家蝇是火鸡冠状病毒潜在的机械传播媒介。野鸟、啮齿动物和犬也可作为机械传播者。

三、易感动物

火鸡被认为是 TCoV 的唯一自然宿主。不同日龄的火鸡均可感染，但临床发病最常见于几周龄内的小火鸡。野鸡、海鸥、鹌鹑和仓鼠对 TCoV 均不易感[24]。火鸡冠状病毒感染 1 日龄 SPF 鸡，感染雏鸡虽然不表现明显的临床症状，但在接种后 2～8d 可见血清阳转并在肠组织及法氏囊组织中检测到病毒和病毒抗原，在感染后 1～14d 的肠道内容物中检测到病毒。

2005 年，在意大利一家农场饲养的欧洲鹌鹑（*Coturnix coturnix*）肠道中发现了一种与 TCoV 分离株氨基酸同源性为 79%～81% 的冠状病毒。目前尚不清楚所分离的鹌鹑冠状病毒（QCoV）是否是 TCoV 的变种，还是鹌鹑是 TCoV 的自然宿主，但是由于 QCoV 和 TCoV 之间的 S1 蛋白具有较高的序列保守性，QCoV 似乎是"类 TCoV 样"病毒[25]。雏鸡经试验接种 TCoV 后没有临床症状或明显病变，但易受 TCoV 感染。TCoV

在鸡群中不存在水平传播，病毒无法在鸡体内连续传代 3 次以上[18]。

四、流行特点

本病潜伏期为 1～5d，但一般为 2～3d[26]。本病无明显的季节性。

五、分子流行病学

TCoV 分离株和其他 γ 冠状病毒的全基因组序列显示有 3 个主要分支。TCoV 与 IBV 株基因组相似性大于 86%，TCoV 与 IBV 在同一分支中形成一个单系群。TCoV 之间 S 蛋白相似性为 90%，而 TCoV 与 IBV 之间相似性不足 36%，IBV 与 TCoV 属于不同的病毒簇[18,20]。基于 S 基因的遗传进化分析，TCoV 至少存在 4 种基因型：北美 3 种、法国 1 种（图 9-2）。不同的 TCoV 基因型在不同的地理区域流行[27]。

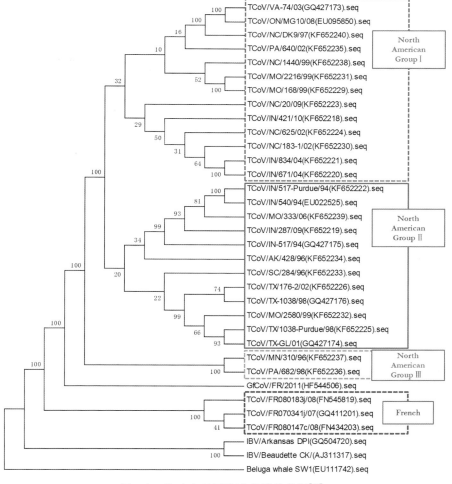

图 9-2 基于 S 基因的遗传进化分析[27]

六、　血清型

对 1994 年和 1999 年之间在美国分离到的 18 株 TCoV 分析发现，它们可与 TCoV/IN-517/94、TCoV/VA-1002/97、明尼苏达州 ATCC 分离株或马萨诸塞州 IBV 株的多克隆抗体发生阳性抗原反应，以及与北卡罗来纳州分离株或 IBV 的 M 蛋白的单克隆抗体发生阳性抗原反应[16]。这种密切的抗原关系与从不同地理区域采集分离的 22 个 TCoV 分离株的 S 基因中推断出的氨基酸序列高度相似（92.8%～99.3%）是一致的。根据交叉检测和交叉保护研究的结果，分离出的 TCoV/MN-ATCC、TCoV/IN-517/94 和 TCoV/VA-1002/97 为同一血清型[16]。然而，实时 RT-PCR 和血清中和试验显示，TCoV/VA-74/03、TCoV/TX-1038/98 和 TCoV/IN-517/94 分离株之间无交叉中和反应，可能为三种不同的 TCoV 血清型，与基于基因组序列分析的抗原组一致[18]。考虑到 IBV 有许多血清型，TCoV 可能不止一个血清型，需要进一步的研究来阐明不同 TCoV 分离株和血清型之间的相关性。

第四节　临床诊断

一、临床症状

自然感染的火鸡表现为突然发病，发病率高。病火鸡精神沉郁、食欲不振、饮水减少、水样腹泻、脱水、消瘦、体温低于正常，粪便呈绿色到棕褐色、水样或泡沫样，可能含有黏液和尿酸盐。感染群死亡增多，生长缓慢，饲料转化率低。感染群的死亡率高低不一，随毒株、日龄、并发感染及天气状况的不同而有所差异[26,28,29]。

种火鸡在产蛋期感染火鸡冠状病毒后会发生产蛋量骤减，蛋品质也受影响，蛋壳失去正常的颜色。

二、剖检病变

主要的病变见于肠道和法氏囊。十二指肠和空肠肠壁软弱无力、苍白，盲肠扩张，充满水样内容物，法氏囊萎缩。

三、病理变化

火鸡冠状病毒感染火鸡的肠道和法氏囊可见显微病变[30]。显微镜下可见绒毛萎缩变短、绒毛上皮脱落、卡氏肠炎合并出血。由于绒毛长度缩短和隐窝深度增加，绒毛与隐窝的比值持续下降。肠绒毛柱状上皮变成立方上皮，同时微绒毛消失；杯状细胞数量减少，肠上皮细胞与固有层分离，固有层内有异嗜性粒细胞和淋巴细胞浸润。

感染后 2d 法氏囊上皮细胞出现明显病变，包括上皮细胞坏死和增生。法氏囊正常的假复层柱状上皮被复层鳞状上皮所取代；上皮细胞间及上皮周围可见严重的异嗜细胞性炎症。法氏囊淋巴滤泡中毒萎缩。

四、鉴别诊断

因为火鸡冠状病毒可破坏肠绒毛上皮、损伤和干扰感染细胞的生理机能、引起肠道正常菌群的改变而导致腹泻、吸收不良和消化不良，与火鸡的其他肠道疾病，尤其是由其他病毒、细菌和原虫所引起的肠道疾病相似，所以必须进行鉴别诊断。

第五节　实验室诊断

本病的实验室诊断方法包括病毒分离（VI）、电镜观察、免疫组化（IHC）、间接免疫荧光法（IFA）、RT-PCR、多重 RT-PCR 和实时定量 RT-PCR 等[23,31-34]。由于没有适合培养 TCoV 的细胞系，病毒分离只能使用 15 日龄以上的火鸡胚或 SPF 鸡胚。

一、样品采集

常用疑似感染火鸡的肠内容物、粪便样品或肠道/法氏囊组织。

二、血清学检测技术

荧光抗体试验是目前检测火鸡冠状病毒感染和鉴定火鸡冠状病毒粒子最重要的血清学方法。直接荧光抗体法可用于检测感染后 1~28d 的自然病例和人工感染火鸡胚或雏火鸡的肠上皮中的 TCoV。间接荧光抗体法可用于检测感染后 9~160d 的血清抗体，同时也可用于 TCoV 的检测。

双夹心 ELISA 比电镜检测更敏感，而且可以一次检测大量样品。用于检测的抗原需要经过纯化浓缩，即病毒经火鸡胚或鸡胚增殖，然后通过蔗糖密度梯度离心，最后超速离心获得纯化抗原。但是这种抗原仍含有很多杂蛋白，超速离心也很容易破坏冠状病毒粒子。利用大肠杆菌成功地表达 TCoV 的 N 蛋白，用此纯化蛋白进行抗体捕获 ELISA 具有非常高的诊断特异性。

三、病原学检测技术

检测 TCoV 可采用病毒分离、荧光抗体试验、间接 ELISA 和 RT-PCR 等方法。病毒分离：采用发病火鸡的肠内容物、粪便样品或肠道及法氏囊组织匀浆上清液，接种 15 日龄火鸡胚或 SPF 鸡胚，继续孵化 2~5d，进行病毒分离和传代。与病毒分离相比，RT-

PCR 的敏感性和特异性为 93％和 92％，而荧光抗体试验和间接 ELISA 的特异性均为 96％，但敏感性只有 69％和 61％。

根据 TCoV 建立的多种 RT-PCR 和多重 RT-PCR 方法，可用于检测和区分 TCoV 和其他禽肠炎死亡综合征（PEMS）相关的病原体，如 Loa 等人针对 N 基因保守区设计了引物 N103F：5′-CCTGATGGTAATTTCCGTTGGG-3′，N102R：5′-ACGCCCATCCTTAATACCTTCCTC-3′[33]；Chen 等人根据 TCoV 序列设计了上下游引物和探针（QS1F：5′-TCGCAATCTATGCGATATG-3′，QS1R：5′-CAGTCTTGGGCATTACAC-3′，TaqMan 探针 QS1P：5′-TCTGTGGCAATGGTAGCCATGTTC-3′），建立了实时荧光 RT-PCR 方法，可以快速、特异地检测和定量组织和粪便中的 TCoV RNA[34]。

第六节　预防与控制

火鸡场一旦感染火鸡冠状病毒将很难清除，且往往持续发生。目前没有有效的疫苗和治疗药物，抗生素可以控制继发细菌感染以降低死亡率。快速诊断、及时扑杀是防控该病的重要手段，做好综合性的防疫工作有助于该病的防控。

一、疫苗

扑杀染疫禽是控制 TCoV 感染的主要方法，迄今还没有开发出可预防 TCoV 感染的商品化疫苗。研究认为，体液免疫在抗病毒感染时发挥主要作用，TCoV 感染产生的肠道黏膜 IgA 抗体，能抵抗该病毒再次感染，康复火鸡具有坚强的免疫力，很少有再次感染。研究表明，减毒活疫苗可以提供同源病毒感染保护，具备预防和控制 TCoV 感染的潜力[35]。父母代注射灭活疫苗，不能给子代提供免疫保护[36]。编码 TCoV N 蛋白的 DNA 疫苗可以刺激抗原特异性细胞免疫应答。用免疫刺激复合物（ISCOMs）包埋的重组 TCoV N 蛋白，或用 DNA 疫苗共表达 TCoV N 蛋白和火鸡钙网蛋白（CRT）基因，可提高 TCoV N 蛋白抗体水平，部分保护免疫火鸡抵抗 TCoV 感染。表达 TCoV N 蛋白或 S1 蛋白的重组鸡痘病毒（rFPV-N 或 rFPV-S1）或两种蛋白共表达的 rFPV，经翼蹼途径接种火鸡 2 周后，诱导抗体反应显著升高。接种 rFPV-N 后 28d，TCoV N 蛋白刺激的脾淋巴细胞亚硝酸根含量显著升高，而 rFPV-S1 不升高。遭受 TCoV 攻击后，免疫火鸡的肠道中 TCoV 特异性荧光细胞的数量减少和强度降低，说明疫苗可以产生部分保护作用。此外，在 S1 羧基末端和 S2 氨基末端中鉴定的 TCoV S 蛋白中和表位片段已用于重组疫苗的研制[37]。利用 DNA 初次免疫、蛋白加强免疫策略，将编码 TCoV S 蛋白中和表位片段的 DNA 疫苗，与聚乙烯亚胺（PEI）和透明质酸钠（HA）混合，诱导体液免疫应答，为火鸡抵御 TCoV 感染提供部分保护[38]。

二、抗病毒药物

目前治疗火鸡冠状病毒性肠炎没有特异性的药物。有研究认为，康复火鸡的血清可用于本病的治疗，但治疗效果有待进一步验证。

三、其他措施

预防是控制火鸡冠状病毒的最好方法。火鸡冠状病毒感染火鸡在康复后的很长一段时间内仍可经由粪便排毒。火鸡群一旦感染本病，很难清除，而且频繁发生。为防止火鸡冠状病毒通过污染的人、污染物及感染火鸡传入健康群，必须采取各种严格的生物安全措施。对于暴发火鸡冠状病毒性肠炎的火鸡场，通常采取扑杀清群，对禽舍、设备及其周围环境进行彻底消毒，以及重新引进火鸡前空舍一定时间（至少3～4周）等综合措施来控制该病。快速诊断及血清学监测是目前防控该病的重要手段。此外，做好火鸡场的综合性卫生防疫工作也有助于本病的防控。

▶ 主要参考文献

［1］Patel B. L.，Gonder E.，Pomeroy B. S. Detection of turkey coronaviral enteritis（Bluecomb）in field epiornithics，using the direct and indirect fluorescent antibody tests［J］. Am J Vet Res，1977，38（9）：1407-1411.

［2］Day J. M.，Gonder E.，Jennings S.，et al. Investigating turkey enteric coronavirus circulating in the Southeastern United States and Arkansas during 2012 and 2013［J］. Avian Dis，2014，58（2）：313-317.

［3］Guy J. S.，Barnes H. J.，Smith L. G.，et al. Antigenic characterization of a turkey coronavirus identified in poult enteritis-and mortality syndrome-affected turkeys［J］. Avian Dis，1997，41（3）：583-590.

［4］Dea S.，Marsolais G.，Beaubien J.，et al. Coronaviruses associated with outbreaks of transmissible enteritis of turkeys in Quebec：hemagglutination properties and cell cultivation［J］. Avian Dis，1986，30（2）：319-326.

［5］Cavanagh D.，Mawditt K.，Sharma M.，et al. Detection of a coronavirus from turkey poults in Europe genetically related to infectious bronchitis virus of chickens［J］. Avian Pathol，2001，30（4）：355-368.

［6］Teixeira M. C.，Luvizotto M. C.，Ferrari H. F.，et al. Detection of turkey coronavirus in commercial turkey poults in Brazil［J］. Avian Pathol，2007，36（1）：29-33.

［7］杨仉生，赵立红，乔健，等. 火鸡冠状病毒的分离和初步鉴定［J］. 畜牧兽医学报，2006（11）：

1241-1244.

［8］ Adams N. R.， Hofstad M. S. Isolation of transmissible enteritis agent of turkeys in avian embryos ［J］. Avian Dis，1971，15 (3)：426-433.

［9］ Ritchie A. E.， Deshmukh D. R.， Larsen C. T.， et al. Electron microscopy of coronavirus-like particles characteristic of turkey bluecomb disease［J］. Avian Dis，1973，17 (3)：546-558.

［10］ Dea S.， Verbeek A. J.， Tijssen P. Antigenic and genomic relationships among turkey and bovine enteric coronaviruses［J］. J Virol，1990，64 (6)：3112-3118.

［11］ Verbeek A.， Dea S.， Tijssen P. Genomic relationship between turkey and bovine enteric coronaviruses identified by hybridization with BCV or TCV specific cDNA probes［J］. Arch Virol，1991，121 (1-4)：199-211.

［12］ Naqi S. A.， Panigrahy B.， Hall C. F. Purification and concentration of viruses associated with transmissible (coronaviral) enteritis of turkeys (Bluecomb)［J］. Am J Vet Res，1975，36 (4 Pt 2)：548-552.

［13］ Lin T. L.， Loa C. C.， Tsai S. C.， et al. Characterization of turkey coronavirus from turkey poults with acute enteritis［J］. Vet Microbiol，2002，84 (1-2)：179-186.

［14］ Gomaa M. H.， Barta J. R.， Ojkic D.， et al. Complete genomic sequence of turkey coronavirus ［J］. Virus Res，2008，135 (2)：237-246.

［15］ Cao J.， Wu C. C.， Lin T. L. Complete nucleotide sequence of polyprotein gene 1 and genome organization of turkey coronavirus［J］. Virus Res，2008，136 (1-2)：43-49.

［16］ Lin T. L.， Loa C. C.， Wu C. C.， et al. Antigenic relationship of turkey coronavirus isolates from different geographic locations in the United States［J］. Avian Dis，2002，46 (2)：466-472.

［17］ Loa C. C.， Wu C. C.， Lin T. L. Comparison of 3'-end encoding regions of turkey coronavirus isolates from Indiana，North Carolina，and Minnesota with chicken infectious bronchitis coronavirus strains ［J］. Intervirology，2006，49 (4)：230-238.

［18］ Jackwood M. W.， Boynton T. O.， Hilt D. A.， et al. Emergence of a group 3 coronavirus through recombination［J］. Virology，2010，398 (1)：98-108.

［19］ Karaca K.， Naqi S. and Gelb J.， Jr. Production and characterization of monoclonal antibodies to three infectious bronchitis virus serotypes［J］. Avian Dis，1992，36 (4)：903-915.

［20］ Lin T. L.， Loa C. C.， Wu C. C. Complete sequences of 3' end coding region for structural protein genes of turkey coronavirus［J］. Virus Res，2004，106 (1)：61-70.

［21］ Gonder E.， Patel B. L.， Pomeroy B. S. Scanning electron，light，and immunofluorescent microscopy of coronaviral enteritis of turkeys (Bluecomb)［J］. Am J Vet Res，1976，37 (12)：1435-1439.

［22］ Guy J. S. Virus infections of the gastrointestinal tract of poultry［J］. Poult Sci，1998，77 (8)：1166-1175.

［23］ Breslin J. J.， Smith L. G.， Barnes H. J.， et al. Comparison of virus isolation，immunohistochemistry, and reverse transcriptase-polymerase chain reaction procedures for detection of turkey coronavirus [J]. Avian Dis, 2000, 44 (3): 624-631.

[24] Pakpinyo S., Ley D. H., Barnes H. J., et al. Enhancement of enteropathogenic *Escherichia coli* pathogenicity in young turkeys by concurrent turkey coronavirus infection [J]. Avian Dis, 2003, 47 (2): 396-405.

[25] Circella E., Camarda A., Martella V., et al. Coronavirus associated with an enteric syndrome on a quail farm [J]. Avian Pathol, 2007, 36 (3): 251-258.

[26] Gomes D. E., Hirata K. Y., Saheki K., et al. Pathology and tissue distribution of turkey coronavirus in experimentally infected chicks and turkey poults [J]. J Comp Pathol, 2010, 143 (1): 8-13.

[27] Chen Y. N., Loa C. C., Ababneh M. M., et al. Genotyping of turkey coronavirus field isolates from various geographic locations in the Unites States based on the spike gene [J]. Arch Virol, 2015, 160 (11): 2719-2726.

[28] Gomaa M. H., Yoo D., Ojkic D., et al. Infection with a pathogenic turkey coronavirus isolate negatively affects growth performance and intestinal morphology of young turkey poults in Canada [J]. Avian Pathol, 2009, 38 (4): 279-286.

[29] Ismail M. M., Tang A. Y., Saif Y. M. Pathogenicity of turkey coronavirus in turkeys and chickens [J]. Avian Dis, 2003, 47 (3): 515-522.

[30] Pomeroy K. A., Patel B. L., Larsen C. T., et al. Combined immunofluorescence and transmission electron microscopic studies of sequential intestinal samples from turkey embryos and poults infected with turkey enteritis coronavirus [J]. Am J Vet Res, 1978, 39 (8): 1348-1354.

[31] Cardoso T. C., Castanheira T. L., Teixeira M. C., et al. Validation of an immunohistochemistry assay to detect turkey coronavirus: a rapid and simple screening tool for limited resource settings [J]. Poult Sci, 2008, 87 (7): 1347-1352.

[32] Spackman E., Kapczynski D., Sellers H. Multiplex real-time reverse transcription-polymerase chain reaction for the detection of three viruses associated with poult enteritis complex: turkey astrovirus, turkey coronavirus, and turkey reovirus [J]. Avian Dis, 2005, 49 (1): 86-91.

[33] Loa C. C., Lin T. L., Wu C. C., et al. Differential detection of turkey coronavirus, infectious bronchitis virus, and bovine coronavirus by a multiplex polymerase chain reaction [J]. J Virol Methods, 2006, 131 (1): 86-91.

[34] Chen Y. N., Wu C. C., Bryan T., et al. Specific real-time reverse transcription-polymerase chain reaction for detection and quantitation of turkey coronavirus RNA in tissues and feces from turkeys infected with turkey coronavirus [J]. J Virol Methods, 2010, 163 (2): 452-458.

[35] Pomeroy B. S., Larsen C. T., Deshmukh D. R., et al. Immunity to transmissible (coronaviral) enteritis of turkeys (Bluecomb) [J]. Am J Vet Res, 1975, 36 (4 Pt 2): 553-555.

[36] Patel B. L., Pomeroy B. S., Gonder E., et al. Indirect fluorescent antibody test for the diagnosis of

coronaviral enteritis of turkeys (Bluecomb)［J］. Am J Vet Res，1976，37（9）：1111-1112.

［37］ Chen Y. N.，Wu C. C.，Lin T. L. Identification and characterization of a neutralizing-epitope-containing spike protein fragment in turkey coronavirus［J］. Arch Virol，2011，156（9）：1525-1535.

［38］ Chen Y. N.，Wu C. C.，Yeo Y.，et al. A DNA prime-protein boost vaccination strategy targeting turkey coronavirus spike protein fragment containing neutralizing epitope against infectious challenge［J］. Vet Immunol Immunopathol，2013，152（3-4）：359-369.

（蒋文明、刘朔）

第十章
水禽和鸽等禽类冠状病毒感染

近年来，随着养禽业的快速发展，跨区域的商品禽交易及引种日益频繁，为禽冠状病毒的传播提供了便利条件。随着监测工作的开展，先后从鸭、鹅、鸽、野禽等多种禽类中检测到不同种类的禽冠状病毒，这些新鉴定的禽冠状病毒与传统的鸡传染性支气管炎病毒具有一定差异[1-5]。

第一节　鸭冠状病毒病

一、概述

（一）定义

鸭冠状病毒病是由鸭冠状病毒（Duck coronavirus）引起的一种病毒性传染病，以剧烈腹泻为特征，俗称"烂嘴壳"。

（二）流行与分布

本病于1988年首发于我国云南，以腹泻和急性死亡为特征[6]。近年来，随着鸭集约化养殖的发展，鸭冠状病毒所引发的疾病在我国内地及香港等地频发，有众多学者对新型鸭冠状病毒进行了一系列报道和研究，提示鸭冠状病毒可能在家鸭和野生水禽中分布较为广泛[1,7]。国内监测表明，鸭冠状病毒在国内分布广泛，在鸭群中感染率达4.38％。国内在GenBank公开了第一株鸭冠状病毒新"种（species）"的全基因组序列（GenBank号：KM454473），此序列已作为ICTV中鸭冠状病毒的代表毒株[1,8]。国外，挪威、瑞典、老挝等国家也陆续报道了鸭冠状病毒感染，在鸭、鸡等宿主的泄殖腔拭子中的阳性率为33.3％~48.2％[9-11]。

鸭冠状病毒为γ冠状病毒属 *Igacovirus* 亚属的成员，与IBV在基因组上具有一定差异，属于不同的种。但鸭除了可感染鸭冠状病毒之外，也可感染IBV等其他禽冠状病毒[3,12-13]。IBV及鸽冠状病毒在鸭中的感染率较低，推测可能是IBV或鸽冠状病毒偶尔跨宿主感染引起的。

（三）危害

鸭冠状病毒可感染各年龄段的鸭[7]，在鸡、火鸡、鸽中也有检测到[3]，常引发禽的腹泻、肠炎等症状，给养禽场造成了较大的经济损失。

二、病原学

（一）分类和命名

鸭冠状病毒在分类地位上属于套式病毒目（*Nidovirales*）、冠状病毒科（*Coronaviridae*）、γ冠状病毒属（*Gammacoronavirus*）、*Igacovirus* 亚属、鸭冠状病毒种的成员。

（二）基因组结构和功能

鸭冠状病毒的代表毒株 DdCoV/GD/2014 的全基因组序列（除 5′-UTR 的 170～180bp 外），长度为 27 754 nt。病毒的基因组结构与 IBV 相似，有 12 个潜在的 ORF，5′端是复制酶 1ab 基因，大概占基因组全长的 2/3，可裂解成 15 个非结构蛋白（nsp2～nsp16）；3′端的基因编码 4 种结构蛋白 S、E、M 和 N。在复制酶基因和结构蛋白基因中间，有一系列附属基因（*3a*、*3b*、*ORFx*、*5a*、*5b* 和 *ORFy*）（图 10-1 所示）[1]。鸭冠状病毒在病毒的 papain-like proteinase 1（PL1pro）区域存在一个 5 拷贝的串联重复序列，这个重复序列长度为 115 个氨基酸残基，且富含某些氨基酸，如 E（$n=30$）、K（$n=25$）、P（$n=19$）、Q（$n=14$）、T（$n=14$）及 V（$n=10$）（图 10-2）。鸭冠状病毒 1ab

图 10-1 鸭冠状病毒基因组结构[1]

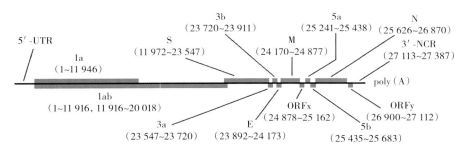

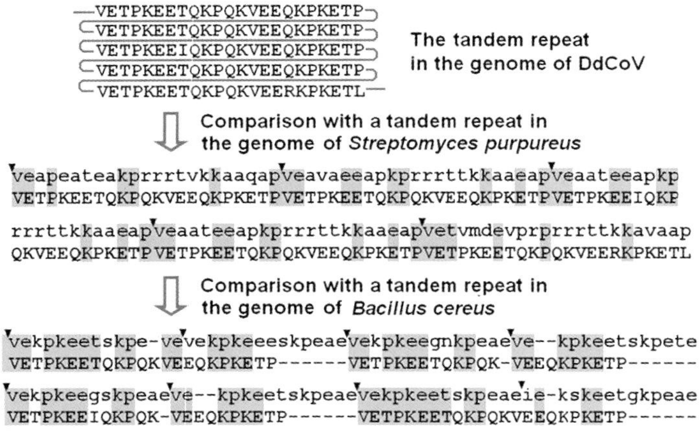

图 10-2 鸭冠状病毒基因组内的串联重复序列[1]

基因内的 6 个保守区域（ADRP、NSP5、NSP12、NSP13、NSP14、NSP15）氨基酸的同源性与 IBV 的差异在 10% 以上。利用 RDP 软件，基于鸭冠状病毒和 IBV 的 7 个保守区域序列，发现了 2 个潜在的重组位点，该软件分析结果与进化树的结果一致，进一步证实了 IBV 和鸭冠状病毒有基因重组的可能性。

（三）病毒培养

研究人员尝试通过尿囊腔途径接种 9～10 日龄鸡胚获得增殖的鸭冠状病毒但未获得成功[11,14]；在拭子样本接种鸡胚后的原代尿囊液中可检测到鸭冠状病毒，但是继续传代未获得明显增殖[1]。

三、流行病学

（一）传染源

病鸭及带毒鸭为本病的主要传染源。病禽及带毒禽的排泄物、污染物（饮水、饲料、用具等）等均为该病的传播媒介。

（二）传播途径

病原主要通过感染动物的排泄物向外界排出，以水平方式传播。

（三）易感动物

鸭易感，鸡、鹅、鸽等禽类也能感染[1]。

四、临床诊断

20 日龄左右的鸭发病率最高。感染初期少数发病，1～2d 后出现死亡高峰。发病急，开始排稀粪，进而腹泻，粪呈白色或黄绿色。喙壳由黄变紫，喙上皮脱落破溃。病鸭在发病期，咽喉黏膜呈卡他性炎症，黏膜易脱落；整个肠管充血、水肿，尤以十二指肠最为严重。十二指肠及肠系膜出血，外观呈紫红色，内有血性黏液，黏膜脱落，并形成溃疡。盲肠、盲肠黏膜有白色附着物。

五、实验室诊断

随着分子生物学发展，冠状病毒的实验室检测方法越来越丰富。众多研究人员采用传统的 RT-PCR 方法，设计可同时扩增多种不同属冠状病毒的通用 RT-PCR 方法，既能对动物群体中的传统冠状病毒进行筛查，又能监测到一些新型冠状病毒[1,11]。巢式 RT-PCR 也被应用于禽冠状病毒的检测[15]。荧光定量 RT-PCR，因为高灵敏性、操作简单、速度快等优点，已广泛用于冠状病毒的监测[16-17]。近年来，高通量测序技术（Next-generation sequencing，NGS）等也逐渐应用于新发病原的鉴定中，通过宏基因组测序（Metagenomics sequencing）等方法发现了一些新的病毒[8,18]。

六、 预防与控制

研究表明，鸭舍温度过低，日粮配合比例不当，粗蛋白和钙含量过高，维生素 A 缺乏均可促使鸭冠状病毒疾病的发生，或导致鸭的死亡率升高[19]。同时，有研究表明，散养模式的混养家禽品种有利于病毒的跨物种传播，容易产生新的病毒株。为了降低混合感染的风险，需改进生物安全措施、对养殖场附近的鸟类进行控制、不同品种的家禽及发病禽需分群饲养、有针对性的实施疫苗接种方案和持续的监测[9]。

目前对鸭冠状病毒病无特效治疗方法。发生疫情时，应立即淘汰病禽或隔离可疑禽，对环境、场地及用具等进行全面彻底消毒，防止饲料与饮水的污染。

第二节　鹅冠状病毒病

一、概述

（一）定义

鹅冠状病毒病是由鹅冠状病毒（Goose coronavirus）感染引起的一种病毒性传染病。

（二）流行与分布

研究证实，我国部分地区存在鹅冠状病毒的流行，流行率为 0.40％[4]。挪威、加拿大等也有检出与 IBV 差异较大的鹅冠状病毒的报道，其中挪威雏鹅的阳性率为12.9％～66.6％，成年鹅的阳性率为 15.4％～38.9％[11]。鹅不仅能感染鹅冠状病毒，同时也能感染 IBV 等其他禽冠状病毒。2000 年国内从鹅体内检测到类 IBV 的冠状病毒，从临床症状和剖检变化上看与肾型 IB 类似，但是该病毒是否是由 IBV 变异而来还有待进一步证实[20]。

二、病原学

（一）分类和命名

鹅冠状病毒属于套式病毒目（*Nidovirales*）、冠状病毒科（*Coronaviridae*）、γ 冠状病毒属（*Gammacoronavirus*）、*Brangacovirus* 亚属的成员。

（二）基因组结构和功能

研究人员从加拿大鹅中检测到一种新型鹅冠状病毒，基因组长度为 28 539 nt，与 IBV 相比，鹅冠状病毒基因组长约 1 000 nt[2]。与已报道的其他冠状病毒基因组类似，鹅冠状病毒基因组中，多聚蛋白 1a 和 1ab 占据了基因组的绝大部分（1ab 多聚蛋白也是裂解成 15～16 个非结构蛋白），随后是结构蛋白和附属蛋白（图 10-3）。鹅冠状病毒与传统禽冠状病毒基因组有一定差异。鹅冠状病毒包括更多的 ORF（n＝14）来编码 1ab 多聚酶蛋白下游区域的附属蛋白和结构蛋白。在 ORF M 和 N 中间增加了两个 ORF（7a 和 7b），在 N 基因的下游增加了两个 ORF（10 和 11）。

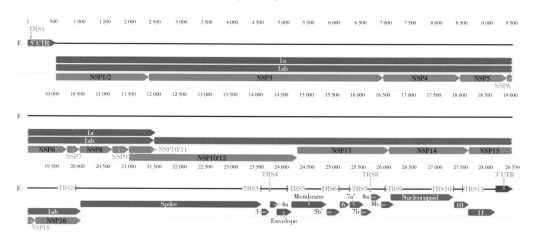

图 10-3　鹅冠状病毒基因组结构[2]

三、流行病学

（一）传染源
病禽（鹅等）及带毒鹅（亚临床感染）为本病的主要传染源。病禽及带毒禽的排泄物、污染物（饮水、饲料、用具等）等均为该病的传播媒介。

（二）传播途径
病原主要通过感染动物的排泄物向外界排出，以水平方式传播。

（三）易感动物
鹅易感。

四、临床诊断

鹅发病日龄从 10 日龄到 1 月龄不等，发病率为 30％～50％，病死率达 60％以上。一般抗菌药、鹅新城疫高免血清均无疗效，流行病学、临床症状和病理变化均与常见鹅传染病不同。

五、实验室诊断

鹅冠状病毒的实验室诊断，目前主要依赖一系列分子生物学诊断方法，如冠状病毒的

通用 RT-PCR 方法、荧光定量 RT-PCR 方法、宏基因组测序等[1,16]，与鸭冠状病毒检测方法类似。

六、 预防与控制

目前对鹅冠状病毒无特效治疗方法，未见明确的预防和控制鹅冠状病毒的措施，可参考鸭冠状病毒相关的预防和控制方案。

第三节　鸽冠状病毒感染

一、概述

（一）定义

鸽冠状病毒感染是由鸽冠状病毒（Pigeon coronavirus）感染引起的一种病毒性传染病。

（二）流行与分布

研究人员从国内禽的拭子、粪便及饮水样品中检测到鸽冠状病毒，在鸽样品中的阳性率为 23.14％（159/687），在鸭、鹅、鸡等样品中也有检出，但流行率较低[3]。挪威等从野鸽中也检测到与 IBV 差异较大的鸽冠状病毒，其中泄殖腔拭子样品阳性率为 4.4％，气管拭子样品阳性率为 2.2％[11]。

鸽能感染鸽冠状病毒，也可感染 IBV 等其他禽冠状病毒[21-22]。此外，从迪拜采集的鸽粪便样品中还检测到丁型冠状病毒，流行率为 7.14％[5]。

二、病原学

（一）分类和命名

鸽冠状病毒在 2012 年 ICTV 病毒学分类报告中，暂定为冠状病毒属、*Igacovirus* 亚属、禽冠状病毒（Avian coronavirus）的成员。在 2019 年 ICTV 病毒学分类报告中，未做详细阐述。

（二）基因组结构和功能

目前尚未有鸽冠状病毒基因组研究的报道。国内研究人员对鸽冠状病毒 1ab 蛋白内的 7 个重要的保守区域（ADRP、NSP5、NSP12～NSP16）进行了分析，与 IBV 和鸭冠状病毒相比，鸽冠状病毒发生了一系列碱基突变和插入、缺失[3]。其中，在 Nsp12 区域，有 2 处明显的插入缺失[3]。

2018 年，研究人员从迪拜鸽粪便样品中检测到丁型冠状病毒[5]。鸽源丁型冠状病毒的基因组长度为 26 155 nt，基因组结构为典型的冠状病毒：5′-1ab-S-E-M-6-N-7a-7b-7c-7d-3′。ORF1ab 编码一系列非结构蛋白，非结构蛋白的裂解位点与其他丁型冠状病毒属的冠状病毒相似。与其他冠状病毒相比，鸽源丁型冠状病毒的转录调节序列（TRS）与其他丁型冠状病毒属的冠状病毒相同，均为 5′-ACACCA-3′；N 基因下游 ORF 的数量有所不同；NS6 位于 M 和 N 基因中间。

（三）病原分离

通过尿囊腔途径接种 9～10 日龄鸡胚，并未能获得增殖的鸽冠状病毒[11,14]；在拭子样本接种鸡胚后的原代尿囊液中可检测到鸽冠状病毒，但是再继续传代之后未获得明显增殖的鸽冠状病毒[3]。

三、流行病学

（一）传染源

病禽（鸽等）及带毒禽（亚临床感染）为本病的主要传染源。病禽及带毒禽的其排泄物、污染物（饮水、饲料、用具等）等均为该病的传播媒介。

（二）传播途径

病原主要通过感染动物的排泄物向外界排出，以水平方式传播。

（三）易感动物

鸽均易感，鸡等禽类也能感染。

四、实验室诊断

目前，鸽冠状病毒的实验室诊断依赖冠状病毒的通用 RT-PCR 方法、荧光定量 RT-PCR 方法、宏基因组测序等一系列分子生物学诊断方法[1,16]，与鸭冠状病毒的检测方法类似。

五、预防与控制

对于鸽冠状病毒的致病性和致病机理研究报道较少。目前对鸽冠状病毒无特效治疗方法，未见明确的预防和控制鸽冠状病毒的措施。

第四节　野禽冠状病毒感染

一、概述

（一）定义

野禽冠状病毒是一种能够感染野禽，并引起不同程度的呼吸道、肠道、肝和神经系统

疾病的冠状病毒。

（二）流行与分布

目前，野禽冠状病毒在全球范围内分布广泛，在美洲、亚洲、非洲及澳大利亚都有发现野禽冠状病毒感染的报道。从迪拜的野禽中发现存在猎鹰冠状病毒 UAE-HKU27、翎颌鸨冠状病毒 UAE-HKU28、鸽冠状病毒 UAE-HKU29 和鸨鹑冠状病毒 UAE-HKU30 四种冠状病毒感染[5]。从美国新泽西州的红翻石鹬中检测到一株冠状病毒，与在中国分离出的 IBV 样鸭冠状病毒同源性最高[23]。美国、南非、澳大利亚等发生的鸵鸟冠状病毒性肠炎，主要侵害 3 月龄以内的雏鸟，以 5～42 日龄发病多。澳大利亚某鸵鸟场发生冠状病毒性肠炎感染，死亡率高达 61%，治愈后的雏鸟生长发育严重受阻[24]。在柬埔寨的池塘鹭和小哨鸭中分别检测到 δ 属冠状病毒和 γ 属冠状病毒[7]。从中国香港的黑脸琵鹭、苍鹭、大隼、美国野鸭、簇绒鸭、针尾鸭、赤颈鸭、琵嘴鸭和绿翅鸭等野鸟中也检测到 δ 属冠状病毒和 γ 属冠状病毒的单独或混合感染[7]。Patrick 等在中国香港野禽中发现了球形冠状病毒 HKU11、鹅口疮冠状病毒 HKU12 和文鸟冠状病毒 HKU13 三种冠状病毒[25]。

考虑到野禽成群的行为和长距离飞行的能力，比如候鸟迁移等，在其他国家和地区是否也存在野禽冠状病毒感染以及是否存在鸟类向其他动物传播仍需进一步研究证实，但可以确认的是鸟类存在巨大的病毒携带和传播的能力。

（三）危害

野禽是大多数的 γ 属冠状病毒和 δ 属冠状病毒的主要储存库，但是某些冠状病毒可以在特定鸟类中生存，并由这些迁徙的鸟类携带到其他地区。野禽迁徙很可能会促进病毒向非迁徙禽类传播。

二、病原学

（一）分类和命名

鸟类可以携带 γ 属冠状病毒和 δ 属冠状病毒。除了鸡的传染性支气管炎病毒和火鸡的冠状病毒外，鸟类的冠状病毒还有夜莺冠状病毒（Bulbul coronavirus HKU11，BuCoV HKU11）、鹅口疮冠状病毒（Thrush coronavirus HKU12，ThCoV HKU12）、文鸟冠状病毒（Munia coronavirus HKU13，MunCoV HKU13）、绣眼鸟冠状病毒（White-eye coronavirus，WECoV）、麻雀冠状病毒（Sparrow coronavirus，SPCoV）、鹊鸲冠状病毒（Magpie robin coronavirus，MRCoV）、夜鹭冠状病毒（Night heron coronavirus，NHCoV）、野鸭冠状病毒（Wigeon coronavirus，WiCoV）、黑水鸡冠状病毒（Common moorhen coronavirus，CMCoV）、猎鹰冠状病毒（Falcon coronavirus UAE-HKU27，FalCoV UAE-HKU27）、翎颌鸨冠状病毒（Houbara coronavirus UAE-HKU28，

HouCoV UAE-HKU28）、鸽子冠状病毒（Pigeon coronavirus UAE-HKU29，PiCoV UAE-HKU29）和鹌鹑冠状病毒（Quail coronavirus UAE-HKU30，QuaCoV UAE-HKU30）等[26]。此外，珠鸡（*Numidia meleagris*）、鹦鹉（*Psittaciformes*）和鸵鸟（*Struthio camelus*）等也可感染冠状病毒。

（二）基因组结构和功能

鸟类冠状病毒的基因组大小为 25 871～26 552nt，其 G ＋ C 含量范围为 39％～43％。鸟类冠状病毒的基因组具备冠状病毒的典型特征，其基因顺序为（5′→3′）复制酶 ORF1ab、纤突蛋白（S）、小膜蛋白（E）、膜蛋白（M）和核衣壳蛋白（N）。E 蛋白和 M 蛋白主要参与病毒的装配过程；N 蛋白包裹基因组形成核蛋白复合体；S 蛋白主要通过与宿主细胞受体结合介导病毒的入侵并决定病毒组织或宿主嗜性。5′和 3′末端均包含短的非翻译区。复制酶 ORF1ab 占基因组的 18 363～18 678nt，该开放阅读框（ORF）编码许多蛋白质，包括 nsp3〔其中包含木瓜蛋白酶样蛋白酶（PL^pro）〕，nsp5〔胰凝乳蛋白酶样蛋白酶（3CL^pro）〕，nsp12（RdRp），nsp13（解旋酶）和其他功能未知的蛋白质等共 15 个 nsp（图 10-4）。

UAE-HKU27、UAE-HKU28、UAE-HKU29 和 UAE-HKU30 的 ORF1ab 中非结构蛋白的切割位点与其他 δ 属冠状病毒相似，但 nsp3/nsp4 和 nsp15/16 除外。在不同的 δ 冠状病毒中，潜在切割位点 nsp3/nsp4 下游的氨基酸差异很大。潜在切割位点在 nsp15/nsp16 下游的氨基酸是 AL，而不是 SL。在 HKU15、HKU16、HKU17、HKU18 和 HKU21 中，nsp2/nsp3、nsp3/nsp4 和 nsp4/nsp5 的潜在切割位点上游的氨基酸均为 AG、AG 和 LQ。但是，对于 HKU19 和 HKU20，nsp2/nsp3 上的是 VG 和 DG，nsp3/nsp4 上的是 TG 和 GG，nsp4/nsp5 上的是 VQ[27]。

HKU11、HKU12 和 HKU13 具有相同的基因组结构，UAE-HKU27、UAE-HKU28、UAE-HKU29 和 UAE-HKU30 具有相同的基因组结构。它们的转录调控序列（TRSs）符合共有基序 5′-ACACCA-3′。δ 属冠状病毒的基因组编码的 PL^pro，与 α 冠状病毒和 β 冠状病毒亚组 PL2^pro 以及 β 冠状病毒 B、C 和 D 亚组 PL^pro 和 γ 冠状病毒同源。病毒基因组中 S 的 TRS 与相应的 AUG 间隔了 140 个碱基。这与所有其他冠状病毒中 S 的 TRS 和相对应的 AUG 之间相对少量的碱基形成对比。δ 属冠状病毒 M 和 N 之间存在一个 ORF（NS6），HKU11、HKU12 和 HKU13 中的 ORF（NS6）与 N 下游的三个 ORF（NS7a、7b 和 7c）编码非结构蛋白。在这四个 ORF 中，只有 NS7b 之前带有 TRS。NS6 之前没有 TRS，在 HKU11 中的 NS6 中可能未表达该 ORF。而在 UAE-HKU27、UAE-HKU28、UAE-HKU29 和 UAE-HKU30 四种冠状病毒中，ORF（NS7a）与 N 重叠。UAE-HKU27、UAE-HKU28 和 UAE-HKU29 有三个 ORF（NS7b、7c 和 7d），UAE-HKU30 只有两个 ORF（NS7b 和 7c）。HKU16，SpCoV HKU17 和 HKU19 中两个 ORF

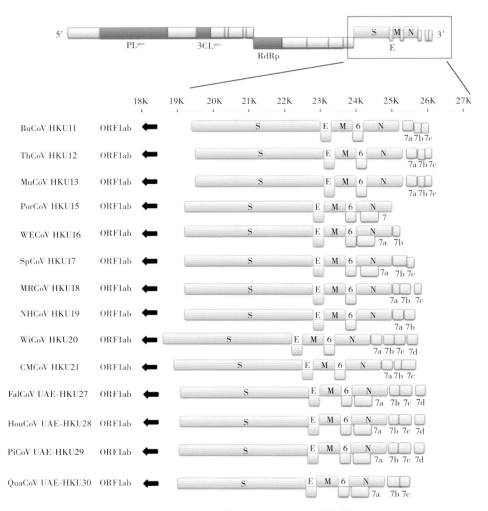

图 10-4　δ 冠状病毒属成员的基因组结构[5]

S 基因下游的 ORF 放大显示 10 种冠状病毒基因组之间的差异。木瓜蛋白酶样蛋白酶（PL^pro），
胰凝乳蛋白酶样蛋白酶（3CL^pro）和 RNA 依赖性 RNA 聚合酶（RdRp）用绿色框表示；
S、E、M 和 N 四种结构蛋白基因用橙色框表示；辅助蛋白以蓝色框表示

（NS7a 和 7b）存在于 N 的重叠或下游，三个 ORF（NS7a、7b 和 7c）位于 HKU18 和
HKU21 中 N 的下游，四个 ORF（NS7a、7b、7c 和 7d）位于 WiCoV HKU20 中 N 的重
叠或下游。

HKU11、HKU12、HKU13、HKU16、HKU17、HKU18、HKU21、UAE-
HKU27、UAE-HKU28、UAE-HKU29 和 UAE-HKU30 的基因组均包含一个茎环Ⅱ基
序（s2m）作为 N 下游和 poly（A）尾上游的保守 RNA 元件。类似于 IBV、TCoV、蝙
蝠 SARS-CoV 和 SARS-CoV，以及在亚洲豹猫、灰雁、野鸽和野鸭中发现的其他 CoV，
均没有完整的可利用基因组[5,25,27]。

三、流行病学

冠状病毒可以感染多种野禽，如红翻石鹬、鸵鸟、池塘鹭、小哨鸭、黑脸琵鹭、苍鹭、大隼、美国野鸭、簇绒鸭、针尾鸭、赤颈鸭、琵嘴鸭和绿翅鸭等。此外，在珍珠鸡、天鹅、海鸥、滨鸟、秃鹰、麻雀、鹰、啄木鸟、果鸦、大鹦鹉、红转石、鸽、鸭、鹦鹉和其他鸟类也有冠状病毒感染的报道。

四、临床诊断

野禽冠状病毒能够引起野禽呼吸道、肠道、肝和神经系统等产生不同程度的症状，不同的野禽产生的临床症状也有所不同。

澳大利亚 150 只赛鸽感染冠状病毒后出现羽毛蓬乱及呼吸困难等症状，死亡 22 只。剖检发现其食道及嗉囊出现溃疡，下消化道有积液，而气管及喉头部位有黏液。血清学检测发现，此种冠状病毒与 IBV 较为接近。雉感染冠状病毒会出现产蛋量下降、蛋壳异常，也会出现呼吸困难，以及腹膜炎、尿路结石、脏器表面的尿酸盐沉积和肾脏肿大等病变，10 周龄的雉死亡率高达 40%。注射 IBV 弱毒疫苗，可以有效预防雉冠状病毒感染。珍珠鸡感染冠状病毒会有肠炎、肝炎及胰腺炎的发生，有时也会伴随着呼吸困难及频尿等症状，最后死亡。鹌鹑感染冠状病毒主要引起呼吸道症状。鹦鹉感染冠状病毒后，临床上会出现食欲不振、精神沉郁及下痢等症状，剖检可见肝脏和脾脏有坏死、出血的病灶，血清学检测发现鹦鹉冠状病毒与 IBV 无相关性。鸵鸟感染冠状病毒主要引起消化道症状，主要表现为腹泻、排水样或黏液样粪便，有时粪便带血，同时伴有精神萎靡、食欲减退或废绝，多在发病 3～12d 后死亡；剖检表现为十二指肠、空肠和盲肠的内容物呈水样或黏液样，含有气体，肠黏膜上可见小的淤血点；组织学检查可见肠道上皮细胞的微绒毛萎缩、坏死、脱落，其他脏器无明显症状，病理学检查中可在肠细胞的细胞质内发现嗜伊红性的包涵体[24]。

五、实验室诊断

（一）样品采集

活禽应采集上呼吸道和泄殖腔拭子，也可采集新鲜的粪便。病死禽可采集气管或肺等组织样品。对野禽活体采样时，用灭菌棉拭子插入泄殖腔旋转 2～3 圈，放入含青霉素 4 000 IU/mL 和链霉素 4 mg/mL 的无菌 PBS 样品保存管中。采集病死野禽的气管或肺组织或粪便时，可直接将采集的样品放入样品保存管中。棉拭子样品经剧烈震荡后，10 000 r/min 离心 10 min，取上清作为检测材料。组织样品剪碎后，按 1∶4 加入生理盐水（青霉素 4 000 IU/mL 和链霉素 4 mg/mL）研磨制成匀浆，反复冻融 2～3 次，10 000 r/min 离心 10 min，取上清液作为检测材料。

（二）病原学检测技术

野禽冠状病毒感染的实验室诊断，可采用通用 RT-PCR、宏基因组测序等分子生物学诊断方法[1,16]。采用通用型 RT-PCR 扩增病毒相对保守的 *RdRp* 基因片段，结合测序分析，可以对多种冠状病毒进行鉴定。

六、 预防与控制

由于野禽种类繁多、分布广泛、样品采集困难等多种因素制约，关于野禽冠状病毒感染的相关研究较少，对野禽冠状病毒的致病性和致病机理尚不明确。应加强监测，系统评估野禽感染冠状病毒的风险，避免向家禽传播。

▶ **主要参考文献**

［1］Zhuang Q. Y.，Wang K. C.，Liu S.，et al. Genomic analysis and surveillance of the coronavirus cominant in cucks in china［J］. PLoS One，2015，10（6）：e0129256.

［2］Papineau A.，Berhane Y.，Wylie T. N.，et al. Genome organization of canada goose coronavirus，a novel species identified in a mass die-off of Canada geese［J］. Sci Rep，2019，9（1）：5954.

［3］Zhuang Q.，Liu S.，Zhang X.，et al. Surveillance and taxonomic analysis of the coronavirus dominant in pigeons in China［J］. Transbound Emerg Dis，2020：10.1111/tbed.13541.

［4］王楷成，李阳，庄青叶，等. 禽源冠状病毒监测简报［J］. 中国动物检疫，2020，37（2）：1-2.

［5］Lau S. K. P.，Wong E. Y. M.，Tsang C. C.，et al. Discovery and sequence analysis of four deltacoronaviruses from birds in the middle east reveal interspecies jumping with recombination as a potential mechanism for avian-to-avian and avian-to-mammalian transmission［J］. J Virol，2018，92（15）：e00265-18.

［6］韩文芳. 鸭冠状病毒性肠炎的症状及诊治［J］. 畜牧与饲料科学，2014，35（Z1）：152-153.

［7］Chu D. K.，Leung C. Y.，Gilbert M.，et al. Avian coronavirus in wild aquatic birds［J］. J Virol，2011，85（23）：12815-12820.

［8］Chen G. Q.，Zhuang Q. Y.，Wang K. C.，et al. Identification and survey of a novel avian coronavirus in ducks［J］. PLoS One，2013，8（8）：e72918.

［9］Pauly M.，Snoeck C. J.，Phoutana V.，et al. Cross-species transmission of poultry pathogens in backyard farms：ducks as carriers of chicken viruses［J］. Avian Pathol，2019，48（6）：503-511.

［10］Wille M.，Muradrasoli S.，Nilsson A.，et al. High prevalence and putative lineage maintenance of avian coronaviruses in scandinavian waterfowl［J］. PLoS One，2016，11（3）：e0150198.

［11］Jonassen C. M.，Kofstad T.，Larsen I. L.，et al. Molecular identification and characterization of novel coronaviruses infecting graylag geese（*Anser anser*），feral pigeons（*Columbia livia*）and mallards（*Anas platyrhynchos*）［J］. J Gen Virol，2005，86（Pt 6）：1597-1607.

［12］ Liu S.，Chen J.，Chen J.，et al. Isolation of avian infectious bronchitis coronavirus from domestic peafowl（*Pavo cristatus*）and teal（*Anas*）［J］. J Gen Virol，2005，86（Pt 3）：719-725.

［13］ 姚四新，王宪文，周晓丽，等. 鸭源性冠状病毒RT-PCR检测方法的建立及应用［C］. 重庆：中国畜牧兽医学会禽病学分会第十五次学术研讨会，2010.

［14］ Cavanagh D. Coronaviruses in poultry and other birds［J］. Avian Pathol，2005，34（6）：439-448.

［15］ Felippe P. A.，da Silva L. H.，Santos M. M.，et al. Genetic diversity of avian infectious bronchitis virus isolated from domestic chicken flocks and coronaviruses from feral pigeons in Brazil between 2003 and 2009［J］. Avian Dis，2010，54（4）：1191-1196.

［16］ Muradrasoli S.，Mohamed N.，Hornyak A.，et al. Broadly targeted multiprobe QPCR for detection of coronaviruses：Coronavirus is common among mallard ducks（*Anas platyrhynchos*）［J］. J Virol Methods，2009，159（2）：277-287.

［17］ Escutenaire S.，Mohamed N.，Isaksson M.，et al. SYBR Green real-time reverse transcription-polymerase chain reaction assay for the generic detection of coronaviruses［J］. Arch Virol，2007，152（1）：41-58.

［18］ Qiu Y.，Wang S.，Huang B.，et al. Viral infection detection using metagenomics technology in six poultry farms of Eastern China［J］. PLoS One，2019，14（2）：e0211553.

［19］ 王度林，范泉水，齐桂凤，等. 鸭冠状病毒的分离鉴定［J］. 中国畜禽传染病，1996（1）：25-27.

［20］ 温立斌，张福军，王增利，等. 从鹅体分离出一株类冠状病毒［J］. 中国家禽，2001（2）：47.

［21］ 钱华冬，吴祖立，朱建国，等. 鸽源冠状病毒PSH中国分离株S1基因克隆及分子进化分析［J］. 畜牧兽医学报，2006（5）：514-517.

［22］ Martini M. C.，Caserta L. C.，Dos Santos M.，et al. Avian coronavirus isolated from a pigeon sample induced clinical disease，tracheal ciliostasis，and a high humoral response in day-old chicks［J］. Avian Pathol，2018，47（3）：286-293.

［23］ Jordan B. J.，Hilt D. A.，Poulson R.，et al. Identification of avian coronavirus in wild aquatic birds of the central and eastern USA［J］. J Wildl Dis，2015，51（1）：218-221.

［24］ 范继山，鸵鸟常见的病毒疾病［J］. 当代畜禽养殖业，2012（10）：50-53.

［25］ Woo P. C.，Lau S. K.，Lam C. S.，et al. Comparative analysis of complete genome sequences of three avian coronaviruses reveals a novel group 3c coronavirus［J］. J Virol，2009，83（2）：908-917.

［26］ 方谱县，方六荣，董楠，等. 猪δ冠状病毒的研究进展［J］. 病毒学报，2016，32（2）：243-248.

［27］ Woo P. C.，Lau S. K.，Lam C. S.，et al. Discovery of seven novel mammalian and avian coronaviruses in the genus deltacoronavirus supports bat coronaviruses as the gene source of alphacoronavirus and betacoronavirus and avian coronaviruses as the gene source of gammacoronavirus and deltacoronavirus［J］. J Virol，2012，86（7）：3995-4008.

（李阳、庄青叶）

第十一章
犬肠道冠状病毒病

目前感染犬的冠状病毒主要包括犬肠道冠状病毒和犬呼吸道冠状病毒两种，分属于 α 冠状病毒属和 β 冠状病毒属，犬感染后分别产生以消化道和呼吸道为主的临床表现。一般犬冠状病毒指的是犬肠道冠状病毒，犬感染后以呕吐、腹泻和脱水等为主要临床特征，发病迅速，致死率不高。但近年来在欧洲首次出现的泛嗜性犬冠状病毒对犬具有较高的致死率。此外，在新冠肺炎疫情暴发后，有关犬偶发感染新型冠状病毒的报道，应引起高度关注。

第一节 概 述

一、定义

犬肠道冠状病毒病，又称犬冠状病毒性腹泻，是由犬肠道冠状病毒（Canine coronavirus，CCoV）感染引起的犬的一种以胃肠炎为主要症状的急性、高度接触性消化道传染病，以呕吐、腹泻和脱水等症状为主要特征。本病显著特点为发病迅速、致死率不高，易复发。

二、流行与分布

Bein 等于 1971 年从德国暴发胃肠炎的军犬粪便中首次分离到犬冠状病毒[1]。比利时、澳大利亚、法国、英国、泰国等 1978 年相继报道了本病的发生。目前本病在世界范围内呈暴发流行[2]。2005 年意大利首次发现一种可造成全身性感染的泛嗜性冠状病毒 CB/05 株，具有较高的致死率[3,4]。此后，希腊、法国、比利时、匈牙利和巴西等先后有泛嗜性冠状病毒的报道，呈全球蔓延趋势[5]。

我国于 1985 年首次发现犬冠状病毒的流行，1995 年首次分离到病毒[6]。目前在江苏、辽宁、吉林、北京、江西、黑龙江、吉林、山东、陕西等地的军犬、宠物犬及试验犬证实存在本病的流行[7,8]。我国目前还没有关于泛嗜性犬冠状病毒的报道。

三、危害

犬冠状病毒经消化道传播，2d 后病毒到达十二指肠上部，主要侵害小肠绒毛 2/3 处的吸收细胞。患犬主要表现为呕吐和腹泻，严重病犬精神不振，呈嗜睡状，食欲减少或废绝。病程7～10d，有些病犬尤其是幼犬发病后1～2d内死亡，成年犬很少死亡。幼犬的发病率几乎100％，病死率约为50％。2009年从死亡的大熊猫中也分离到犬冠状病毒。近年来出现了犬冠状病毒变异株，可导致犬全身感染，造成犬较高的死亡率，对养犬业、经济动物养殖业和野生动物保护造成重大威胁。

第二节 病 原 学

一、分类和命名

犬冠状病毒在分类地位上属于套式病毒目（*Nidovirales*）、冠状病毒科（*Coronaviridae*）、正冠状病毒亚科（*Orthocoronavirinae*）、α冠状病毒属（*Alphacoronavirus*）的成员。同属中还包括猫冠状病毒、猫传染性腹膜炎病毒、猪流行性腹泻病毒和人冠状病毒229E等。犬冠状病毒有两个基因型，即基因 I 型和基因 II 型。

二、形态结构和化学组成

犬冠状病毒具有冠状病毒的一般形态特征，呈球形或椭球形，直径75～165 nm，有囊膜，囊膜表面有花瓣状纤突，长度约为20 nm（图11-1）。病毒在CsCL中的浮密度为1.24～1.26 g/cm³。

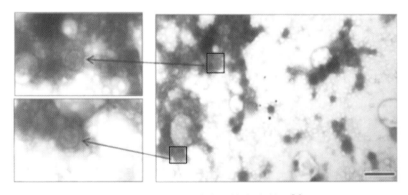

图 11-1　犬冠状病毒电镜负染结果[9]

三、生物学特性

犬冠状病毒分离培养难度较大，4℃以上病毒存活时间较短，在高温条件下粪便中病毒的存活率明显降低。4℃条件下，病毒在培养基或无菌病毒运输液中的感染性可保持数天，－20℃或－70℃至少可保持数年。在37℃或者室温数天会失去感染性。目前尚未发

现病毒具有血凝性。

犬冠状病毒能在犬肾细胞、胸腺滑膜细胞和 A-72 细胞系中生长增殖，导致细胞变圆、融合或界限不清、细胞脱落等病变。病毒还可在猫肾细胞和猫胚成纤维细胞上生长。

犬冠状病毒与猫传染性腹膜炎病毒和猪传染性胃肠炎病毒的抗血清可发生交叉免疫反应，说明这三种病毒之间存在共同抗原性。

四、对理化因子敏感性

犬冠状病毒对热敏感，对氯仿、乙醚、脱氧胆酸盐敏感；对胰蛋白酶和酸有抵抗力。冻融极易脱落，失去感染性。甲醛和紫外线可使病毒灭活，pH3.0、20～22℃条件下不能灭活。病毒在粪便中可存活 6～9d。

五、基因组结构和功能

犬冠状病毒为 RNA 病毒，其基因组为线性单股正链 RNA，大小为 28～32 kb，不分节段、多顺反子结构，非编码区包括 5′端的帽子结构和 3′端的 poly（A）尾巴[10]。病毒的转录必须有依赖 RNA 的 RNA 聚合酶存在。基因组包含 10 个开放阅读框（ORF），5′端的 2/3 部分为复制酶的基因，负责编码 Repla 和 Replb 两个多聚蛋白。其余部分的基因组为结构蛋白的编码基因，包含 8 个 ORF，从 5′端到 3′端依次为纤突蛋白（S）编码基因、ORF3a、ORF3b、ORF3c、小膜蛋白（E）编码基因、膜蛋白（M）编码基因、核衣壳蛋白（N）编码基因及 ORF7a，除 S、E、M、N 外，其他非结构蛋白的基因功能未知。ORF3a、ORF3b 和 ORF3c 基因中存在交叉碱基重叠，ORF1b 与 S 相邻，其余各 ORF 间由内含子分隔开[11]。

六、 病毒的遗传变异

不同动物来源的冠状病毒间可发生基因重组，致病性和抗原性出现差异或产生新的基因型毒株，甚至亚种。目前报道，犬冠状病毒有一个血清型，两个基因型，Ⅱ型是我国目前的主要流行毒株（图 11-2）。基因Ⅱ型又可分为Ⅱa 和Ⅱb 两个亚型。基因Ⅰ型与猫冠状病毒遗传进化较为接近，Ⅱ型与猪传染性胃肠炎病毒较为接近。在犬群中还发现了与猪传染性胃肠炎病毒相关的重组犬冠状病毒[12]。

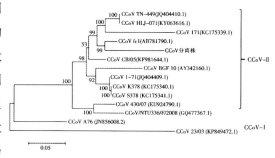

图 11-2 CCoV 3′端区域遗传进化分析[9]

泛嗜性犬冠状病毒在遗传上与Ⅱa 亚型最为接近，唯一区别是在 ORF3b 缺少了 38 个碱基[3]。

七、 致病机制

人工感染试验时，经口接种易感犬 2d 后，病毒到达十二指肠上部，主要侵害小肠绒毛 2/3 处的吸收细胞。病毒经胞饮作用进入微绒毛之间的肠细胞，在胞质空泡的平滑膜上出芽。增殖后细胞膜破裂，病毒随脱落的感染细胞进入肠腔内，进而感染小肠整个肠段的绒毛上皮细胞，导致小肠绒毛变短变粗，严重影响消化酶和小肠的吸收功能，引起腹泻症状。随后，小肠组织学结构逐渐恢复，临床症状逐渐消失，患病犬排毒减少并终止。康复犬血清中产生中和抗体。

第三节 流行病学

一、传染源

病犬和带毒犬是主要传染源。病毒主要经呼吸道、消化道向环境排出，病毒污染的饲料和饮水、用具、犬舍及运动场等是重要传染源。人工感染的试验犬，潜伏期一般为 1～3d。被粪便等污染物污染的水数天后检测，病毒仍具有感染性。

二、传播途径

病毒通过直接接触和间接接触，经呼吸道和消化道传染给健康犬及其他易感动物。

三、易感动物

本病可感染犬、貂和狐狸等犬科动物，不同品种、性别和年龄的犬都可感染，但幼犬最易感染。大熊猫等珍稀动物也有感染犬冠状病毒的报道[13]。

四、流行特点

本病一年四季均可发生，但多发于冬季。气候突变、卫生条件差、犬群密度过大、应激、断奶转舍及长途运输等对本病有诱发作用。

第四节 临床诊断

一、临床症状

犬冠状病毒病临床症状轻重不一，有的无明显症状，有的可呈现致死性胃肠炎症状。

病犬常表现为衰弱、嗜睡、精神不振、厌食。病犬表现高度脱水、消瘦、眼球下陷、皮肤弹力下降。多数体温变化不明显，白细胞数量正常或稍低。早期可见持续性呕吐，症状可达数天，随后出现腹泻，粪便不成型或呈稀粥或水样。排泄物呈黄绿色或橘红色，有恶臭味，有的病犬粪便中混有少量黏液，有的病犬粪便中混有少量血液。幼犬病死亡率较高。成年犬发病一般不死亡，对症治疗后 1 周左右可恢复。

泛嗜性犬冠状病毒感染常引发严重的临床症状，表现为发热、精神沉郁、食欲废绝、呕吐、出血性腹泻和神经症状（共济失调或抽搐）等，致死率较高。

二、剖检病变

感染普通犬肠道冠状病毒，剖检病变主要表现为胃肠炎。可见胆囊肿大；肠壁变薄，肠腔内充满黄绿色或白色、紫红色的血样液体，肠黏膜脱落、充血和出血；胃内有黏液，胃黏膜脱落、出血。

感染泛嗜性犬冠状病毒的病死犬，剖检病变除严重胃肠炎之外，扁桃体、肺、肝、脾和肾等脏器也具有明显病变。可见出血性胃肠炎，小肠中度到重度肠炎；肺部可见明显的大叶性肺炎、亚急性支气管肺炎，并伴有胸腔积液；肝脏充血、出血，脾脏肿大、出血；淋巴结萎缩，有出血点；肾脏有出血点。

三、病理变化

普通犬肠道冠状病毒感染后的组织病理学变化主要表现为小肠绒毛变短、融合，隐窝变深，绒毛长度与隐窝深度的比值显著减小。肠上皮细胞变性、变平，胞质内出现空泡。肠黏膜固有层水肿、炎性细胞浸润，杯状细胞的内容物排空。

泛嗜性犬冠状病毒感染后，组织病理学检查可见多个组织和器官的显微结构发生病变。最严重的在肠道，小肠黏膜萎缩，绒毛脱落、坏死，肠隐窝坏死，黏膜固有层单核细胞浸润；肺部支气管病变严重，出现由纤维素性或脓性渗出液组成的病灶；肝细胞弥漫变性、脂肪变性或出现萎缩；肾脏皮质弥漫性病变，肾脏髓质凝固性坏死，周围充血及小动脉壁变性；脾脏淋巴细胞消耗殆尽，脾脏弥漫性纤维素变性和动脉坏死；淋巴结滤泡中心的细胞消耗枯竭，淋巴结萎缩，萎缩淋巴结内白细胞溶解，实质内巨噬细胞浸润，出现出血和充血现象[5]。

四、鉴别诊断

根据流行病学、临床症状及剖检变化可进行初步诊断，确诊则需要进行实验室检查。

第五节 实验室诊断

一、样品采集

取有临床症状的病犬的新鲜粪便，氯仿处理，低速离心后，取上清液，用于电镜检测；或粪便经常规处理，进行病毒的分离、鉴定。

二、血清学检测技术

实验室常用基于标准血清的中和试验来鉴定本病毒。粪便样品经常规处理后，接种至犬肾原代细胞，出现细胞病变后，取培养物与已知标准阳性血清进行中和试验，鉴定病毒。

应用于诊断本病的血清学技术还有补体结合试验、免疫荧光试验、胶体金试验、反向免疫电泳试验、乳胶凝集试验和 ELISA 等。血清学方法可确定犬感染本病毒，但不能区分或确定病毒的血清型或基因型。

三、病原学检测技术

分子诊断技术是针对犬冠状病毒建立的病原学检测技术，具有快速、灵敏性和特异性高的特点。目前基于 M 基因的检测方法有 PCR、RT-PCR、双重纳米 RT-PCR[14]。

第六节 预防与控制

一、疫苗

美国辉瑞已研制出预防本病的灭活疫苗（八联苗：犬瘟热病毒、细小病毒、Ⅰ型腺病毒、Ⅱ型犬腺病毒、犬副流感、钩端螺旋体、冠状病毒、出血黄疸性钩端螺旋体），国外使用较多，我国使用较少，预防效果有待进一步验证。由于成年犬患病后多可自愈，疫苗免疫效果的保护性评价较难。另外，本病毒的不同分离株抗原性存在差异，部分分离株交叉免疫力弱，增加了疫苗研制的难度。也有学者认为，本病毒虽然可激发宿主产生肠道局部黏膜免疫，但免疫力不易产生且持续时间较短，疫苗研制困难较大。

二、抗病毒药物

本病无特效治疗药物，宜采用对症疗法，如补液、消炎和止吐，防止其他病原继发感染。对症治疗后大部分病犬可康复。

三、其他措施

由于病犬可通过粪便排毒，污染环境传播本病，并且传播迅速。因此，怀疑或确诊犬患本病后，应及时隔离病犬，病犬粪便和场地及时清理并进行消毒处理。次氯酸钠、漂白粉和甲醛是有效的消毒剂。用 0.2%～1% 的甲醛或 1：30 的漂白粉对病犬场地或环境进行消毒。另外，应加强犬的饲养管理，对犬舍用具、场地、工作服等定期消毒。对患犬给予新鲜、清洁和易消化的食物。亦可补充益生菌等保健产品。

▶ **主要参考文献**

［1］ Binn L. N.，Lazar E. C.，Keenan K. P.，et al. Recovery and characterization of a coronavirus from military dogs with diarrhea［J］. Proc Annu Meet U S Anim Health Assoc，1974（78）：359-366.

［2］ Decaro N.，Cordonnier N.，Demeter Z.，et al. European surveillance for pantropic canine coronavirus［J］. J Clin Microbiol，2013，51（1）：83-88.

［3］ Decaro N.，Martella V.，Elia G.，et al. Molecular characterisation of the virulent canine coronavirus CB/05 strain［J］. Virus Res，2007，125（1）：54-60.

［4］ Haligur M.，Ozmen O.，Sezer K.，et al. Clinical，Pathological and immunohistochemical findings in diarrheic dogs and evaluation of canine parvoviral and coronaviral enteritis［J］. Journal of Animal and Veterinary Advances，2009，8（4）：720-725.

［5］ 李毅恒，刘凤军，张玉玲，等. 泛嗜性犬冠状病毒的研究进展［J］. 黑龙江畜牧兽医，2017（21）：64-67，293.

［6］ 徐汉坤，金淮，郭宝发. 一起由犬冠状病毒和犬细小病毒引起的犬传染性肠炎［J］. 家畜传染病，1985（1）：51，55.

［7］ Tennant B. J.，Gaskell R. M.，Jones R. C.，et al. Studies on the epizootiology of canine coronavirus［J］. Vet Rec，1993，132（1）：7-11.

［8］ 张伯强，陆承平，陈怀青. ELISA 法检测犬腹泻粪样中的犬冠状病毒［J］. 中国兽医学报，1997（5）：22-24.

［9］ 王静，秦彤，由欣月，等. 北京地区犬冠状病毒的分离鉴定及遗传进化分析［J］. 中国兽医科学，2019，49（1）：92-98.

［10］ Decaro N.，Mari V.，Dowgier G.，et al. Full-genome sequence of pantropic canine coronavirus［J］. Genome Announc，2015，3（3）.

［11］ Sanchez-Morgado J. M.，Poynter S.，Morris T. H. Molecular characterization of a virulent canine coronavirus BGF strain［J］. Virus Res，2004，104（1）：27-31.

［12］ Decaro N.，Mari V.，Campolo M.，et al. Recombinant canine coronaviruses related to transmissible gastroenteritis virus of swine are circulating in dogs［J］. J Virol，2009，83（3）：

1532-1537.

［13］Gao F. S.，Hu G. X.，Xia X. Z.，et al. Isolation and identification of a canine coronavirus strain from giant pandas（*Ailuropoda melanoleuca*）［J］. J Vet Sci，2009，10（3）：261-263.

［14］王静，梁琳，逄春华，等. 犬冠状病毒 SYBR Green I 荧光定量 RT-PCR 检测方法的建立［J］. 中国兽医科学，2017，47（10）：1207-1213.

（梁瑞英、崔尚金）

第十二章
犬呼吸道冠状病毒病

犬呼吸道冠状病毒是导致犬传染性呼吸道疾病的常见病原体之一，在分类地位上属于β冠状病毒成员，主要侵害上呼吸道并引起轻度的呼吸道症状。犬传染性呼吸道疾病是一种容易在群居犬中流行的疾病综合征，也称为"犬窝咳"，经常是多种病原体混合感染的疾病，如犬副流感病毒、犬腺病毒2型、犬疱疹病毒1型、支气管败血波氏杆菌等。近年来发现，一些新的病原体，如犬呼吸道冠状病毒，开始在犬传染性呼吸道疾病中流行。犬呼吸道冠状病毒与犬肠道冠状病毒具有显著差异，犬肠道冠状病毒属于α冠状病毒，犬感染后主要引起胃肠炎等消化道症状。

第一节　概　　述

一、定义

犬呼吸道冠状病毒病，是由犬呼吸道冠状病毒（Canine respiratory coronavirus，CRCoV）感染引起的犬的一种呼吸道传染病，常见于犬传染性呼吸道疾病（Canine infectious respiratory disease，CIRD）早期，主要侵害上呼吸道并产生轻微的呼吸道症状，临床上易与其他呼吸道病原体混合感染。

二、流行与分布

本病于2003年首次从英国一个大型流浪动物收容中心发现[1]。目前该病在全球范围内密闭性的犬收容所中流行，呈现地方性流行。从全球流行趋势来看，犬呼吸道冠状病毒在我国流行的可能性很大。由于犬呼吸道冠状病毒单独感染致病性不强，在国内未引起重视。对2016年我国成都地区动物医院采集的420份有呼吸道症状的犬鼻腔拭子进行RT-PCR检测，结果检出247份犬呼吸道冠状病毒阳性，阳性率高达58.81%，与犬瘟热混合感染的检出率为41.19%。表明该地区犬呼吸道冠状病毒感染较为严重[2]。

三、危害

该病毒通常会引起轻微的持续咳嗽和流鼻涕等临床症状，具有高度传染性。病毒主要存在于气管和咽扁桃体，具有明显的呼吸道组织嗜性。虽然犬呼吸道冠状病毒单纯感染造成的危害不大，但容易伴随继发感染，对犬的健康造成较大的危害。

第二节 病 原 学

一、分类和命名

犬呼吸道冠状病毒在分类地位上属于套式病毒目（*Nidovirales*）、冠状病毒科（*Coronaviridae*）、正冠状病毒亚科（*Orthocoronavirinae*）、β冠状病毒属（*Betacoronavirus*）、*Embecovirus* 亚属、*Betacoronavirus* 1 种的成员。

二、病毒形态结构

大多数病毒颗粒呈圆形，少数呈多样性，直径 80～160 nm。

三、对理化因子敏感性

犬呼吸道冠状病毒对热敏感，75℃加热 45 min 可以完全杀灭。甲醛、过氧化氢、戊二醛、75％的乙醇均可有效灭活病毒。

四、毒株分类

犬呼吸道冠状病毒仅有一个血清型，与牛冠状病毒有抗原交叉反应。有研究认为，犬呼吸道冠状病毒是由牛冠状病毒变异产生的跨种传播[3]。

五、基因组结构和功能

犬呼吸道冠状病毒基因组为单股正链 RNA 病毒。目前只有 BJ232（30 868 bp）和 K37（31 028 bp）两株病毒的基因组序列。系统进化树分析发现，犬呼吸道冠状病毒属于β冠状病毒，与牛冠状病毒遗传关系最近。犬呼吸道冠状病毒与犬肠道冠状病毒不同，二者在高度保守的聚合酶区域仅显示 69％核苷酸同源性，而 S 蛋白仅显示 21％的氨基酸序列同源性，表明犬呼吸道冠状病毒是犬的一种新型冠状病毒。病毒包膜中的结构蛋白包括纤突蛋白（S）、膜蛋白（M）和小膜蛋白（E）。β冠状病毒大多数成员都包含一个额外的编码表面血凝素酯酶蛋白 HE 的基因。

六、 病毒的遗传变异

冠状病毒遗传进化比较复杂，具有高突变率和重组的现象，这使得种间变异、种间宿主变异和新型冠状病毒容易出现[4-7]。β冠状病毒包括犬呼吸道冠状病毒、牛冠状病毒和人冠状病毒（HCoV-OC43）等。Kin等研究发现，牛冠状病毒和 HCoV-OC43 具有 96％以上的核苷酸同源性，HCoV-OC43 可能是牛与人之间人畜共患病传播的结果[8,9]。此外，犬呼吸道冠状病毒和牛冠状病毒之间存在 97.3％的核苷酸同源性，且牛冠状病毒抗原与犬呼吸道冠状病毒抗体之间存在交叉反应性[1]。犬呼吸道冠状病毒、牛冠状病毒和 HCoV-OC43 通过唾液酸或硫酸乙酰肝素附着在细胞表面，并具有相同的受体分子[10]。

七、 致病机制

犬呼吸道冠状病毒对犬的呼吸道表现出明显的组织嗜性。研究发现，组织病理学变化通常与犬传染性呼吸道疾病早期发病相关，即轻度至中度气管、支气管炎。因此，推测犬呼吸道冠状病毒会损害上呼吸道的黏膜纤毛，使犬容易发生继发感染。通过体外感染犬呼吸道冠状病毒的犬气管培养系统，发现黏膜纤毛清除率降低；除了组织病理学变化，犬的白细胞数量发生显著变化，病毒感染 6～14d 后，淋巴细胞显著增多，许多犬的中性粒细胞浓度下降，某些个体表现中性粒细胞减少症[11,12]。宿主抗病毒反应为病毒在宿主内复制和传播提供了机会。其他β冠状病毒可通过被动抑制和主动抑制转录因子 IRF-3 来抑制抗病毒效应基因的激活，从而抑制促炎性细胞因子的产生。一项体外研究结果表明，犬呼吸道冠状病毒还能够在感染的早期阶段抑制促炎性细胞因子和趋化因子的诱导。研究发现，48h 内抑制了 3 种关键的促炎细胞因子，即 IL-6、IL-8 和肿瘤坏死因子 α 的信使 RNA（mRNA）表达水平。接种后组织内的病毒载量保持稳定[13]。犬呼吸道冠状病毒的发现及其随后的发病机理表明犬呼吸道冠状病毒在犬传染性呼吸道疾病中引起的危害较重，不仅可直接造成细胞损伤，同时影响宿主免疫系统，进而造成更严重的继发感染。

第三节 流行病学

一、传染源

病犬和带毒犬是本病的主要传染源。病犬主要通过呼吸道和消化道随鼻液、口涎和粪便向外排毒，污染饮水、笼具和周围环境，直接或间接传染易感动物。一旦发病，在犬群中传播流行较难控制。

二、传播途径

犬呼吸道冠状病毒主要通过呼吸道分泌物传播。这种传播方式导致犬呼吸道冠状病毒具有很强的传染性，尤其在群居犬中容易传播流行。血清学检测表明，犬进入犬舍 3 周后，几乎所有的犬呈现抗体阳性，而进入犬舍第 1 天，抗体阳性率仅为 30％[4]。

三、易感动物

目前仅从犬体内分离到犬呼吸道冠状病毒，但也可能感染貂、狐等其他犬科动物。不同年龄、性别、品种均可感染，其中幼犬发病率高。

四、流行特点

犬呼吸道冠状病毒感染可发生于所有年龄段的犬。成年犬比小于 1 岁的幼犬更容易出现血清抗体阳性[4,14]。这与肠炎型犬冠状病毒流行不同，后者常见于 1 岁以下的犬[15]。这可能由于两种病毒传播方式不同。犬呼吸道冠状病毒血清阳性率在犬 1 岁以后升高，然后在 2～8 岁达到稳定期，可能由于与其他犬的接触增加而暴露于病毒的概率升高。犬呼吸道冠状病毒在犬群中的迅速传播表明该病毒具有高度传染性。该病在全年都可检出，但冬季多发，与犬肠道冠状病毒流行情况类似。

五、分子流行病学

目前，英国、爱尔兰、意大利、美国、加拿大和日本已经进行了血清学研究，其中加拿大和美国犬群血清抗体阳性率最高，分别达到 59.1％ 和 54.7％。在美国 33 个州收集的样本中，有 29 个州鉴定出了阳性样本。英国和爱尔兰的阳性率相对稍低，分别为 36％ 和 30.3％[4]。在意大利进行的研究表明血清阳性率在 20％～32.5％ 之间[14,16]。日本的血清阳性率最低，为 17.8％[17]。推测分析，犬呼吸道冠状病毒可能遍布美国和其他欧洲国家。病毒主要在冬季流行，但在患有犬呼吸道疾病的犬舍中全年均能检测到犬呼吸道冠状病毒。通常夏季犬呼吸道冠状病毒抗体阴性，相关病例也较少[18]。犬呼吸道冠状病毒的流行特征与引起普通感冒的人类冠状病毒相似[19]。

第四节 临床诊断

犬呼吸道冠状病毒感染犬一般不具有典型的临床症状，常与其他病原体混合感染，因此，基于临床症状仅可做出初步诊断。

一、临床症状

犬呼吸道冠状病毒感染多见于犬呼吸道疾病早期，可引起典型的呼吸道症状，包括干咳和流鼻涕，且常合并感染犬副流感病毒和 B 型支气管败血病[18]。免疫力较强的犬可能无明显的临床症状。与其他犬呼吸道病原体类似，单纯呼吸道冠状病毒感染犬可能仅表现亚临床或无症状病程。但犬呼吸道冠状病毒在呼吸道上皮中的复制可能会损害黏膜纤毛系统，导致其他呼吸道病原体引起更严重的临床感染过程。有学者将自然感染病例分为四级，即无呼吸道症状、轻度呼吸道症状（咳嗽、鼻分泌物）、中度呼吸道症状（咳嗽、鼻分泌物和食欲不振）和严重呼吸道症状（支气管肺炎），其中轻度呼吸道症状的犬气管中病毒检出率最高，而症状严重的犬常检测不到犬呼吸道冠状病毒，可能是随着犬呼吸道疾病病程的发展，混合感染导致其他病原体破坏大量呼吸道上皮，导致犬呼吸道冠状病毒难以增殖。此外，在疾病后期，犬的免疫系统也可能将大量病毒清除。

二、病理变化

关于自然感染犬呼吸道冠状病毒的病例的组织病理变化尚无相关报道。犬呼吸道冠状病毒病常涉及多种病原体。在实验室条件下，感染犬的气管病理切片 HE 染色后镜检，可发现呼吸道病变，上皮纤毛萎缩变性、数量减少、排列不整齐，杯状细胞变性且中性粒细胞浸润。免疫组织化学染色发现上皮纤毛和杯状细胞内存在抗原。攻毒 3~14d 内能够清楚观察到病理变化，有时还可以观察到细支气管周围和肺部血管周隙的淋巴细胞浸润，该变化不如上呼吸道病变典型[20]。

三、鉴别诊断

犬呼吸道冠状病毒感染可促进其他病原体的附着或抑制黏膜纤毛清除，从而易于其他病原体感染[17,21]。在评估其发病机理时，应考虑混合感染期间不同病原体之间的相互影响。可在死于出血性肠胃炎的犬的肺、脾、肠系膜淋巴结和肠中检测到犬呼吸道冠状病毒[16]。牛冠状病毒与犬呼吸道冠状病毒具有较高的相似性。犬人工感染牛冠状病毒后，在其直肠和口腔拭子中均能检测到牛冠状病毒，且产生特异性中和抗体。犬无发热、呼吸道或胃肠道疾病的任何临床症状。但与犬呼吸道冠状病毒相比，牛冠状病毒对犬的致病性较低[16]。

第五节　实验室诊断

一、样品采集

犬感染后，病毒可广泛存在于呼吸道组织和相关淋巴结中，如气管、腭扁桃体、鼻腔、咽扁桃体、支气管淋巴结、肺的尖叶和膈叶。其中气管和咽扁桃体是犬呼吸道冠状病毒最易感染和病毒含量最高的部位。由于该病毒最常在鼻腔中检出，故可采集犬鼻拭子、口咽拭子等，但检出率比气管低。病死的犬，应采集气管、鼻腔、扁桃体和肺等组织样本进行检测。

二、血清学检测

若 2~3 周后在犬呼吸系统疾病暴发期间采集血清样本，对于检测犬呼吸道冠状病毒感染非常有指导意义。因犬呼吸道冠状病毒和牛冠状病毒高度相似，可使用牛冠状病毒抗原进行 ELISA 检测犬血清中的抗体[1,16]。同样，在血清中和试验中，可使用牛冠状病毒代替犬呼吸道冠状病毒[17]。牛冠状病毒抗原血凝抑制试验的灵敏度和特异性比 ELISA 检测方法低[16]。使用犬呼吸道冠状病毒抗原的 ELISA 检测方法具有更高的灵敏度和特异性。两种 ELISA 检测方法的结果一致性较高[4]。免疫荧光检测发现，在感染犬呼吸道冠状病毒的人回盲肠癌细胞（HRT-18）中能够检测到犬呼吸道冠状病毒抗体[4]。研究发现，感染 HRT-18 的细胞培养物上清液，在 4℃ 时能凝集鸡红细胞，血凝测定法可用于检测犬呼吸道冠状病毒感染的细胞培养物[18]。

三、分子诊断

基于 S 基因和 HE 基因的巢式 RT-PCR 用于检测呼吸道样本中的犬呼吸道冠状病毒。该方法具有较高的灵敏度，在分析病毒量较少的口咽或鼻拭子等样本时特别有效。也可以通过细胞分离犬呼吸道冠状病毒。迄今为止，犬呼吸道冠状病毒的分离仅在 HRT-18 及其克隆细胞 HRT-18G 上获得成功[3]。即使使用 HRT-18 细胞，也经常从 RT-PCR 阳性样品中分离不到犬呼吸道冠状病毒[4,22,23]。犬呼吸道冠状病毒在 HRT-18 细胞上不能产生细胞病变，必须通过免疫荧光或 PCR 进行进一步鉴定。

第六节　　预防与控制

目前尚无针对犬呼吸道冠状病毒感染的疫苗和药物，本病主要以预防为主。由于冠状病毒主要免疫原蛋白（S蛋白）的相似性低，犬肠道冠状病毒和犬呼吸道冠状病毒抗原性差异较大，因此，针对犬肠道冠状病毒的疫苗无法预防犬呼吸道冠状病毒感染，针对其他呼吸道病原体的疫苗也无法预防犬呼吸道冠状病毒疾病。目前尚无关于犬呼吸道冠状病毒在环境中稳定性的报道，一般认为呼吸道分泌物传染性可超过 7d[22]。因此，需要在呼吸道疾病暴发后将犬舍进行彻底清洗和消毒。犬粪便及公用设施会导致犬呼吸道冠状病毒潜在传播风险。

其他综合防控措施，如在处理患有呼吸道疾病的犬后洗手，有助于降低病毒的传播。自然感染犬呼吸道冠状病毒的犬的排毒时间尚不明确。犬感染牛冠状病毒 11d 后可从其直肠中检测到病毒[24]。因此，新引进的犬应持续隔离 2 周以上。

▶ 主要参考文献

［1］ Erles K.，Toomey C.，Brooks H. W.，et al. Detection of a group 2 coronavirus in dogs with canine infectious respiratory disease［J］. Virology，2003，310（2）：216-223.

［2］ 张昕，黄坚，张萍，等. 成都地区宠物犬感染犬瘟热病毒和犬呼吸道冠状病毒的分子流行病学调查［J］. 中国畜牧兽医，2018，45（2）：486-492.

［3］ Erles K.，Shiu K. B.，Brownlie J. Isolation and sequence analysis of canine respiratory coronavirus［J］. Virus Res，2007，124（1-2）：78-87.

［4］ Priestnall S. L.，Brownlie J.，Dubovi E. J.，et al. Serological prevalence of canine respiratory coronavirus［J］. Veterinary Microbiology，2006，115（1-3）：43-53.

［5］ Decaro N.，Mari V.，Campolo M.，et al. Recombinant canine coronaviruses related to transmissible gastroenteritis virus of Swine are circulating in dogs［J］. J Virol，2009，83（3）：1532-1537.

［6］ Ren L.，Zhang Y.，Li J.，et al. Genetic drift of human coronavirus OC43 spike gene during adaptive evolution［J］. Sci Rep，2015，5：11451.

［7］ Zhao Y.，Zhang H.，Zhao J.，et al. Evolution of infectious bronchitis virus in China over the past two decades［J］. J Gen Virol，2016，97（7）：1566-1574.

［8］ Kin N.，Miszczak F.，Lin W.，et al. Genomic analysis of 15 human coronaviruses OC43（HCoV-OC43s）circulating in France from 2001 to 2013 reveals a high intra-specific diversity with new recombinant genotypes［J］. Viruses，2015，7（5）：2358-2377.

［9］ Kin N.，Miszczak F.，Diancourt L.，et al. Comparative molecular epidemiology of two closely related coronaviruses，bovine coronavirus（BCoV）and human coronavirus OC43（HCoV-OC43），reveals a different evolutionary pattern［J］. Infect Genet Evol，2016，40：186-191.

［10］ Szczepanski A.，Owczarek K.，Bzowska M.，et al. Canine respiratory coronavirus，bovine coronavirus，and human coronavirus OC43：receptors and attachment factors［J］. Viruses，2019，11（4）.

［11］ Bhatt P. N.，Jacoby R. O. Experimental infection of adult axenic rats with Parker's rat coronavirus［J］. Arch Virol，1977，54（4）：345-352.

［12］ Iacono K. T.，Kazi L.，Weiss S. R. Both spike and background genes contribute to murine coronavirus neurovirulence［J］. Journal of Virology，2006，80（14）：6834-6843.

［13］ Priestnall S. L.，Mitchell J. A.，Brooks H. W.，et al. Quantification of mRNA encoding cytokines and chemokines and assessment of ciliary function in canine tracheal epithelium during infection with canine respiratory coronavirus（CRCoV）［J］. Vet Immunol Immunopathol，2009，127（1-2）：38-46.

［14］ Priestnall S. L.，Pratelli A.，Brownlie J.，et al. Serological prevalence of canine respiratory coronavirus in southern Italy and epidemiological relationship with canine enteric coronavirus［J］. J Vet Diagn Invest，2007，19（2）：176-180.

[15] Tennant B. J., Gaskell R. M., Jones R. C., et al. Studies on the epizootiology of canine coronavirus [J]. Vet Rec, 1993, 132 (1): 7-11.

[16] Decaro N., Desario C., Elia G., et al. Serological and molecular evidence that canine respiratory coronavirus is circulating in Italy [J]. Veterinary Microbiology, 2007, 121 (3-4): 225-230.

[17] Kaneshima T., Hohdatsu T., Satoh K., et al. The prevalence of a group 2 coronavirus in dogs in Japan [J]. J Vet Med Sci, 2006, 68 (1): 21-25.

[18] Erles K., Brownlie J. Investigation into the causes of canine infectious respiratory disease: antibody responses to canine respiratory coronavirus and canine herpesvirus in two kennelled dog populations [J]. Archives of Virology, 2005, 150 (8): 1493-1504.

[19] Isaacs D., Flowers D., Clarke J. R., et al. Epidemiology of coronavirus respiratory infections [J]. Arch Dis Child, 1983, 58 (7): 500-503.

[20] Mitchell J. A., Brooks H. W., Szladovits B., et al. Tropism and pathological findings associated with canine respiratory coronavirus (CRCoV) [J]. Vet Microbiol, 2013, 162 (2-4): 582-594.

[21] Chalker V. J., Toomey C., Opperman S., et al. Respiratory disease in kennelled dogs: serological responses to *Bordetella bronchiseptica* lipopolysaccharide do not correlate with bacterial isolation or clinical respiratory symptoms [J]. Clin Diagn Lab Immunol, 2003, 10 (3): 352-356.

[22] Lai M. Y., Cheng P. K. and Lim W. W. Survival of severe acute respiratory syndrome coronavirus [J]. Clin Infect Dis, 2005, 41 (7): e67-71.

[23] Yachi A., Mochizuki M. Survey of dogs in Japan for group 2 canine coronavirus infection [J]. J Clin Microbiol, 2006, 44 (7): 2615-2618.

[24] Kaneshima T., Hohdatsu T., Hagino R., et al. The infectivity and pathogenicity of a group 2 bovine coronavirus in pups [J]. J Vet Med Sci, 2007, 69 (3): 301-303.

（梁瑞英、崔尚金）

第十三章
猫肠道冠状病毒病

猫可感染肠道冠状病毒和猫传染性腹膜炎病毒，并产生不同的临床表现。这两种猫冠状病毒都属于 α 冠状病毒的成员，属于猫冠状病毒不同的生物型，在致病性和组织嗜性上存在差异，但抗原性相同。此外，人工感染试验证实，新型冠状病毒 SARS-CoV-2 也可感染猫。新冠肺炎疫情暴发后，也有从新冠确诊患者饲养的猫和流浪猫中检出新型冠状病毒抗体阳性的报道，应引起高度关注。

第一节 概 述

一、定义

猫肠道冠状病毒病是由猫肠道冠状病毒（Feline enteric coronavirus，FECV）感染引起的猫的一种肠道传染病，以呕吐、腹泻、血便和血液中中性粒细胞数量下降为主要特征。主要引起幼猫肠炎。

二、危害

猫仅感染猫肠道冠状病毒后通常无明显临床症状，且呈慢性经过[1]。感染猫康复后仍有再次感染的风险，并隐性带毒，是导致该病毒持续传播和流行的主要原因之一。但当猫肠道冠状病毒的 S 基因和 3c 基因突变时，Ⅰ型猫肠道冠状病毒可能转变为具有强致病性的Ⅱ型猫传染性腹膜炎病毒（FIPV）[2]，因此在临床上仍需要引起高度关注。由于猫肠道冠状病毒感染的猫可长时间通过粪便排出病毒，导致本病在猫群中持续传播。

第二节 病 原 学

一、分类和命名

猫肠道冠状病毒在分类地位上属于冠状病毒科（*Coronaviridae*）、正冠状病毒亚科

（*Orthocoronavirinae*）、α 冠状病毒属（*Alphacoronavirus*）。

二、形态结构和化学组成

猫肠道冠状病毒是一种具有囊膜的单股正链 RNA 病毒，长约 29kb。形态与猫传染性腹膜炎病毒难以区分，呈多形态，略呈球状。直径 75～150nm，囊膜表面有长 12～24nm 的放射状排列的纤突，纤突末端呈球状且纤突之间有较宽的间隙。

病毒粒子的囊膜由双层脂质组成，在脂质双层中穿插有两种糖蛋白，即膜蛋白 M 和纤突蛋白 S。

三、对理化因子敏感性

病毒对外界理化因素抵抗力弱，对乙醚、氯仿和其他脂溶剂敏感，不耐热。大多数消毒剂可使其灭活。

四、毒株分类

猫冠状病毒可分为Ⅰ型和Ⅱ型两种血清型。Ⅰ型的代表株为 Pedersen 等分离的 FECV-UCD，该毒株的细胞培养困难，仅在巨噬细胞系上生长良好，病毒的产量低，对犬冠状病毒抗血清中和反应弱[3]；Ⅱ型的代表株为 Mckeirnan 等分离的 FIPV-79-1683，细胞容易培养，能在多种细胞系上生长，病毒产量高，对犬冠状病毒抗血清中和反应强。Ⅰ型和Ⅱ型在猫肠道冠状病毒和猫传染性腹膜炎病毒中均存在。

五、基因组结构和功能

猫肠道冠状病毒的 5′端非编码区包含约 310 个核苷酸并且包含先导序列以及转录序列[4-6]。3′端非编码区包含 poly（A）尾，长度约 275 个核苷酸。猫肠道冠状病毒主要包括 2 个非结构基因，分别编码复制酶 1a 和 1b；在猫肠道冠状病毒 3′端的前 1/3 基因组包含 4 个结构基因，分别编码纤突蛋白（S）、小膜蛋白（E）、膜蛋白（M）、核衣壳蛋白（N），其中 S 基因由两个亚基组成：S1（受体结合结构域，RBD）和 S2（融合结构域）。S1 亚基分为两个功能域：N-末端结构域（NTD）和 C-末端结构域（CTD）。S2 亚基由融合肽（FP）、两个七肽重复序列（HR1 和 HR2）、跨膜结构域（TM）和内结构域（E）组成。猫肠道冠状病毒还包含 5 个辅助基因，*3a*、*3b*、*3c*、*7a*、*7b*，分别位于基因组的不同位置，其中 *3a*、*3b* 和 *3c* 位于基因组的 S 和 E 基因之间[4,5]。

六、 病毒的变异和遗传

由于大部分家养猫来自繁育猫舍，猫肠道冠状病毒阳性率较高。而流浪猫多数处于独立生活的环境，猫肠道冠状病毒阳性率相对较低。群居动物的交叉感染对冠状病毒流行具有重要影响[7]。病毒基因变异和重组是冠状病毒致病性发生改变的基础，虽然 N 基因片段及其编码的氨基酸位点上的突变可能无法区分毒株的毒力强弱，但反映了病毒在宿主免疫系统选择压力下对环境的适应[8]。基于 N 基因片段序列分析发现，国内成都市的猫肠道冠状病毒与欧美及中国其他地区的病毒序列存在明显的地理分布差异，具有独特的进化特点[9]。

七、 致病机制

关于猫肠道冠状病毒的致病机制，科学界曾提出内部突变理论假说。研究认为，猫肠道冠状病毒对小肠绒毛上皮有趋向性，主要在肠上皮细胞中复制。猫传染性腹膜炎病毒由猫肠道冠状病毒突变产生，感染猫肠道冠状病毒的猫将陷入一个感染-痊愈-再感染的循环周期，而动物体内发生猫肠道冠状病毒突变会使病毒毒性增强并具有趋向性，且猫传染性腹膜炎病毒在动物之间水平传播的可能性较小。从局部上皮细胞到单核细胞、巨噬细胞的转移被认为是猫传染性腹膜炎病毒毒力增强的重要原因。Licitra 等研究发现，猫肠道冠状病毒的 S1/S2 序列有可能被 furin-like 蛋白酶切割，而猫传染性腹膜炎病毒具有 S1/S2 突变序列可能被其他蛋白酶激活。第二个 S 裂解位点 S2′（存在于猫冠状病毒两种血清型中）也参与猫冠状病毒的发病机制，但其与毒性和趋向性的关系尚不清楚。猫冠状病毒 S2′切割位点有特定的序列，其突变可能导致蛋白酶激活的改变，甚至可能改变病毒趋向性，导致猫肠道冠状病毒-猫传染性腹膜炎病毒的转变。3c 蛋白对肠道中猫肠道冠状病毒的复制至关重要，但对全身性猫传染性腹膜炎病毒复制是非必要的，并且研究表明其与猫冠状病毒毒力和趋向性的改变有关。

猫肠道冠状病毒在进入猫消化道后会定殖在肠道上皮细胞内并进行连续复制增殖，破坏肠道黏膜的完整性。这会引发局部黏膜炎症，使血清蛋白、血液或黏液进入肠腔，同时，白细胞还会在感染部位聚集和浸润，最终导致肠黏膜通透，临床表现为改变性腹泻。

第三节　流行病学

一、传染源

感染猫和健康带毒猫是本病主要传染源，可通过粪便等造成水平传播。

二、传播途径

猫肠道冠状病毒主要经粪-口途径传播，偶尔也可由唾液等传播[10,11]。

三、易感动物

各种日龄的猫均易感，其中 6～12 周龄的幼猫最为易感。

四、流行特点

该病主要感染幼猫，经消化道传播。由于母猫的初乳中含有特异性抗体，故哺乳期仔猫很少发病。幼猫感染时常表现为肠炎症状，成年猫则多呈隐性感染。患猫、健康带毒猫可经粪便途径排出大量病毒，感染康复猫体内仍可带毒，但不会发病。

五、分子流行病学

猫感染猫肠道冠状病毒后，大多呈隐性感染，一般不会表现明显的临床症状，或仅导致轻度的腹泻。然而，猫肠道冠状病毒偶尔也会引起严重的肠炎[12]。Herrewegh 等首次证实猫肠道冠状病毒可导致持续性感染[13]。从自然感染的猫粪便中可持续检测到猫肠道冠状病毒，在一些病例中能持续监测到 15 周以上，但病毒载量有所下降。这些研究表明猫肠道冠状病毒可诱导无症状持续感染，类似于自然感染。猫感染后几天就可从其粪便中检出病毒，排毒可持续数月[1,10]。在急性感染致死的猫体内，猫肠道冠状病毒对小肠下部到盲肠及肠绒毛顶部上皮有一种趋向性[10]。动物感染试验表明，胃肠道下部是猫肠道冠状病毒持续复制的主要部位[1,14]。猫肠道冠状病毒感染主要与胃肠道有关，但也能感染单核细胞，尽管复制效率较低，可扩散至全身[3,15-17]。

第四节　临床诊断

一、临床症状

本病主要使断乳仔猫发病。幼猫感染后 3～6d 出现低热、间歇性呕吐、精神沉郁、食欲减退。肠蠕动加快，粪便呈现水样、糊状，并带有新鲜血液。中性粒细胞可降到 50% 以下。随后出现嗜睡、肛门肿胀，如肠炎严重，即有脱水现象，但死亡率较低。在不继发感染的情况下，多数可自愈。

二、剖检病变

一般不表现明显的病变，但自然感染青年猫出现肠系膜淋巴结肿、肠水肿，粪便中有黏膜组织。除特别严重的病例外，肠道损伤大多可自行恢复。

三、病理变化

小肠绒毛顶端成熟上皮细胞形成合胞体，邻近绒毛融合，感染的上皮组织和绒毛脱落，其后柱状上皮增生，绒毛重建。荧光抗体检测冷冻切片发现，病毒主要存在于小肠和肠系膜淋巴结，在扁桃体和胸腺中较少，在肺、脾、肝和肾则检测不到病毒。以苏木精和伊红染色的组织块，通常不能明显显示小肠和其他器官的组织学损伤。

第五节　实验室诊断

一、样品采集

主要采集疑似患病猫的新鲜粪便。采集的粪便应放置于干净的塑料袋中。

二、血液检测

急性期血中的中性粒细胞下降到正常值的 50％ 以下。应注意与猫泛白细胞减少症进行鉴别诊断。

三、血清学监测技术

血清学评估抗体在猫肠道冠状病毒诊断中应用价值不高。调查显示，40％的宠物猫可检测到冠状病毒抗体阳性。猫肠道冠状病毒抗体阳性仅提示曾感染过病毒，不代表当前疾病的病因。

四、病原学检测技术

可以通过 RT-PCR 检测粪便中的病毒核酸，也可通过免疫组织化学或免疫荧光检测肠上皮细胞的病毒抗原，可通过电镜检测粪便或小肠上皮中典型的病毒粒子。病毒分离培养难度较大，可采用 Fcwf-4 （Felic catus whole fetus-4）、猪睾丸细胞系和猫肾细胞系等进行分离。

第六节　预防与控制

一、疫苗

目前针对本病尚无有效的疫苗。

二、抗病毒药物

目前针对该病还没有专门的抗病毒药物。

三、其他措施

一般对于病猫不必用全身疗法或抗生素即可自愈。肠炎严重而脱水时，应及时进行补液并加强营养。5 周龄内幼猫因可获得被动免疫力而不感染。刚断奶猫多呈隐性感染，但此时若与病猫接触，可引起严重肠炎。各年龄段的猫应分开饲养。猫断奶后要加强护理，可大大减少本病发生。临床多以对症治疗为主，止吐、止泻、静脉补液，使用抗生素控制细菌继发感染。可采用 0.2% 的福尔马林溶液或 0.5% 的苯酚溶液定期消毒水槽、食盆及粪便垃圾盒。

▶ 主要参考文献

［1］ Vogel L.，Van der Lubben M.，te Lintelo E. G.，et al. Pathogenic characteristics of persistent feline enteric coronavirus infection in cats［J］. Vet Res，2010，41（5）：71.

［2］ Vennema H.，Poland A.，Foley J.，et al. Feline infectious peritonitis viruses arise by mutation from endemic feline enteric coronaviruses［J］. Virology，1998，243（1）：150-157.

［3］ Pedersen N. C. An update on feline infectious peritonitis：Virology and immunopathogenesis［J］. Vet J，2014，201（2）：123-132.

［4］ Tekes G.，Hofmann-Lehmann R.，Stallkamp I.，et al. Genome organization and reverse genetic analysis of a type Ⅰ feline coronavirus［J］. J Virol，2008，82（4）：1851-1859.

［5］ Dye C.，Siddell S. G. Genomic RNA sequence of feline coronavirus strain FIPV WSU-79/1146［J］. J Gen Virol，2005，86（Pt 8）：2249-2253.

［6］ De Groot R. J.，Andeweg A. C.，Horzinek M. C.，et al. Sequence analysis of the $3'$-end of the feline coronavirus FIPV 79-1146 genome：comparison with the genome of porcine coronavirus TGEV reveals large insertions［J］. Virology，1988，167（2）：370-376.

［7］ Foley J. E.，Poland A.，Carlson J.，et al. Patterns of feline coronavirus infection and fecal shedding from cats in multiple-cat environments［J］. J Am Vet Med Assoc，1997，210（9）：1307-1312.

［8］ Battilani M.，Balboni A.，Bassani M.，et al. Sequence analysis of the nucleocapsid gene of feline coronaviruses circulating in Italy［J］. New Microbiol，2010，33（4）：387-392.

［9］ 张梦薇，陈艳，李妍，等. 成都市猫泛白细胞减少症病毒、星状病毒和肠道冠状病毒的分子流行病学调查［J］. 中国畜牧兽医，2019，46（5）：1447-1455.

［10］ Pedersen N. C.，Boyle J. F.，Floyd K.，et al. An enteric coronavirus infection of cats and its relationship to feline infectious peritonitis［J］. Am J Vet Res，1981，42（3）：368-377.

[11] Pedersen N. C. A review of feline infectious peritonitis virus infection: 1963-2008 [J] . J Feline Med Surg, 2009, 11 (4): 225-258.

[12] Kipar A., Kremendahl J., Addie D. D., et al. Fatal enteritis associated with coronavirus infection in cats [J] . J Comp Pathol, 1998, 119 (1): 1-14.

[13] Herrewegh A. A., Mahler M., Hedrich H. J., et al. Persistence and evolution of feline coronavirus in a closed cat-breeding colony [J] . Virology, 1997, 234 (2): 349-363.

[14] Kipar A., Meli M. L., Baptiste K. E., et al. Sites of feline coronavirus persistence in healthy cats [J] . J Gen Virol, 2010, 91 (Pt 7): 1698-1707.

[15] Meli M., Kipar A., Muller C., et al. High viral loads despite absence of clinical and pathological findings in cats experimentally infected with feline coronavirus (FCoV) type Ⅰ and in naturally FCoV-infected cats [J] . J Feline Med Surg, 2004, 6 (2): 69-81.

[16] Dewerchin H. L., Cornelissen E., Nauwynck H. J. Replication of feline coronaviruses in peripheral blood monocytes [J] . Arch Virol, 2005, 150 (12): 2483-2500.

[17] Kipar A., Baptiste K., Barth A., et al. Natural FCoV infection: Cats with FIP exhibit significantly higher viral loads than healthy infected cats [J] . J Feline Med Surg, 2006, 8 (1): 69-72.

（梁瑞英、崔尚金）

第十四章
猫传染性腹膜炎

猫传染性腹膜炎是由猫传染性腹膜炎病毒感染引起的一种慢性、致死性传染病，最早发生于20世纪60年代，目前呈全球分布。现在一般认为猫传染性腹膜炎病毒是猫肠道冠状病毒的突变毒株。猫肠道冠状病毒在体内变异后获得巨噬细胞嗜性，因此病毒感染的靶器官不仅仅局限于肠道，从而导致猫传染性腹膜炎的发生。

第一节　概　　述

一、定义

猫传染性腹膜炎（Feline infectious peritonitis，FIP）是由猫传染性腹膜炎病毒（Feline infectious peritonitis virus，FIPV）感染引起的猫的一种慢性、进行性、致死性传染病。根据临床表现差异，可将猫传染性腹膜炎分为渗出性和非渗出性两种，现在也有认为存在混合性。其中渗出性腹膜炎也称为湿性腹膜炎，以腹膜炎、腹腔内大量腹水聚集为主要特征；非渗出性腹膜炎也称为干性腹膜炎，以腹腔脏器形成肉芽肿以及脑部或眼部的病变为典型特征；当湿性和干性腹膜炎的症状同时出现时，则为混合性腹膜炎。同猫肠道冠状病毒类似，猫传染性腹膜炎病毒有2种血清型。

二、流行与分布

在20世纪50年代，美国波士顿某动物医院曾报道类似猫传染性腹膜炎的疾病。1978年Pedersen等人首次从巨噬细胞中分离培养到猫传染性腹膜炎病毒，从而确定了猫冠状病毒的存在[1]。随后，该病发病率持续上升，德国、日本、匈牙利、澳大利亚、瑞士各地先后确认了猫传染性腹膜炎的存在。多个国家的研究表明，血清I型的流行率比II型的流行率高，如1992年日本学者Hohdatsu等人对猫传染性腹膜炎病毒的不同血清型在猫群体中的流行情况进行研究，发现I型流行率较高[2]。健康猫也可携带猫传染性腹膜炎病毒。

三、危害

目前猫传染性腹膜炎仍是临床上较为严重的疾病，且无症状感染率较高。本病具有高度的传染性，常呈地方流行。此外，猫传染性腹膜炎病毒经常与猫白血病、猫免疫缺陷综合征、猫泛白细胞减少症等病毒混合感染，导致疾病更加严重复杂。

第二节　病 原 学

一、分类和命名

猫传染性腹膜炎病毒在分类地位上属于冠状病毒科（*Coronaviridae*）、α 冠状病毒属（*Alphacoronavirus*）、*Tegacovirus* 亚属、*Alphacoronavirus* 1 种的成员。根据其抗原性，猫传染性腹膜炎病毒有 2 种血清型，即 Ⅰ 型和 Ⅱ 型。Ⅰ 型通常难以在细胞中培养繁殖。有研究认为，Ⅱ 型由 Ⅰ 型猫传染性腹膜炎病毒和犬冠状病毒重组而成，且在细胞培养中较易增殖，具有较强的致突变性，能引起细胞突变[3]。猫冠状病毒具有猫传染性腹膜炎病毒和猫肠道冠状病毒两种生物型。二者除了致病性差异外，两种病毒复制方法也不同[4]。现在大多数学者认为猫传染性腹膜炎病毒来源于猫肠道病毒突变[5]。

二、病毒的基因组结构

猫传染性腹膜炎病毒是一种有囊膜的单股正链 RNA 病毒，其基因组约为 29kb，有 11 个 ORF，分别编码纤突蛋白 S、小膜蛋白 E、膜蛋白 M 和核衣壳蛋白 N 四种结构蛋白，以及辅蛋白 3a、3b、3c、7a、7b 和复制酶 1a、1ab 七种非结构蛋白。其中 3c 基因长 714 bp，编码 238 个氨基酸；7a 基因长 306 bp，编码 102 个氨基酸；7b 基因长 621 bp，编码 207 个氨基酸。3c 基因编码一种具有类似 M 蛋白的亲水性三跨膜蛋白，目前尚不清楚其功能。7a 和 7b 基因的产物是小的分泌型糖蛋白。

三、病毒的遗传变异

猫传染性腹膜炎病毒具有冠状病毒的典型特征，病毒基因组容易发生突变。猫传染性腹膜炎病毒本身可能就是猫肠道冠状病毒突变的结果。从猫肠道冠状病毒到猫传染性腹膜炎病毒的变异，与 ORF 3c、ORF 7b 和 S 蛋白基因的突变密切相关。研究表明，3c 基因可能与病毒致病性有关，在感染猫冠状病毒的无症状猫中，几乎所有 3c 基因都是完整的，然而在猫传染性腹膜炎病毒分离株和自然感染猫冠状病毒并引起腹膜炎的病猫中，均可观察到 3c 基因的缺失。从表现为腹膜炎的猫中检出的猫传染性腹膜炎病毒的大多数 3c 基因存在点突变或插入/缺失突变。研究表明，3c 蛋白可能与病毒的肠嗜性有关。有研究发现，与 ORF 3a、ORF 3b、ORF 3c 相比，ORF 7a、ORF 7b 在单核细胞和巨噬细胞的病毒复制中起着关键作用[6]。此外，ORF7a 和 ORF3c 编码的蛋白质组合似乎是 IFN-α 诱导抗病毒反应的有效拮抗剂[6]。Kennedy 等认为 7b 糖蛋白在病毒感染期间可诱导宿主抗体应答[7]。目前对于病毒变异的致病机制仍然存在争议。有专家认为，近年来猫传染性腹膜炎的持续暴发与这些遗传变异密切相关。

四、发病机理

现在一般认为，猫先是通过接触粪便等感染猫冠状病毒毒株。最初，病毒主要在猫肠道上皮细胞中进行复制，并可通过粪便排出体外。此时猫全身性感染仅表现为相对低水平的病毒复制，并且可维持较长时间，但不表现明显的疾病症状，或者表现为由单核细胞感染导致的全身性病毒血症[8]。研究表明，在肠内或单核细胞和巨噬细胞内复制的病毒通常会发生变异，对单核细胞和巨噬细胞的倾向性增强，从而使病毒在单核细胞和巨噬细胞中保持持续有效的复制[4]。更高水平的病毒复制导致单核细胞和巨噬细胞活化，病毒随后与内皮细胞相互作用并产生细胞因子，如化脓性肉芽肿可导致系统性损伤，如在肝脏的浆膜中形成大量灰色结节，或在肠系膜和肾脏中形成大量炎性浸润灶[9]。另外，被病毒感染的单核细胞产生的细胞因子、黏附分子和酶也介导了静脉炎和外周静脉炎[10]。

尽管猫肠道冠状病毒突变成猫传染性腹膜炎病毒后可以在单核细胞中持续有效地复制，但尚无报道病毒的单基因或多基因突变可以改变病毒的毒力并导致腹膜炎。猫传染性腹膜炎的易感性与猫的年龄、品种和性别有关，这表明其他因素在疾病发展过程中也起着重要作用。II 型猫传染性腹膜炎病毒感染猫表明：早期 T 细胞反应在很大程度上决定了疾病发展的进程。猫 γ 干扰素基因的单核苷酸多态性与猫对腹膜炎的抗性和易感性有关[11]。

阐明猫传染性腹膜炎病毒基因型和表型与病毒和宿主之间的关系仍然是当前研究猫传染性腹膜炎面临的一个挑战。细胞免疫增强有助于抵抗病毒感染，体液免疫增强将导致猫易发生渗出性腹膜炎，中间状态免疫应答将导致非渗出性腹膜炎。目前，猫冠状病毒感染宿主抑制机体免疫反应的机制尚未完全阐明。病毒影响宿主免疫反应的方式之一是通过释放肿瘤坏死因子 α 等物质来促进淋巴细胞凋亡[12]。一旦抗体存在，抗体将导致单核细胞表面的病毒迅速内化。机体可能通过这种机制产生 S 蛋白抗体来清除病毒感染。

第三节　流行病学

一、传染源

病猫和健康带毒猫是本病的主要传染源。

二、传播途径

感染猫可通过消化道进行水平传播，也可通过胎盘进行垂直传播。

猫感染病毒后，可通过唾液、粪便、尿液等将病毒排出体外，污染环境和食物等。易感动物通过直接接触感染猫或病毒污染物而经消化道感染。临床表现健康的持续感染猫是疾病的重要传染源，病毒可连续或间歇地通过粪便排出体外。

妊娠母猫可经胎盘将病毒垂直感染胎儿。人和吸血昆虫可机械传播病毒。

三、易感动物

尽管猫传染性腹膜炎可感染所有年龄段的猫科动物，但性成熟的猫和 2 岁内的猫患此病的风险最高，其次是 10 岁以上的猫科动物[13]。研究显示，雄性和未绝育的猫更容易发生猫传染性腹膜炎，可能与性激素水平影响免疫系统有关。纯种猫比杂种猫患病风险更高。波斯猫、缅甸猫、进口短毛猫、马克斯猫、俄罗斯蓝眼猫和暹罗猫患病风险较低，孟加拉猫、伯曼猫、喜马拉雅猫、布伦猫和雷克斯猫患病风险较高。除猫易感之外，虎、狮、豹等大型猫科动物也易感。

第四节 临床表现

一、临床症状

猫传染性腹膜炎的临床症状往往随着病程的变化而改变。患猫可表现多种临床症状，但该病通常没有典型的病理特征。患病猫可能没有任何临床症状，或仅表现不同程度的抑郁症和厌食症等。其他常见症状包括体重减轻、黏膜苍白、不明原因发热和角膜炎等。

二、剖检病变

根据腹腔和胸腔是否存在渗出液，可将猫传染性腹膜炎分为湿性、干性两种临床表现形式。此外，也有少数患猫同时存在干性猫传染性腹膜炎和湿性猫传染性腹膜炎，称为混合性猫传染性腹膜炎。随着疾病的发展，可能会从一种形式转变为另一种形式。在自然感染时，湿性猫传染性腹膜炎比干性猫传染性腹膜炎和混合性猫传染性腹膜炎更为常见。若发生干性猫传染性腹膜炎，病毒可通过单核细胞到达脑部与眼部，但由于血脑屏障和血眼屏障，免疫反应很难到达这些区域，因此中枢神经系统和眼睛更容易发生严重病变。

1. 湿性 FIP

由于患猫的细胞免疫反应较弱，抗体大量产生，导致病毒与猫体内的抗体结合形成免疫复合物大量沉积，造成炎性渗出，在腹腔和胸腔内聚集形成腹水和胸水。湿性猫传染性腹膜炎是体液免疫过度反应的表现。其典型症状是腹腔积液，外观可见腹围增大，初诊腹部有液体波动感。腹腔积液一般表现为黄色黏稠液体。少数猫可能出现心包积液。研究表明，猫心包积液中约 10% 是由猫传染性腹膜炎引起的。由于炎症扩散以及渗出液进入睾丸被膜，未去势的公猫可能会出现阴囊肿胀。也有少数猫可能会出现全身性滑膜炎，可能是由于免疫复合物或感染的巨噬细胞或单核细胞迁移到滑膜导致的。

2. 干性 FIP

一般呈慢性过程。干性猫传染性腹膜炎时，病毒的大量复制导致机体免疫系统在各部位做出过激反应并形成肉芽肿，以腹部脏器、中枢神经和眼睛等器官出现肉芽肿为典型特征，没有明显的体腔积液。肉芽肿样病变常见于结肠或回盲结肠的 T 型交界处，也可发生于小肠，腹部触诊显示肠壁增厚。在肉芽肿中存在大量巨噬细胞，并可在巨噬细胞中检出抗原。眼部损伤以虹膜炎最为常见。猫传染性腹膜炎的神经症状常因中枢神经系统的发病部位和严重程度不同而各异，最常见的是精神状态改变，其次是共济失调、眼球震颤，还有癫痫、跛行和瘫痪等症状。猫出现神经症状常预后不良，当出现角弓反张、前肢僵直和后肢屈曲时，意味着猫濒临死亡。少数猫可能会出现非瘙痒性皮肤损伤。

3. 混合性 FIP

混合性猫传染性腹膜炎较为少见，一般可能是由干性猫传染性腹膜炎到湿性猫传染性腹膜炎或者湿性猫传染性腹膜炎到干性猫传染性腹膜炎的过渡阶段。在疾病发展的晚期，当猫免疫系统崩溃时，干性猫传染性腹膜炎也可能产生大量渗出液。某些湿性猫传染性腹膜炎也可能出现神经症状或眼部疾病。

三、病理变化

组织剖检显示，肝、脾、胰、肾、胃、肠、肠系膜、膀胱等浆膜表面有很厚的附着物。尸检可见炎性细胞浸润及浆液性纤维素渗出，肉眼可见结节。炎症灶内有大量淋巴细胞、巨噬细胞、浆细胞和少量中性粒细胞。局部可见坏死。另外，腹膜渗出液通常呈黄绿色，与空气接触后黏度高。染色和镜检可见大量巨噬细胞和中性粒细胞。腹膜器官间皮细胞增生，大小和数量增加，并以各种形式增殖到器官表面。肝脏充血、水肿，局部有出血灶，肝细胞轻度至中度脂肪变性，包膜下有不同大小的淋巴细胞浸润灶，脾肿大，有时见黑色坏死灶。在肾间质中以肾小管上皮细胞严重肿胀、脂肪变性、局部肾小管上皮细胞坏死、不同大小淋巴细胞浸润多见。肺充血，肺泡间隔明显增宽，成纤维细胞和肺上皮细胞增生，部分肺泡腔充满不同量的浆液和巨噬细胞。小叶周围腺泡坏死，淋巴细胞增殖明显。肠内有一系列病理变化，如肠壁增厚、质地变硬、肠淋巴结肿大、肠黏膜严重坏死等。

第五节　实验室诊断

由于本病缺乏典型的临床症状和病理变化，往往需要结合病史、临床症状和实验室诊断等进行综合诊断。直接或间接的病毒学检测，以及血常规和生化检查，结合病史和临床症状等的综合评价，是迄今为止该病最好的诊断方法。

一、血常规和生化检查

猫传染性腹膜炎病猫常见轻度非再生性贫血，有时可发生严重贫血。由病毒诱导的 T 细胞凋亡导致淋巴细胞减少。病猫常见血清球蛋白浓度升高，尤其是 γ-球蛋白浓度升高，常具有较高的诊断价值。白蛋白浓度下降。血清白球比对于猫传染新腹膜炎诊断价值较大。患猫的白球比与正常猫相比显著降低，当白球比低于 0.4 时，高度怀疑猫传染性腹膜炎；当白球比高于 0.8 时，基本可排除猫传染性腹膜炎。部分患猫可出现单纯的高胆红素血症。猫传染性腹膜炎引起的炎症反应会导致急性期蛋白浓度升高，如猫血清淀粉样蛋白（SAA）、α_1-酸性糖蛋白（AGP）和结合珠蛋白（haptoglobin，Hp）等。但这三种急性期蛋白浓度升高不能作为猫传染性腹膜炎的单一诊断指标，仅能用于辅助诊断。

二、血清学检测技术

血清学检测法是一种基于抗体滴度检测的方法，包括免疫荧光试验、酶联免疫吸附试验、病毒中和试验等，常用于猫传染性腹膜炎的辅助诊断。间接免疫荧光法是检测猫冠状病毒抗体的金标准。需要注意的是，对于抗 N 蛋白抗体的阳性结果要区分是由特异性抗体引起的还是由非特异性抗体引起的。全身性真菌病、自身免疫性疾病、近期的免疫接种以及与甲亢药物治疗相关的并发感染都会影响检测结果。因此，在检测时应采用未感染的正常细胞作为阴性对照。此外，也可采用竞争性 ELISA 进行检测。需要注意的是，抗体水平检测仅针对猫冠状病毒，无法区分猫传染性腹膜炎病毒和猫肠道冠状病毒。此外，抗体通常在病毒感染 18～21d 后才会产生，感染早期也可能会出现假阴性的结果。

三、病原学检测技术

免疫组织化学染色是确诊的金标准，可用于显示组织中病毒的存在位置及分布。该方法可能会出现假阴性，在使用过程中应采用非猫冠状病毒抗体作为阴性对照。这种方法常用于病死猫的诊断，对于感染猫检测难度较大，因为从患病猫采集病变组织难度较大，且不易被宠物主人所接受。

RT-PCR 可用于检测各种组织、粪便、血液和渗出液等存在的病毒核酸。研究发现，采用 RT-PCR 方法检测肠系膜、肠淋巴结、肝、肾、脾、视网膜组织标本，除淋巴结外，大多数组织都高度敏感。与血清学检测相比，用 RT-PCR 检测外周血单个核细胞（PBMC）更为敏感。大多 RT-PCR 方法都是针对病毒基因组的相对保守区域，如 3′非翻译区和 7b 基因等[14]。有研究认为，Ⅰ型和Ⅱ型两种血清型的 S 基因序列存在差异，可用于血清型的区分。有研究发现，病毒 S 蛋白中两个氨基酸（M1058L 或 S1060A）替换，可用于猫肠道冠状病毒和猫传染性腹膜炎病毒的鉴别诊断。这些研究为猫传染性腹膜炎的鉴别诊断提供了新的方法。病毒定量对于区分肠道感染还是全身性感染具有一定价值，通常全身性感染病毒载量较高。

第六节　预防和控制

目前，针对猫传染性腹膜炎无相应的疫苗。目前尚无确实有效的治疗方法，大多只能通过药物进行对症治疗，减轻病猫的症状，在一定程度上延长猫的寿命，但基本无法治愈，后期可能继续恶化，最终导致死亡。因此，预防本病的发生具有重要意义。

一、预防

猫传染性腹膜炎可能存在抗体依赖性增强（Antibody dependent enhancement，ADE）现象，接种疫苗后的发病率比未免疫的对照组还高，给疫苗研发带来巨大挑战。目前在国外使用一种由Ⅱ型猫冠状病毒温度敏感突变毒株 DF2-FIPV 制备的疫苗，经鼻内接种 16 周龄以上的幼猫进行免疫，免疫后可诱导产生局部的黏膜免疫（IgA）和细胞免疫，并不会出现抗体依赖性增强现象。然而，目前Ⅰ型病毒流行更为普遍，对于其免疫保护效果目前仍存在争议。

切断传播途径是预防本病的重要措施。宜尽量避免与猫传染性腹膜炎患猫直接接触，强化饲养管理，将不同年龄的猫分开饲养；定期进行猫冠状病毒的血清学抗体检测，及时隔离病猫和带毒猫，新引进的猫在与原猫混合前应进行隔离；加强环境清洁消毒，降低环境中冠状病毒的粪便感染机会；消灭吸血昆虫（如蚊等），防止病毒传播；避免过度拥挤，保持猫屋空气流通。

二、治疗

目前尚无有效的治疗方法。大多采用对症疗法和支持疗法，即应用具有免疫抑制和抗炎作用的药物，如一些皮质类固醇和环磷酰胺，以及干扰素等免疫调节剂进行治疗。研究表明，人 α 和 β 干扰素、糖皮质激素、环磷酰胺等免疫抑制剂可在体外抑制病毒，但这些药物仅能延长猫的生命，不能治愈。戊氧嘧啶是一种肿瘤坏死因子 α（TNF-α）抑制剂，可用于患猫治疗。拮抗剂（托吡西隆）可以降低患猫 IFN、IL-1β 和 IL－6 水平，对 FIP 的治疗也有一定作用。其他一些免疫抑制药物，如氯霉素、环磷酰胺和水杨酸等，也可用于猫传染性腹膜炎的治疗。环孢素 A 已被证实可抑制病毒的体外复制，但其是一种细胞免疫抑制剂，一般不建议患有猫传染性腹膜炎的猫服用。甲基黄嘌呤衍生物、丙垂体碱和五氧基苯乙胺被认为可以通过抑制促炎细胞因子进一步改善血管炎。使用聚异戊二烯免疫刺激剂治疗患有非渗出性猫传染性腹膜炎的猫，虽然部分猫传染性腹膜炎症状得到缓解，但同时发生肠系膜淋巴结疾病[15]。也有研究认为，当使用聚异戊二烯免疫刺激剂治疗猫传染性腹膜炎病猫以避免其他不良反应时，不能同时使用其他免疫抑制药物[16]。有研究发现，抗脊椎 TNF-α 单克隆抗体可以用于治疗病毒感染且有一定的功效。冠状病毒蛋白酶抑制剂 GC376 对病猫具有治疗效果。研究证明，在猫的饮食中添加氯化铵可以酸化猫的尿液，减少多不饱和脂肪酸的含量，对患猫也有一定的影响。

▶ 主要参考文献

[1] Pedersen N. C.，Ward J.，Mengeling W. L. Antigenic relationship of the feline infectious peritonitis virus to coronaviruses of other species[J]. Arch Virol，1978，58（1）：45-53.

[2] Hohdatsu T.，Okada S.，Ishizuka Y.，et al. The prevalence of types Ⅰ and Ⅱ feline coronavirus infections in cats[J]. J Vet Med Sci，1992，54（3）：557-562.

[3] Herrewegh A. A.，Smeenk I.，Horzinek M. C.，et al. Feline coronavirus type Ⅱ strains 79-1683 and 79-1146 originate from a double recombination between feline coronavirus type Ⅰ and canine coronavirus[J]. J Virol，1998，72（5）：4508-4514.

[4] Pedersen N. C.，Liu H.，Dodd K. A.，et al. Significance of coronavirus mutants in feces and diseased tissues of cats suffering from feline infectious peritonitis[J]. Viruses，2009，1（2）：166-184.

[5] Chang H. W.，Egberink H. F.，Halpin R.，et al. Spike protein fusion peptide and feline coronavirus virulence[J]. Emerg Infect Dis，2012，18（7）：1089-1095.

[6] Dedeurwaerder A.，Desmarets L. M.，Olyslaegers D. A. J.，et al. The role of accessory proteins in the replication of feline infectious peritonitis virus in peripheral blood monocytes[J]. Vet Microbiol，2013，162（2-4）：447-455.

[7] Kennedy M. A.，Abd-Eldaim M.，Zika S. E.，et al. Evaluation of antibodies against feline coronavirus 7b protein for diagnosis of feline infectious peritonitis in cats[J]. Am J Vet Res，2008，69（9）：1179-1182.

[8] Porter E.，Tasker S.，Day M. J.，et al. Amino acid changes in the spike protein of feline coronavirus correlate with systemic spread of virus from the intestine and not with feline infectious peritonitis[J].

Vet Res，2014，45：49.

［9］ Regan A. D. ，Cohen R. D. ，Whittaker G. R. Activation of p38 MAPK by feline infectious peritonitis virus regulates pro-inflammatory cytokine production in primary blood-derived feline mononuclear cells ［J］. Virology，2009，384（1）：135-143.

［10］ Kipar A. ，May H. ，Menger S. ，et al. Morphologic features and development of granulomatous vasculitis in feline infectious peritonitis［J］. Vet Pathol，2005，42（3）：321-330.

［11］ Hsieh L. E. ，Chueh L. L. Identification and genotyping of feline infectious peritonitis-associated single nucleotide polymorphisms in the feline interferon-gamma gene［J］. Vet Res，2014，45：57.

［12］ Kipar A. ，Meli M. L. ，Failing K. ，et al. Natural feline coronavirus infection：Differences in cytokine patterns in association with the outcome of infection［J］. Vet Immunol Immunopathol，2006，112（3-4）：141-155.

［13］ Rohrbach B. W. ，Legendre A. M. ，Baldwin C. A. ，et al. Epidemiology of feline infectious peritonitis among cats examined at veterinary medical teaching hospitals［J］. J Am Vet Med Assoc，2001，218（7）：1111-1115.

［14］ 董佳易. 猫传染性腹膜炎的诊断思路［J］. 中国动物保健，2020，22（6）：49-50.

［15］ Anis E. A. ，Dhar M. ，Legendre A. M. ，et al. Transduction of hematopoietic stem cells to stimulate RNA interference against feline infectious peritonitis［J］. J Feline Med Surg，2017，19（6）：680-686.

［16］ Murphy B. G. ，Perron M. ，Murakami E. ，et al. The nucleoside analog GS-441524 strongly inhibits feline infectious peritonitis（FIP）virus in tissue culture and experimental cat infection studies［J］. Vet Microbiol，2018，219：226-233.

（梁瑞英、崔尚金）

第十五章
牛冠状病毒病

牛冠状病毒病是由牛冠状病毒引起的一种牛消化道传染病，具有肠炎型和呼吸道型两种临床表现型。其中肠炎型多发于犊牛，以腹泻为典型临床特征，成年牛可见血痢；呼吸道型为 2~16 周龄犊牛多发，一般为亚临床感染，有时可出现轻度上呼吸道症状。1971 年本病首发于美国，目前呈全球分布。

第一节 概 述

一、定义

牛冠状病毒病（Bovine coronavirus disease）是由牛冠状病毒（Bovine coronavirus，BCoV）感染引起的一种牛消化道传染病，可导致犊牛腹泻、牛呼吸道综合征以及成年牛的冬季血痢。临床可分为肠炎型和呼吸道型两种表现型。1971 年本病首发于美国，目前呈全球分布[1]。

二、流行与分布

1. 国际流行现状

自美国 1971 年首次报道牛冠状病毒病以来，保加利亚、比利时、加拿大、荷兰、新西兰、阿根廷、日本、意大利、法国等国也相继报道了该病的存在。法国腹泻高发地区 7 日龄内犊牛发病率高达 61%，瑞典牛 CoV 感染率高达 80%，德国 BCoV 抗体阳性率高达 60%~67%（表 15-1）。

表 15-1 BCoV 国外流行现状

国家	年龄	检测方法	阳性率	参考文献
美国	犊牛	电镜法观察	首次发现	[1]
德国	犊牛	双重免疫扩散法	60%~67%	[2]
法国	7 日龄犊牛	ELISA	61%	[3]

国家	年龄	检测方法	阳性率	参考文献
印度	28日龄内	ELISA	47.5%	[4]
韩国	冬痢牛	ELISA、RT-PCR	100%	[5]
土耳其	0~7岁	ELISA	28.1%	[6]
瑞典	犊牛	ELISA	80%	[7]
巴西	60日龄犊牛	半巢式（SN）PCR	15.6%	[8]
阿根廷	犊牛	ELISA	1.71%~5.95%	[9]
印度	3月龄以下	RT-PCR	8.88%	[10]
加纳	6月龄以上	免疫荧光分析	55.8%	[11]

2. 国内流行现状

国内于1987年首次报道了本病，通过电镜观察等方法确定了牛冠状病毒是导致长春市某奶牛场犊牛腹泻的病原[12]。1992年一项流行病学调查显示，样品的冠状病毒阳性率高达44.3%~80.2%。1995年首次从猝死黄牛样本中分离出牛冠状病毒。近年来，我国新疆、青海、黑龙江、吉林、辽宁、河南、浙江、安徽等地均有BcoV流行病学调查的报道，各地区采用的方法略有差异，检出率差异也较大（表15-2）。

表15-2　国内BcoV流行病学调查

地区	牛龄	检测方法	阳性率	文献
江苏、北京、广西、安徽、内蒙古、河南、新疆、青海、四川	犊牛	HA/HI	44.3%~80.2%	[13]
东北三省	犊牛	ELISA	18%	[14]
上海、浙江、安徽等地区	犊牛	ELISA	0.7%~86.4%	[15]
黑龙江	犊牛	ELISA	65.23%	[16]
青海	犊牛	ELISA	27.20%	[17]
北京部分地区	犊牛	ELISA	57.2%	[18]
新疆北疆部分地区	犊牛	RT-PCR	38.89%	[19]
河南	犊牛	ELISA	36.50%	[20]
青海、西藏	犊牛	RT-PCR	69.05%	[21]
黑龙江	犊牛	ELISA	98.84%	[22]

三、危害

新生犊牛腹泻是临床上常见的疾病，牛冠状病毒病发病率为70%~100%，死亡率为35%~52%，给养殖业造成了巨大经济损失。由于导致腹泻的病原很多，可能是单纯感染或混合感染，还有管理因素、生活环境、营养因素、应急因素、季节因素等影响因素，都可能造成腹泻的大规模发生。牛冠状病毒、牛轮状病毒、产肠毒素大肠杆菌和小球隐孢子虫等是引起新生犊牛腹泻的 4 种主要病原体，其中有 30％以上的新生犊牛腹泻病例与牛冠状病毒感染有关[23]。

第二节　病 原 学

一、分类和命名

根据国际病毒分类委员会（International Committee for Taxonomy of Virus，ICTV）2019 年分类报告，牛冠状病毒在分类地位上属于套式病毒目（*Nidovirales*）、冠状病毒科（*Coronaviridae*）、β 冠状病毒属、*Embecovirus* 亚属、*Betacoronavirus* 1 种的成员（图 15-1）。

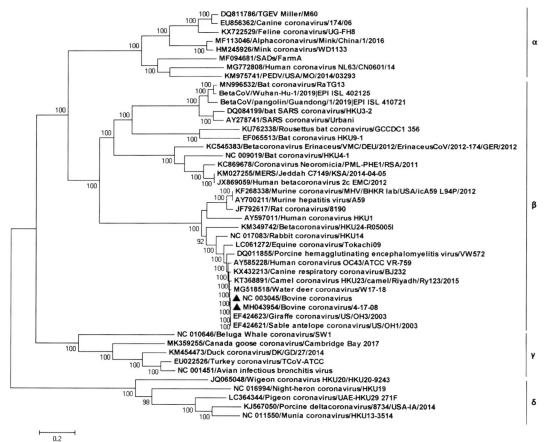

图 15-1　牛冠状病毒基因组进化分析

牛冠状病毒分离株用▲标注

二、形态结构和化学组成

牛冠状病毒在电镜下具有冠状病毒的典型特征。病毒粒子具有多形性，但基本呈球形，直径为 65～210 nm（图 15-2）。病毒结构形态为复合结构，最外层为囊膜，囊膜上存在较长的纤突蛋白（Spike，S）和较短的血凝素酯酶蛋白（hemagglutinin-esterase，HE），内部为多面体对称[24]。反

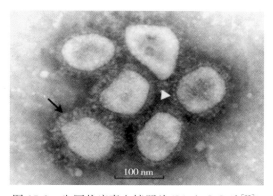

图 15-2　牛冠状病毒电镜照片（Linda J. Saif [25]）

复冻融过程中 BCoV 易丢失囊膜表面的纤突，因此病毒分离培养难度较大。

三、对理化因子敏感性

BCoV 像其他囊膜病毒一样对氯仿、乙二醇和乙醚等有机溶剂敏感，也可以被消毒剂、紫外线和热灭活，通常在 56℃ 10min 条件下可以使 BCoV 失去活性，37℃数小时可以使其丧失感染性。该病毒对酸不敏感，可在 pH5.0 条件下耐受；对胰酶也不敏感，在 1% 的胰酶条件下可以耐受，甚至胰酶可以促进该病毒的增殖。BCoV 可以凝集小鼠的红细胞，但无法凝集鸡、猪和人的 O 型红细胞。

四、基因组及遗传变异

病毒的基因组可编码 5 种结构蛋白，从 5′端到 3′端依次为核衣壳蛋白（N，52ku），膜蛋白（M，25ku），小膜蛋白（E，8ku），纤突蛋白（S，190ku）和血凝素酯酶蛋白（HE，65ku）。N 蛋白与基因组 RNA 组装成核糖核蛋白复合物，序列高度保守，是病毒的主要结构蛋白，常被用于病毒的检测和鉴定。M 蛋白的化学性质和结构相对保守，与 N 蛋白共同构成病毒的核心。E 蛋白位于膜蛋白内部，是病毒粒子装配过程的必需因子。S 蛋白由 S1 和 S2 两个亚基组成，S1 亚基为受体结合单位，易发生变异，影响病毒的感染范围及组织嗜性；S2 亚基相对保守性较高，为膜融合型蛋白，促进病毒与宿主细胞相应受体结合，诱导中和抗体的产生。HE 蛋白能够凝集多种动物的红细胞，可采用血凝试验进行病毒鉴定，HE 蛋白还可促进病毒的吸附过程。2007 年意大利从暴发严重肠炎的水牛犊牛组织中分离到进化关系较为独立的牛冠状病毒，命名为水牛冠状病毒[26]。2019 年国内研究人员发现，血凝素酯酶蛋白可能存在重组现象[27]。

五、致病机制

牛一旦感染，病毒在动物体内的无症状期可达 10d。冠状病毒对牛的肺部和肠道的上

皮细胞都有亲嗜性。病毒纤突蛋白结合上皮细胞表面的受体，通过内吞作用进入细胞。感染后细胞表面的纤毛变短，造成新陈代谢水平下降，导致细胞坏死。随着病毒感染的持续，因肠细胞大量坏死导致乳糖代谢受阻，伴随电解质代谢紊乱，动物出现低血糖症、酸血症以及高血钾症，后继发生感染性休克，伴随器官的功能性衰竭。

第三节 流行病学

一、传染源及传播途径

病牛和带毒牛是本病的主要传染源。病毒主要经消化道传播，急性病例也可通过呼吸道飞沫近距离感染健康牛。病毒污染的草皮以及垫料等均能够造成新生犊牛感染。BCoV感染引起的犊牛呼吸道综合征、成年牛冬痢以及运输热等病症在世界范围内均有报道[28]。

二、易感动物及流行特点

牛为自然宿主，偶有报道其他食草类动物的血清学检测呈阳性。除奶牛和肉牛外，高寒地区牦牛、水牛以及羊均能感染发生腹泻，也可人工感染火鸡并致肠炎[11]。梅花鹿、圈养马、猪、兔、犬血清中也有检出高水平中和抗体的报道[29]。

BCoV主要引起犊牛和野生反刍动物的消化道和呼吸道疾病，由于主要通过消化道和呼吸道传播，一旦出现发病很有可能发生群体感染，并且诱发继发感染，对牛产生极大危害。犊牛潜伏期一般为1～2d，成年牛为2～3d。痊愈牛体内有该病毒的抗体，可以产生长达1～3年的免疫力。但由于痊愈牛仍可在一段时间内通过鼻腔分泌物或粪便持续排毒，成为病毒携带者，很易导致牛群中该病的再次爆发[30]。

第四节 临床诊断

一、临床症状

牛冠状病毒感染后具有肠炎型和呼吸道型两种临床表现型，其中肠炎型包括犊牛腹泻、和成年牛冬痢（出血性腹泻）两种临床表现；呼吸道型也称呼吸道综合征，通常为亚临床感染，有的可出现轻度的上呼吸道症状。

1. 肠炎型

犊牛腹泻一般发生在初生小牛，多发于10日龄以内的犊牛，超过3月龄的犊牛仍然易感（图15-3）。病毒感染后48h出现排黄色或黄绿色稀粪，可持续3～6d。后期粪便中常含有肠黏膜和血液。重症病牛可因急性脱水和代谢性酸中毒导致衰竭死亡。

成年牛冬痢（出血性腹泻）多发于春冬季节，急性成年病牛出现水样下痢，严重时伴有出血性腹泻，进而发生脱水和酸中毒性休克。亚急性病例以水样腹泻为特征，后期变为黄色稀粪，不加以治疗干预动物易出现电解质紊乱以及低血糖症，一般感染后一周左右动物能够自行康复。

图 15-3 犊牛腹泻照片（贾红颖）

2. 呼吸道型

BCoV 可使各种年龄的犊牛发生呼吸道感染，2～16 周龄的犊牛多发。感染导致的犊牛呼吸道综合征（运输热）初期症状不明显，临床表现为低热以及持续性咳嗽，部分出现鼻炎。动物模型证实牛冠状病毒感染与病畜的发热、鼻腔分泌物性状改变密切相关。

临床多见 BCoV 与其他病原体的混合感染。BCoV 感染牛往往出现一过性发热，继发感染牛支原体、巴氏杆菌、溶血性曼氏杆菌以及昏睡嗜血杆菌的可能性会大大增加。一旦犊牛混合感染病毒和细菌后，会表现出明显的呼吸道综合征的临床特征。牛运输热型肺炎也与 BCoV 感染密切相关，感染牛运输应激后出现典型的肺炎症状，同时持续性排毒，造成运输过程中 BCoV 在牛群快速蔓延。

二、剖检病变

剖检肠内容物可见黏液样物质，有时可见凝乳小块。呼吸道综合征犊牛肺部剖检一般无明显病变。部分患病动物可见纤维素渗出性坏死性肠炎，以及淋巴结出现水样肿大。急性症状可见肠部的毛细血管出血导致的肠部肿大。病理切片可见肠绒毛棉线萎缩，部分肠绒毛融合粘连，固有层可见炎性细胞浸润。

第五节　实验室诊断

BCoV 引起的感染和其他病原体感染的临床症状很相似，特别是牛冠状病毒经常和轮状病毒发生混合感染，因此往往需要进行实验室检测来进行鉴别诊断。目前实验室诊断方法包括病原学诊断、血清学诊断和分子生物学诊断。

一、样品采集

样品宜在病畜未死亡时采集。发生呼吸道感染的牛可用鼻拭子在上呼吸道（口咽部）

采集鼻腔分泌物，或在剖检时采集气管和肺等组织样品。发生腹泻的牛，BCoV 经消化道感染后在肠道内定殖，因此可以在直肠获得新鲜的粪便样品。所有临床采集的样品需要在低温的情况下尽快送往实验室进行检测。

二、电镜检查

电镜观察是鉴定冠状病毒较为常用的方法。我国首例牛冠状病毒的确诊就是通过电镜检查来实现的[12]。通过负染技术在电镜下观察到冠状病毒典型的病毒形态即可做出诊断。但检出率与样品中的病毒含量密切相关，尤其是当病毒含量较低时，检出率往往较低。

三、血清学检测技术

BCoV 常用的血清学诊断方法包括：血凝和血凝抑制试验（HA/HI）、中和试验和酶联免疫吸附试验（ELISA）。由于 BCoV 可凝集鼠等动物的红细胞，故可用血凝和血凝抑制试验进行病毒鉴定。病毒中和试验是鉴定牛冠状病毒的经典方法，也可用于检测抗体。国内陆承平教授团队利用临床分离株 BCoV-MUC270 在犊牛肺细胞建立了中和试验体系，结合 HA/HI 可进行临床大量样本的诊断和流行病学调查。ELISA 可以检测感染动物体内的 IgM 和 IgA 抗体，相对于中和试验和凝集试验，ELISA 的敏感性更高[31]。

四、核酸检测技术

聚合酶链式反应（PCR）技术已普遍应用于病原微生物的核酸检测。目前基于 BCoV 相对保守的 N 基因建立的 RT-PCR 方法可用于鼻拭子和粪便中病毒的核酸检测，灵敏度可达 100 拷贝（5′-TGGATCAAGATT AGAGTTGGC-3′；5′-CCTTGTCCATTCTTCT GACC-3′）。利用实时荧光定量 PCR（SYBR Green Ⅰ based real-time RT-PCR）也可以用于该病毒的核酸检测[32]。此外，一些新的核酸检测技术也逐渐应用于 BCoV 的临床检测。如重组酶聚合酶链式反应（Real-time RT-RPA）[33]可以在等温条件下实现高特异、高效、快速地扩增靶标基因，该方法能够在等温条件下实现 1h 内对 BCoV 的快速检测。

五、病毒分离与鉴定

目前进行确诊往往需要进行病毒分离。牛冠状病毒对营养要求较为复杂，分离培养较为困难。胰酶在细胞培养牛冠状病毒适应增殖和产生细胞病变（CPE）中具有重要作用。在使用胰酶的情况下，牛冠状病毒可在牛胚肺细胞、胎牛胸腺细胞、胎牛脑细胞、牛皮肤细胞、绵羊胎肾细胞、Vero 细胞系、人胚肺成纤维细胞系、HRT-18 细胞系（HRT-18，人回盲肠癌细胞）、MDBK 细胞系等细胞上增殖。目前病毒分离多采用 HCT-8、BEK-1（胎牛肾细胞）等细胞进行分离培养，然后可用中和试验或 RT-PCR 结合序列测定等方法

进行进一步鉴定。

第六节　预防与控制

一、疫苗

疫苗接种是目前预防牛冠状病毒感染的常用策略，但疫苗株与当地流行毒株的抗原型差异可能会减弱疫苗的使用效果。目前市场流通的商业化疫苗一类是灭活疫苗［Scour-Guard 3（K）］，接种怀孕后期的母牛，新生犊牛可通过摄入初乳获得母源抗体。另一类是减毒活疫苗 Calf-Guard（Pfizer Animal Health，NY），口服接种犊牛可以降低野生毒株感染的发病率。

二、防控

目前还没有针对牛冠状病毒病的特异性抗病毒药物。BCoV 对肥皂、乙醚和氯仿等脂溶剂以及常用的消毒剂如福尔马林、苯酚、季铵类化合物等均较为敏感，暴露后极易灭活。隔离患病动物、保持卫生、消毒食槽和用具都能对由冠状病毒引起的疫情传播起到有效的控制作用。针对成年牛感染牛冠状病毒所引发的冬痢，需进行辅助性治疗如使用温和性药物，肠道收敛剂和抗生素类等。当发生脱水现象，可及时进行静脉输液以达到补液效果。长时间或是严重痢疾可以考虑输入全血。在治疗期间还要保证环境的舒适与卫生，适当补充营养物质会有助于牛的康复。针对犊牛感染牛冠状病毒所发生的腹泻应进行针对性的支持治疗，帮助患病动物在一定时间内获得对疾病的抵抗力，治疗原则与其他病原体所引起的腹泻相一致。根据动物的年龄和体重、主要临床症状、代谢酸中毒水平、持续时间、感染犊牛是否有吸吮反射等确定治疗用药的剂量、剂型、用药途径等。从改善脱水、电解质紊乱、酸中毒、血糖过低、体温过低等情况入手，通过口服电解质或静脉注射等方式对患病动物进行及时补液，还可对患病动物补充维生素，增强其免疫力，保持畜舍卫生，提供良好的康复环境。

▶ **主要参考文献**

［1］ Stair，E. L.，M. B. Rhodes，R. G. White，et al. Neonatal calf diarrhea：purification and electron microscopy of a coronavirus-like agent［J］. Am J Vet Res，1972，33（6）：1147-1156.

［2］ Storz，J.，R. Rott Reactivity of antibodies in human serum with antigens of an enteropathogenic bovine coronavirus［J］. Med Microbiol Immunol，1981，169（3）：169-178.

［3］ Ganaba，R.，D. Belanger，S. Dea，et al. A seroepidemiological study of the importance in cow-calf pairs of respiratory and enteric viruses in beef operations from northwestern Quebec[J]. Can J Vet Res，1995，59（1）：26-33.

[4] Vijayakumar，K.，M. Dhinakaran. Epidemiology of bovine enteric coronavirus infection in tropical South India[J]. World Association for Buiatrics-Xix Congress，1996（1-3）：130-133.

[5] Jeong，J. H.，G. Y. Kim，S. S. Yoon，et al. Detection and isolation of winter dysentery bovine coronavirus circulated in Korea during 2002-2004[J]. J Vet Med Sci，2005，67（2）：187-189.

[6] Hasoksuz，M.，A. Kayar，T. Dodurka，et al. Detection of respiratory and enteric shedding of bovine coronaviruses in cattle in northwestern Turkey[J]. Acta Veterinaria Hungarica，2005，53（1）：137-146.

[7] Bidokhti，M. R.，M. Traven，N. Fall，et al. Reduced likelihood of bovine coronavirus and bovine respiratory syncytial virus infection on organic compared to conventional dairy farms[J]. Vet J，2009，182（3）：436-440.

[8] Stipp，D. T.，A. F. Barry，A. F. Alfieri，et al. Frequency of BCoV detection by a semi-nested PCR assay in faeces of calves from Brazilian cattle herds[J]. Trop Anim Health Prod，2009，41（7）：1563-1567.

[9] Bok，M.，S. Mino，D. Rodriguez，et al. Molecular and antigenic characterization of bovine coronavirus circulating in Argentinean cattle during 1994-2010[J]. Vet Microbiol，2015，181（3-4）：221-9.

[10] Singh，S.，R. Singh，K. P. Singh，et al. Immunohistochemical and molecular detection of natural cases of bovine rotavirus and coronavirus infection causing enteritis in dairy calves[J]. Microb Pathog，2020，138：103814.

[11] Burimuah，V.，A. Sylverken，M. Owusu，et al. Sero-prevalence，cross-species infection and serological determinants of prevalence of bovine coronavirus in cattle，sheep and goats in Ghana[J]. Vet Microbiol，2020，241：108544.

[12] 郭翠莲. 长春市郊奶牛场发生犊牛冠状病毒性腹泻[J]. 中国兽医科技，1988，8：62-63.

[13] 姚火春，杜念兴，徐为燕，等. 牛冠状病毒的血清流行病学调查[J]. 南京农业大学学报，1990（2）：117-121.

[14] 胡传伟，贾赟，简中友，等. 东北三省冠状病毒流行病学调查[J]. 黑龙江畜牧兽医，2006（12）：88-89.

[15] 蒋静，李健，胡永强，等. 上海等4省市动物冠状病毒的流行病学调查[J]. 畜牧与兽医，2007（12）：50-52.

[16] 刘合义，孙留霞，王进轶，等. 牛冠状病毒重组N蛋白间接ELISA检测方法的建立[J]. 中国预防兽医学报，2009，31（8）：618-622.

[17] 沙金明，卡卓措，汪正顺. 青海省黄南州牛群3种病毒性腹泻疾病的血清学调查[J]. 畜牧与兽医，2014，46（10）：94-96.

[18] 傅彩霞，靳兴军，郑瑞峰，等. 北京地区规模化奶牛场三种病毒性腹泻病的血清学调查[J]. 动物医学进展，2012，33（5）：85-88.

[19] 张坤，剡根强，王静梅，等. 新疆北疆部分地区致犊牛腹泻冠状病毒的分子流行病学调查[J]. 中

国兽医科学，45（12）：1270-1276.

［20］马忠贤. 河南省清丰县牛冠状病毒流行学调查［J］. 中国乳业（6）：65-66.

［21］何琪富，汤承，郭紫晶，等. 牦牛源牛冠状病毒部分基因的扩增、序列分析及病毒分离鉴定［J］.
畜牧兽医学报，50（2）：343-353.

［22］胡林杰，孟野，周玉龙，等. 检测牛冠状病毒抗体间接 ELISA 方法的建立与应用［J］. 微生物学通
报，47（1）：330-338.

［23］Chae，J. B.，J. Park，S. H. Jung，et al. Acute phase response in bovine coronavirus positive post-
weaned calves with diarrhea［J］. Acta Veterinaria Scandinavica，2019，61（1）：36.

［24］Saif，L. J. Bovine respiratory coronavirus［J］. Veterinary clinics of North America-food animal
practice，2010，26（2）：349-364.

［25］Saif，L. J. Bovine respiratory coronavirus［J］. Vet Clin North Am Food Anim Pract，2010，26
（2）：349-364.

［26］Decaro，N.，M. Campolo，V. Mari，et al. Severe enteritis in Italian Mediterranean buffalo calves
associated with a novel bovine-like coronavirus［J］. Italian Journal of Animal Science，2007，6：
854-857.

［27］Keha，A.，L. Xue，S. Yan，et al. Prevalence of a novel bovine coronavirus strain with a
recombinant hemagglutinin/esterase gene in dairy calves in China［J］. Transboundary and Emerging
Diseases，2019，66（5）：1971-1981.

［28］Purpari，G.，E. Giudice，F. Antoci，et al. Outbreak of "Winter dysentery"（Bovine coronavirus，
BCoV）infection in dairy cows housed in a farm in Sicily［J］. Large Animal Review，2018，24（2）：
59-62.

［29］Amer，H. M. Bovine-like coronaviruses in domestic and wild ruminants［J］. Animal Health Research
Reviews，2018，19（2）：113-124.

［30］Kanno，T.，R. Ishihara，S. Hatama，et al. A long-term animal experiment indicating persistent
infection of bovine coronavirus in cattle［J］. J Vet Med Sci，2018，80（7）：1134-1137.

［31］Ohlson，A.，I. Blanco-Penedo，N. Fall comparison of bovine coronavirus-specific and bovine
respiratory syncytial virus-specific antibodies in serum versus milk samples detected by enzyme-linked
immunosorbent assay［J］. Journal of Veterinary Diagnostic Investigation，2014，26（1）：113-116.

［32］Zhu，W.，J. B. Dong，T. Haga，et al. Rapid and sensitive detection of bovine coronavirus and group
A bovine rotavirus from fecal samples by using one-step duplex RT-PCR assay［J］. Journal of
Veterinary Medical Science，2011，73（4）：531-534.

［33］Amer，H. M.，A. Abd El Wahed，M. A. Shalaby，et al. A new approach for diagnosis of bovine
coronavirus using a reverse transcription recombinase polymerase amplification assay［J］. Journal of
Virological Methods，2013，193（2）：337-340.

（潘子豪）

第十六章
马冠状病毒病

马冠状病毒病是由马冠状病毒感染引起的一种马肠道传染病，以腹泻、发热和白细胞减少为典型特征，主要通过消化道传播。本病于 1975 年首发于美国，目前在全球多个国家和地区均有本病的散发。由于大多数马冠状病毒感染是自限性的，马通常在支持性治疗下可康复。1983 年从严重腹泻的病马中分离到致病性较强的马冠状病毒，引起广泛关注。目前还没有预防本病的商品化疫苗，防控主要依赖于生物安全等综合防治措施。

第一节 概 述

一、定义

马冠状病毒病（Equine coronavirus disease）是由马冠状病毒（Equine coronavirus，ECoV）感染引起的一种新发马肠道传染病，以水样腹泻、发热和淋巴组织病变为典型特征。成年马感染后临床症状多表现为发热、沉郁、厌食，偶尔可见腹痛和腹泻。

二、流行与分布

本病于 1975 年首发于美国，引起多例新生幼驹发生腹泻、发热和白细胞减少。1999 年从北卡罗来纳州腹泻马驹的粪便中成功分离到 ECoV（ECoV-NC99）[1]。自 2010 年以来，日本、美国、巴西和欧洲（法国、爱尔兰、英国等）均有零星散发的报道。我国尚无 ECoV 感染的病原学研究报道，但有研究人员用建立的 ELISA 方法从国内马血清中检出抗体阳性的报道[2]。

目前关于 ECoV 感染的确切分布尚不完全清楚。据推测 ECoV 可能以无症状感染形式在全世界的马群中广泛流行[3]。

三、危害

目前认为 ECoV 是一种肠道病毒，多存在于粪便或胃肠道内容物中，很少在鼻腔分泌物中检测到。幼龄马驹和成年马都有感染的报道，人或其他动物不易感。健康马驹和临床发病马驹 ECoV 阳性率相似[4]。成年马 ECoV 感染的发病率为 10％～83％[5-8]，临床症状多表现为发热、嗜睡、厌食，较少见到腹痛和腹泻。由于大多数马 ECoV 感染是自限性的，死亡很少，通常不需要或只需要极少的支持性治疗就可康复。

第二节 病 原 学

一、分类和命名

马冠状病毒 ECoV 在分类地位上属于冠状病毒科、β 冠状病毒属、*Ebecovirus* 亚属的成员，同属还有人冠状病毒 OC43 和 HKU1、牛冠状病毒（Bovine coronavirus，BCoV）、猪血凝性脑脊髓炎病毒（Porcine haemagglutinating encephalomyelitis virus，PHEV）、犬呼吸道冠状病毒（Canine respiratory coronavirus）、非洲羚羊冠状病毒（Bubaline coronavirus）、小鼠肝炎病毒（Mouse hepatitis virus）和大鼠涎腺泪腺炎冠状病毒（Sialodacryoadenitis rat coronavirus）等[10-11]。

二、形态结构和化学组成

ECoV 呈多形性，外观多为球形或椭圆形，直径为 80～120nm。冠状病毒的核衣壳蛋白与基因组 RNA 一起形成在病毒囊膜内的螺旋状衣壳结构。纤突蛋白 S 的三聚体（Trimers）形成嵌入在囊膜中的膜粒突起（peplomers），使其具有冠状或类冠状的形态。此外，病毒粒子的两种结构蛋白，分别称为膜蛋白 M 和小膜蛋白 E，是完全跨膜蛋白[12]。血凝素酯酶蛋白 HE 在 ECoV 中形成较小的纤突。

三、生物学特性

目前尚不清楚 ECoV 作为感染源在环境中的存活时间。同属的其他冠状病毒，如严重急性呼吸综合征冠状病毒（SARS-CoV），室温下在医院废水、生活污水和脱氯自来水中可存活 2d，而在粪便中可存活 3d，在 PBS 中存活 14d，在 20℃的尿液中存活 17d。在较低温度下生存时间可能更长，SARS-CoV 可能在 4℃废水中存活 14d，在粪便或尿液中至少存活 17d[13]。

四、对理化因子的敏感性

ECoV 对次氯酸钠、聚维酮碘、葡萄糖酸氯己定、酚类、季铵化合物、过氧化氢和过氧化合物等常用消毒剂敏感。

五、毒株分类

目前公布的 ECoV 基因组序列较少，仅有 4 株 ECoV 分离株全基因组序列，其中一株来自美国，三株来自日本[11,14]。来自日本的三个分离株与美国分离株（NC99）密切相关（图 16-1），同源性为 98.2%～98.7%[14]。

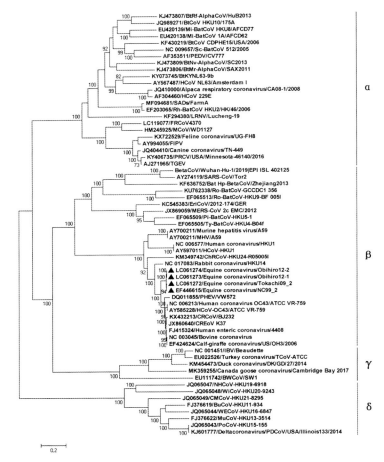

图 16-1　马冠状病毒遗传进化分析

马冠状病毒分离株用▲标注

六、　基因组结构和功能

ECoV 基因组为单股正链 RNA，长度为 30 992 个核苷酸（不包括 poly A 尾），GC 含量为 37.2%。ECoV 的 RNA 有 5′端帽结构，后有 65～98 个核苷酸的引导序列（leader RNA）和 200～400 个核苷酸的非翻译区（untranslated regions，UTR）。引导序列也存在于基因组内部，又称为基因间序列或转录相关序列（TAS）。3′端有 200～500 个核苷酸的 UTR 和 poly A 尾。5′端和 3′端 UTR 对于 RNA 转录和复制是非常重要的（图 16-2）[11]。

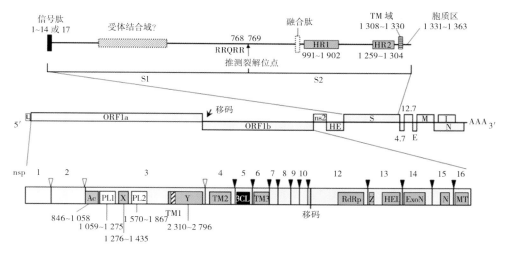

图 16-2 ECoV 基因组结构图[11]

ECoV 可能有 11 个开放阅读框（1a、1b、2～8、9a 和 9b），从 5′端到 3′端依次编码 2 个复制酶多聚蛋白（replicase polyprotein）、5 个结构蛋白（血凝素酯酶蛋白 HE、纤突蛋白 S、小膜蛋白 E、膜蛋白 M 和核衣壳蛋白 N)和 4 个辅助蛋白（NS2、p4.7、p12.7 和 I）。据推测，这两个复制酶多聚蛋白被由三个病毒编码的蛋白酶分解为 16 种非结构蛋白（nsp1～16）。

纤突蛋白 S 是一种糖蛋白，主要负责 ECoV 与宿主细胞的吸附、膜融合及诱导中和抗体，其氨基酸的改变会严重影响病毒的毒力和宿主嗜性。S 蛋白较大，被裂解为 S1 与 S2 两个亚单位，S1 负责病毒与细胞的识别与结合，S2 负责病毒与细胞的融合。S 基因变异性较大，是区分病毒特异性的主要基因。

小膜蛋白 E 在成熟病毒粒子中低水平表达，但在感染细胞中靠近病毒组装部位以高水平表达，因而在病毒组装时起关键性作用。E 蛋白和 M 蛋白很可能形成最小的组装机制。

膜蛋白 M 也是一种糖蛋白，其信号肽序列未被剪切，并有 3 个跨膜区域。穿膜部分有一高度保守序列：KWPWYVWL，后接不带电的特殊氨基酸序列，富含 Cys。大部分 M 蛋白位于膜内，但羧基末端 121 个氨基酸疏水区与核衣壳相互作用，在出芽时整合进核心，对于维持核心结构是必需的。

核衣壳蛋白 N 为磷酸化蛋白，可能含有 36 个磷酸化位点。在病毒组装时，与病毒 RNA 基因组相互作用，形成螺旋状的核衣壳，包裹 RNA 起保护作用。在病毒复制时也可能具有一定作用。

血凝素蛋白 HE 为血凝素酯酶，可能有 9 个 N-糖基化位点，在氨基酸残基 17～18 之间有一潜在切割位点。HE 可与唾液酸结合，在一定程度上决定病毒嗜性。

七、 病毒的遗传变异

ECoV 与同属的 3 种冠状病毒（BCoV、HCoV-OC43 和 PHEV）系统发育最密切相

关（图 16-1），其同源性分别为 67%、67% 和 45%。比较这 4 种冠状病毒的氨基酸序列，ECoV nsp3 蛋白具有大量的氨基酸缺失和插入。

八、 致病机制

一直怀疑 ECoV 可引起马驹肠炎，但在健康或腹泻的马驹中均可检测到 ECoV，表明 ECoV 可在亚临床感染的幼龄马之间流行[4]。所有患有胃肠道疾病的马驹 ECoV 感染都与合并感染有关，而大多数感染 ECoV 的健康马驹则为单一感染[4]。因此，ECoV 感染可能会导致机会性继发性病毒、细菌或原虫感染[15,16]。ECoV 感染的马驹缺乏临床症状可能与宿主因素有关，马驹与成年马之间的免疫反应不同，如缺乏特定的受体结合位点，或者小马驹结肠内存在母源性保护抗体，可阻止肠炎的发生。但在临床感染的成年马中，大多是 ECoV 单一感染，表明感染动物的年龄会影响 ECoV 的致病性。据报道，猫冠状病毒 FCoV 与年龄有关的疾病模式中，大多数 FIP 病例发生在 2 岁以下的猫中，而慢性病例则倾向发生在较大的猫中，细胞介导的免疫反应减弱与致死性 FIPV 感染有关[17]。

Fielding 等[8] 报告了一例严重高氨血症并随后死亡的脑病病例。与 ECoV 感染相关的高氨血症可能是由于胃肠道屏障破坏导致胃肠道内氨产量增加或从胃肠道吸收增加。肠道氨产量的增加也可能是与 ECoV 感染相关的细菌微生态变化的结果。因此对疑似 ECoV 感染和并发脑病迹象的马进行血氨测定也有一定的诊断意义。马感染 ECoV 的死亡率与内毒素血症、败血症和高氨血症相关脑病有关[7,8,18]。而感染冠状病毒病人的排毒量与参与先天免疫的基因多态性以及宿主对病毒免疫反应有关[19]。

第三节　流行病学

一、传染源

病马和隐性感染马是本病的主要传染源。感染马可通过粪便排出病毒污染饲料、饮水、用具和环境等，是潜在的传染源。

二、传播途径

ECoV 通过粪-口途径传播。感染马可通过粪便排出大量病毒，马由于直接摄入被粪便污染的饲料和饮水或间接接触被病毒污染的物品、用具及环境而受到感染[14]。目前认为 ECoV 是一种肠道病毒，多存在于粪便或胃肠道内容物中，很少在鼻腔分泌物中检测到，这表明 ECoV 与呼吸道上皮缺乏亲嗜性，这也支持粪-口传播的观点。

三、易感动物

各种年龄、性别、品种的马均易感，主要危害幼驹，成年马多呈隐性感染。但近年来也有成年马临床感染的报道，主要在骑乘、比赛和展览马中暴发，育种马发病率较低[5-8]。2014 年一项关于 ECoV 感染的年龄分布调查表明，马驹（0～6 月龄）感染率为 20.5%，在 6 个月至 5 岁的马中感染率为 25.3%，在 5 岁以上的马中感染率为 54.2%。

在健康或腹泻的马驹中均可检测到 ECoV。在日本北海道日高地区，所有 337 匹腹泻马驹直肠拭子 ECoV 均为阴性，而健康马驹的 3/120（2.5%）粪便拭子为 ECoV 阳性。而肯塔基州的研究证实健康和腹泻马驹的粪便中检测到 ECoV 的比例相似[4]。健康和临床感染动物之间的差异在于，健康的马驹通常仅显示出 ECoV 单一感染，而患有胃肠道疾病的马驹为 ECoV 与其他病原合并感染[4]。与其他冠状病毒相似，马驹的 ECoV 感染可能使动物容易受到其他肠胃病原体引起的继发感染[15,16]。研究证实，马驹和大龄马之间病毒在肠道中的复制情况不同。同样，在人冠状病毒感染中，病毒载量是临床症状和死亡率的一个强有力的预后指标[20]。

四、流行特点

感染马群中 ECoV 的发病率不一，在 10%～83% 之间，死亡率较低[5-7]。但 Fielding 等最近报告美国小型马感染后死亡率达 27%[8]。在另一个美国微型马育种养殖农场也发生了严重但非致死性 ECoV 感染。美国小型马对 ECoV 的易感性明显增加。

本病一年四季均可散发，但寒冷季节更为常见。在较冷月份（10 月至 4 月），ECoV 阳性病例数量较高（图 16-3）。可能是由于在较冷的天气中，病毒的复制能力增强。

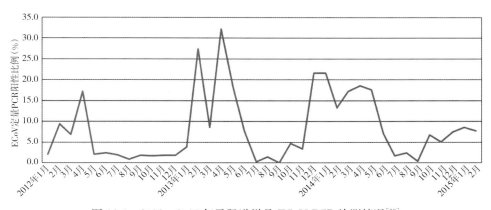

图 16-3　2012—2015 年马肠道样品 ECoV PCR 检测情况[33]

多项研究表明，健康马和呼吸道感染马的鼻分泌物中很少检测到 ECoV[7,21-22]。

ECoV 潜伏期短，在自然暴露或实验感染后 48～72h 内发展成临床疾病[8,14]。临床症状持续几天到 1 周，通常可在最低限度的支持性治疗下痊愈。临床症状偶尔可以持续更长时间（如 14d）。

五、分子流行病学

ECoV 分子流行病学研究目前尚处于空白状态。同属的猫冠状病毒（FCoV）毒株的变异可以影响其复制能力和病毒载量。FCoV 有两种基因型：温和的猫肠道冠状病毒（Feline enteric coronavirus，FECV）基因型，其在肠细胞中的复制能力较低；强毒力的猫传染性腹膜炎病毒（Feline infectious peritonitis virus，FIPV）基因型，其在不同细胞系中的复制能力增强[23]。纤突基因上的单位点突变导致细胞亲嗜性、复制能力和临床表现的显著变化。

第四节 临床诊断

本病通过临床表现结合血液学异常（如白细胞减少症）可作出初步诊断。

一、临床症状

ECoV 以隐性感染为主，即使出现临床症状也比较温和，如胃肠道症状，而且临床症状不具有特征性。约 30% 的病例可表现出临床症状，主要表现为厌食（98%）、嗜睡（89%）和发热（84%）[7]。发热马的直肠温度为 38.6～41℃。出现临床症状时，观察到粪便特征的变化，在 25% 和 18% 的马中，粪便从稀软状到水泄状，伴有腹痛。胃肠道症状一般在厌食和发热等全身症状后出现（图 16-4）。这些与日本最近暴发的成年挽马病情

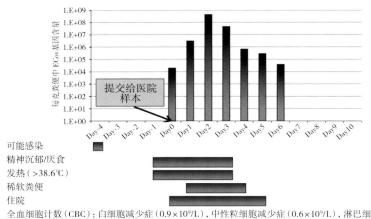

图 16-4 成年马临床症状及粪便排毒之间的关系[33]

一致，厌食和发热是主要的临床症状，而在大约 10％的感染马中观察到特定的胃肠道症状[5-6]。3％感染出现马脑病症状，如转圈、低头、共济失调、本体感觉缺失、眼球震颤、平卧和癫痫等[7-8]。也有严重的高氨血症并在表现出脑病迹象后死亡的报道[8]。

虽然 ECoV 感染后马可表现明显的临床症状，但部分马表现为无症状感染，从粪便中可检测到 ECoV。在 ECoV 暴发期间，无症状感染的百分比为 11％～83％[7]。

二、病理变化

ECoV 感染马表现为严重的弥漫性坏死性肠炎，绒毛衰减明显，绒毛尖端上皮细胞坏死，中性粒细胞和纤维蛋白外渗进入小肠腔（假膜形成），以及出现隐窝坏死、微血栓和出血（图 16-5）。在所有病例的小肠组织、胃肠道内容物和/或粪便中，可检测到病毒核酸，在所有病例的小肠上，采用免疫组织化学和/或直接荧光抗体检测到病毒抗原（图16-6、图 16-7）[18]。

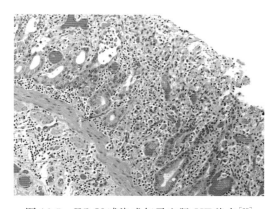

图 16-5　ECoV 感染成年马空肠 HE 染色[33]

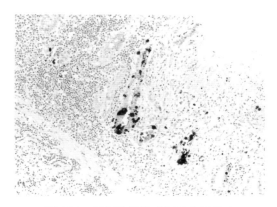

图 16-6　ECoV 感染成年马空肠免疫
组织化学和苏木精复染[33]

三、临床鉴别诊断

饲料改变、肠道菌群或环境改变以及中毒等因素引起肠内正常生理过程的破坏，也可能导致腹泻。马的胃肠道疾病可能有多方面的原因，既有病原微生物感染，也有非炎性疾病。马的胃肠道致病性微生物包括病毒、细菌、寄生虫、立克次氏体等。常见的马胃肠道疾病的鉴别诊断详见表 16-1。由于马冠状病毒感染所引起的临床症状往往不是特征性的，确诊需要通过 PCR、免疫组化和/或电镜等检测粪便、肠内容物或肠组织中的马冠状病毒核酸或抗原。

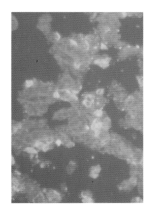

图 16-7　ECoV 感染成年马空肠
直接荧光抗体试验[33]

表16-1 马的胃肠道疾病鉴别诊断

疾病名称	临床症状	发病年龄	病理变化	初步诊断	确诊
马冠状病毒	腹痛、腹泻、发热、精神沉郁、厌食；有时神经症状；成年马多见	所有年龄	坏死性肠炎	临床症状、病理变化	通过PCR、免疫组化和/或电镜检测粪便/肠内容物/肠组织中的马冠状病毒
马轮状病毒	腹痛、腹泻、发热、精神沉郁、厌食；脱水	3~4月龄马驹	小肠和大肠中含大量液体内容物；绒毛萎缩	临床症状、病理变化	通过ELISA、乳胶凝集试验、聚丙烯酰胺电泳、电镜、LAMP和/或PCR检测粪便/肠内容物中的马轮状病毒
产气荚膜梭菌	腹泻、腹痛、发热、猝死	所有年龄	坏死性小肠结肠炎	临床症状、病理变化	通过ELISA检测粪便/肠内容物中的产气荚膜梭菌毒素；通过细菌培养检测粪便/肠内容物中的产气荚膜梭菌
艰难梭菌	腹泻、腹痛、脱水、发热	所有年龄	坏死性小肠结肠炎；黏膜水肿；火山口样病变	临床症状、病理变化	通过ELISA检测粪便/肠内容物中的艰难梭菌毒素A和/或B
毛状梭菌	腹泻、乏力、嗜睡、厌食、脱水、发热、黄疸	马驹	结肠炎、肝炎、心肌炎	临床症状、病理变化	PCR、鸡胚培养毛状梭菌
沙门氏菌	腹泻、腹痛、发热	所有年龄	坏死性小肠结肠炎	临床症状、病理变化	通过细菌培养和/或PCR检测粪便/肠内容物中的沙门氏菌
马红球菌	腹泻、腹痛	5月龄以下马驹	结肠炎；肾盂肾炎	临床症状、病理变化	通过细菌培养和/或PCR检测粪便/肠内容物中的马红球菌
里氏埃里希体	腹泻、腹痛、发热、厌食、抑郁、白细胞减少症	所有年龄	坏死性盲肠结肠炎	临床症状、病理变化	通过PCR检测粪便/肠内容物中的里氏埃里希体
胞内劳森菌	腹泻、发热、嗜睡、低蛋白血症、水肿、体重减轻	断乳马驹	增生性肠病	临床症状、病理变化	通过细菌培养和/或PCR检测粪便/肠内容物中的胞内劳森菌
隐孢子虫	腹泻	5~6周龄马驹	小肠（有时是结肠）中含大量液体内容物；绒毛萎缩	临床症状、病理变化	通过姬姆萨染色、改良齐-尼氏染色、金胺染色、荧光抗体技术、ELISA检测粪便中的卵囊；组织学检测肠组织中的卵囊PCR、LAMP

（续）

疾病名称	临床症状	发病年龄	病理变化	初步诊断	确诊
大圆形线虫	幼虫:腹痛 成虫:贫血、营养不良	所有年龄	幼虫:动脉内膜炎；可能会产生结肠梗塞 成虫:盲肠或结肠浆膜下结节、贫血、营养不良	临床症状、病理变化、高球蛋白血症	粪便中有大量大圆形线虫卵
小圆形线虫	腹泻、厌食、体重减轻、腹侧水肿	所有年龄，1岁以下的马中更普遍	盲肠和结肠黏膜中的结节	临床症状、病理变化	粪便中有大量小圆形线虫卵
非甾体抗炎药中毒	腹泻、腹痛、上消化道溃疡、低蛋白血症、低白蛋白血症	所有年龄	上消化道和下消化道溃疡、肾乳头坏死	临床症状、病理变化、非甾体抗炎药用药史	无特异性诊断试验

第五节　实验室诊断

对 ECoV 感染马的初步诊断可依赖 ECoV 感染的临床症状、中性粒细胞减少和/或淋巴减少和粪便中 ECoV 的分子检测，并排除其他传染性原因。通过荧光定量 RT-PCR 在粪便中检出特异性 ECoV 核酸或通过免疫组织化学或电镜技术在肠道材料中检出 ECoV 抗原可作出确诊。

一、样品采集

活动物可采集胃肠道内容物和/或粪便，死亡动物可采集小肠组织、胃肠道内容物和/或粪便。

二、血象检测技术

ECoV 感染后表现为白细胞减少，即中性粒细胞减少和/或淋巴细胞减少。对 73 例怀疑 ECoV 感染的临床病例的血象表明，白细胞减少占 25%，中性粒细胞减少占 66%，淋巴细胞减少占 72%。仅有 11% 的病例，总血细胞计数（Complete blood count，CBC）和分型白细胞计数的变化都不显著。

三、病毒分离鉴定

病毒分离难度较大，繁琐耗时，有采用人直肠腺癌细胞（HRT-18）分离到 ECoV 的报道[1,5]。

四、血清学检测技术

国内外建立了多种 ECoV 抗体的 ELISA 检测方法[1-2,24,28]。但目前尚无商品化的 ELISA 检测试剂盒可供使用。

五、病原学检测技术

国内外先后建立了多种 RT-PCR 方法[25-27]（表 16-2）和荧光定量 RT-PCR 方法[7-8,14]（表 16-3 和表 16-4），用于 ECoV 的快速诊断。Pusterla 等对荧光定量 RT-PCR 的准确性进行了评估，确定 ECoV 临床状态与荧光定量 RT-PCR 检测之间具有 90% 的准确性。在疾病早期阶段，有几例 ECoV 感染呈荧光 RT-PCR 阴性，但在 24～48h 后复查时，粪便样本呈现荧光 RT-PCR 阳性[7]。

表 16-2　一步法 RT-PCR 引物[25]

引物名称	序列	位置	特定基因
ECoV-N_F	5′-tcaggcatggacaccgcattgtt-3′	nt 29315~29337	N 基因
ECoV-N_R	5′-ccaggtgcc-gacataaggttcat-3′	nt 30708~30730	
ECoV-S_F	5′-attttattttatggtggataatg-3′	nt 23684~23706	S 基因
ECoV-S_R	5′-aaaacagacatcttctaattctg-3′	nt 28134~28156	

表 16-3　荧光定量 RT-PCR 引物和探针[8]

引物或探针	序列
ECoV-380f	TGGGAACAGGCCCGC
ECoV-522r	CCTAGTCGGAATAGCCTCATCAC
ECoV-436p	6FAM-TGGGTCGCTAACAAG-TAMRA

表 16-4　荧光定量 RT-PCR 引物和探针[34]

引物或探针	序列
ECoV-M-f	5′-GGTGGAGTTTCAACCCAGAA-3′
ECoV-M-r	5′-AGGTGCGACACCTTAGCAAC-3′
ECoV-M-p	5′-(6FAM)-CCACAATAATACGTGGCCACCTTTA-(BHQ1)-3′

实验感染马 ECoV 的病毒动力学表明，马在感染后 3d 或 4d 开始在粪便中排出 ECoV，排毒时间持续到感染后 12~14d[14]。排毒高峰一般在出现临床症状的第 3~4 天后。在自然感染的马中，荧光定量 RT-PCR 检测到 ECoV 的时间可以持续 3~25d[7-8]。

第六节　预防与控制

一、疫苗

目前尚无 ECoV 疫苗可供使用。动物冠状病毒疫苗在牛中的免疫策略已有应用，如使用商品化减毒 BCoV 疫苗来预防冬季痢疾感染[29]。实验感染 BCoV 后从冬季痢疾中康复的牛可保持持久的 BCoV 特异性血清抗体（IgA 和 IgG）和局部（IgA）抗体[30]。尽管牛冠状病毒 BCoV 与 ECoV 密切相关，但由于缺乏安全性和有效性的数据以及零星的发病率，不推荐在马中使用 BCoV 疫苗来预防 ECoV。

二、抗病毒药物

目前尚无抗 ECoV 的特性药物可供使用。大多数具有临床症状的成年马在数天内自发康复，而无须特殊治疗。对于出现严重临床症状的感染马，可进行对症治疗和支持治疗。直肠温度持续升高、厌食和精神沉郁的马，如果电解质正常，通常使用非甾体抗炎药物，如氟尼辛·梅洛明（0.5～1.1 mg/kg 体重，每隔 12～24h 静脉注射或口服），或苯基丁酮（2～4 mg/kg 体重，每隔 12～24h 静脉注射或口服）。患有腹痛、持续精神沉郁和厌食和/或腹泻的马，每次鼻胃插管或静脉注射时，配合使用多种离子的液体以平衡体液和电解质，直到临床症状好转。此外，在马继发于胃肠屏障破坏而发展成内毒素血症和/或败血症时，应考虑使用抗菌药物和胃肠道保护剂。虽然高氨血症相关脑病只发生在一小部分 ECoV 感染马中，但早发现和早治疗往往可以得到积极的结果。疑似或已有高氨血症的马，可以通过口服乳果糖（0.1～0.2 mL/kg，每隔 6～12h 口服）、硫酸新霉素（4～8mL/kg 体重，每隔 8h 口服）或粪便移植（faecal transfaunation）和结晶液等进行治疗。

三、其他综合防控措施

对于 ECoV 感染与传播控制，目前没有针对性的防控措施，只能通过加强饲养管理，减少将 ECoV 引入和传播到马所在场所（养殖场所、寄养设施、表演场地或兽医院）的机会。新引进的马应至少隔离 3 周。在外表演或比赛而返回的马匹也应进行适当时间的隔离。马车和拖车在使用前后应彻底清洁和消毒；对马所在场所（寄养设施、表演场地或兽医院）实施严格的生物安全措施，如使用消毒脚垫和个人防护用品；如马出现肠胃症状（腹痛、腹泻），或全身症状，如发热（38.5℃）、厌食和嗜睡，或通过分子检测确认 ECoV 感染，应严格隔离。同群的其他马或与之密切接触的马在其他场所进行隔离，每天进行临床检查，并两次测量直肠温度；马僮和其他人员应先照顾健康动物，最后照顾感染/可能感染的动物，并对马靴、马钉和手进行清洁和消毒；健康马的训练时间应与感染赛马的训练时间错开，感染赛马训练时骑手应穿戴防护服。

▶ 主要参考文献

[1] Guy J. S.，Breslin J. J.，Breuhaus，et al. Characterization of a coronavirus isolated from a diarrheic foal[J]．J Clin Microbiol，2000，38：4523-4526.

[2] 仇钰，孙谦，秦爱建，等．马冠状病毒抗体的间接 ELISA 检测方法的建立[J]．中国预防兽医学报，2009（2）：122-126.

[3] Kooijman L. J.，James K.，Mapes S. M.，et al. Seroprevalence and risk factors for infection with equine coronavirus in healthy horses in the USA[J]．The Veterinary Journal，2017，220：91-94.

[4] Slovis N. M.，Elam J.，Estrada M.，et al. Infectious agents associated with diarrhoea in neonatal foals in central Kentucky：a comprehensive molecular study[J]．Equine Vet J，2014，46：311-316.

［5］ Oue Y.，Ishihara R.，Edamatsu，et al. Isolation of an equine coronavirus from adult horses with pyrogenic and enteric disease and its antigenic and genomic characterization in comparison with the NC99 strain［J］.Vet Microbiol，2011，150：41-48.

［6］ Oue Y.，Morita Y.，Kondo T.，et al. Epidemic of equine coronavirus at Obihiro Racecourse，Hokkaido，Japan in 2012［J］.J Vet Med Sci，2013，75：1261-1265.

［7］ Pusterla N.，Mapes S.，Wademan，et al. Emerging outbreaks associated with equine coronavirus in adult horses［J］.Vet Microbiol，2013，162：228-231.

［8］ Fielding C. L.，Higgins J. K.，Higgins J. C.，et al. Disease associated with equine coronavirus infection and high case fatality rate［J］.J Vet Intern Med，2015，29：307-310.

［9］ Wege H.，Siddell S.，Ter Meulen V. The biology and pathogenesis of coronavirus［J］.Curr Top Microbiol Immunol，1982，99：165-200.

［10］ Woo P. C.，Lau S. K.，Lam C. S.，et al. Discovery of seven novel mammalian and avian coronaviruses in the genus deltacoronavirus supports bat coronaviruses as the gene source of alphacoronavirus and betacoronavirus and avian coronaviruses as the gene source of gammacoronavirus and deltacoronavirus［J］.J Virol，2012，86：3995-4008.

［11］ Zhang J.，Guy J. S.，et al. Genomic characterization of equine coronavirus［J］.Virol，2007，369：92-104.

［12］ Weiss S. R.，Leibowitz J. L. Coronavirus pathogenesis［J］.Adv. Virus Res，2011，81：85-164.

［13］ Wang X. W.，Li J. S.，Jin M.，et al. Study on the resistance of severe acute respiratory syndrome-associated coronavirus［J］.J Virol Methods，2005，126：171-177.

［14］ Nemoto M.，Oue Y.，Morita，et al. Experimental inoculation of equine coronavirus into Japanese draft horses［J］.Arch Virol，2014，159：3329-3334.

［15］ Pakpinyo S.，Ley D. H.，Barnes H. J.，et al. Enhancement of enteropathogenic *Escherichia coli* pathogenicity in young turkeys by concurrent turkey coronavirus infection［J］.Avian Dis，2003，47：396-405.

［16］ Srikumaran S.，Kelling C. L.，Ambagala A. Immune evasion by pathogens of bovine respiratory disease complex［J］.Anim Health Res Rev，2007，8：215-229.

［17］ Vermeulen B. L.，Devriendt B.，Olyslaegers D. A.，et al. Suppression of NK cells and regulatory T lymphocytes in cats naturally infected with feline infectious peritonitis virus［J］.Vet Microbiol，2013，164：46-59.

［18］ Giannitti F.，Diab S.，Mete A.，et al. Necrotizing enteritis and hyperammonemic encephalopathy associated with equine coronavirus infection in equids［J］.Vet Pathol，2015，doi：10. 1177/0300985814568683.

［19］ Chen W.，Yang J.，Lin J.，et al. Nasopharyngeal shedding of severe acute respiratory syndrome-associated coronavirus is associated with genetic polymorphisms［J］.Clin Infect Dis，2008，42：1561-1569.

［20］ Hung I. F.，Lau S. K.，Woo P. C.，et al. Viral loads in clinical specimens and SARS manifestations ［J］. Hong Kong Med J，2009，15：20-22.

［21］ Miszczak F.，Tesson V.，Kin N.，et al. First detection of equine coronavirus（ECoV）in Europe ［J］. Vet Microbiol，2014，171：206-209.

［22］ Hemida M. G.，Chu D. K.，Perera R. A.，et al. Coronavirus infections in horses in Saudi Arabia and Oman［J］. Transboundary Emerging Diseases，2017，64：2093-2103.

［23］ Chang H.，Egberink H. F.，Halpin R.，et al. Spike protein fusion peptide and feline coronavirus virulence［J］. Emerg Infect Dis，2012，18：1089-1095.

［24］ Davis E.，Rush B. R.，Cox J.，et al. Neonatal enterocolitis associated with coronavirus infection in a foal：a case report［J］. J Vet Diagn Invest，2000，12：153-156.

［25］ Tsunemitsu H.，Smith D. R.，Saif L. J. Experimental inoculation of adult dairy cows with bovine coronavirus and detection of coronavirus in feces by RT-PCR［J］. Arch Virol，1999，144：167-175.

［26］ 姜焱，顾炳泉，张常印，等．马冠状病毒检测试剂盒的研制［J］.动物医学进展，2005，26（8）：89-100.

［27］ 孙谦．马冠状病毒核蛋白基因片段的表达及其抗体检测试剂盒的研制［D］. 扬州：扬州大学，2012.

［28］ Zhao S.，Smits C.，Schuurman N.，et al. Development and Validation of a S1 protein-based ELISA for the specific detection of antibodies against equine coronavirus［J］. Viruses，2019，11：1109.

［29］ Welter M. W. Adaptation and serial passage of bovine coronavirus in an established diploid swine testicular cell line and subsequent development of a modified live vaccine［J］. Adv Exp Med Biol，1998，440：707-711.

［30］ Traven M.，Naslund K.，Linde N.，et al. Experimental reproduction of winter dysentery in lactating cows using BCV-comparison with BCV infection in milk-fed calves［J］. Vet Microbiol，2001，81：127-151.

［31］ O'Neill R.，Mooney J.，Connaghan，et al. Patterns of detection of respiratory viruses in nasal swabs from calves in Ireland：A retrospective study［J］. Vet Rec，2014，175：351-356.

［32］ Saif L. J.，Redman D. R.，Moorhead，et al. Experimentally induced coronavirus infections in calves：Viral replication in the respiratory and intestinal tracts［J］. Am J Vet Res，1986，47：1426-1432.

［33］ Pusterla N.，Vin R.，Leutenegger C.，et al. Equine coronavirus：An emerging enteric virus of adult horses［J］. Equine Vet Educ，2016，28（4）：216-223.

［34］ Miszczak F.，Kin N.，Tesson V.，et al. Animal coronaviruses［M］. New York：Humana Press，2016：93-100.

（朱来华）

第十七章

兔冠状病毒病

近年来关于兔感染冠状病毒的研究报道相对较少。现有研究表明，兔可感染多种冠状病毒。国外先后报道了 α 冠状病毒可感染兔并分别导致心肌炎和肠道感染等不同的临床表现，但由于没有详细的病原学报道，尤其缺少病毒基因组序列等信息，所以没有被国际病毒学分类委员会所认可。香港学者于 2012 年首次从广州农贸市场兔的粪便样品中检出一种新的 β 冠状病毒 HKU14，并进行了系统研究。

第一节 概 述

一、定义

兔冠状病毒病（Rabbit coronavirus disease）是由兔冠状病毒（Rabbit coronavirus，RbCoV）引起兔的一种传染性疾病，临床上以引发兔全身性疾病（心肌炎）和肠道疾病（腹泻）为主要特征。兔冠状病毒 HKU14（Rabbit coronavirus HKU14，RbCoV HKU14）于 2012 年首次在中国广州市场家兔中分离获得，经全基因序列测定和系统发育生物学分析，证明该病毒属于 β 冠状病毒 A 型亚群，2019 年 ICTV 最新分类地位属于 β 冠状病毒属、Embecovirus 亚属[1]。RbCoV 具有冠状病毒典型的形态结构、基因组特点、理化及生物学特性等，可引起家兔表现出冠状病毒导致的与其他动物肠炎相似的典型病变和症状。

二、流行与分布

1. 国际流行历史与现状

1961 年北欧科学家首次发现用来培养梅毒螺旋体的兔子被未知病原感染并导致死亡，后来证实此病原为冠状病毒，心脏系此冠状病毒感染的主要靶器官，可引起心肌炎。临床表现包括体温升高，食欲下降、体重降低，结膜和虹膜淤血等，组织病理学变化主要表现在心、肺和淋巴结。人工感染死亡率可达到 80% 以上。后期研究证实此病毒与猪传染性胃肠炎病毒、猫传染性腹膜炎病毒、犬冠状病毒等冠状病毒抗原性相关，推测属于 α 冠状病毒[2]。

1980 年加拿大首次报道了以肠道为主要靶器官的兔冠状病毒，研究学者在产生腹泻症状的家兔粪便中可见典型冠状病毒颗粒，病毒可凝集兔红细胞，人冠状病毒 229E 的抗血清可抑制其血凝活性，而猪血凝性脑脊髓炎病毒的抗血清和鸡传染性支气管病毒的抗血清不能抑制其血凝活性，推测这种兔肠道冠状病毒也属于 α 冠状病毒[3]。

1993 年在美国的一项血清流行病学调查，结果证实 RbCoV 在兔群中广泛存在[4]。2004 年的另一调查发现，意大利家兔中 RbCoV 阳性感染率为 30%～40%，兔群中广泛存在 RbCoV 的亚临床感染[5]。

2. 国内流行历史与现状

2012 年香港大学袁国勇从广州农贸市场采集的 136 只兔粪便样品中首次检出一种新的 β 冠状病毒 HKU14，RbCoV HKU14 的检出率为 8.1%，兔血清中检测到抗 RbCoV HKU14 抗体的阳性率高达 67%，表明兔有可能是 RbCoV HKU14 病毒的天然宿主[1]。

三、危害

目前关于兔冠状病毒的报道主要为以全身疾病为特征的兔冠状病毒和以肠道感染为主的兔肠道冠状病毒，嗜肠型冠状病毒感染的幼兔有较高的死亡率，但目前尚未发现兔冠状病毒大规模疫情的流行，对兔冠状病毒的流行病学、预防与控制等相关研究仍知之甚少。由于兔可能是兔冠状病毒的天然宿主，且兔冠状病毒与人冠状病毒 HCoV OC43 亲缘关系较近，因此加强对兔冠状病毒的监测并跟踪病毒的遗传进化，对维护公共卫生安全具有重要意义。

第二节 病 原 学

一、分类和命名

兔冠状病毒 HKU14 在分类地位上属套式病毒目、冠状病毒科、正冠状病毒亚科、β 冠状病毒属成员。此外，也有兔感染 α 冠状病毒的报道，主要导致心肌炎或腹泻等临床表现，也可导致亚临床感染。

二、形态结构和化学组成

兔冠状病毒与其他 β 冠状病毒属的冠状病毒相似，在电子显微镜下呈球状或椭圆形，上有规则排列的囊状胶原纤维突，形似皇冠状。病毒粒子直径为 60～220nm，病毒粒子外包有脂肪膜，膜表面有三种糖蛋白：纤突蛋白（S 蛋白）、小膜蛋白（E 蛋白）和膜蛋白（M 蛋白）。兔冠状病毒含有血凝素蛋白（HE 蛋白）。病毒内部为 RNA 和核衣壳蛋白组成的核蛋白核心，呈螺旋式结构。

三、理化特性

兔冠状病毒与其他冠状病毒具有相似的理化特性，对有机溶剂和消毒剂敏感，75％酒精、乙醚、氯仿、甲醛、含氯消毒剂、过氧乙酸和紫外线均可灭活病毒。

四、宿主范围

兔冠状病毒易感宿主为兔，尚未有其他物种感染兔冠状病毒的研究报道。

五、毒株分类

4 株兔冠状病毒 HKU14，主要有 HKU14-1、HKU14-3、HKU14-8 和 HKU14-10，4 个毒株均属于 β 冠状病毒属 A 亚群中的一个分支（图 17-1），现属于 β 冠状病毒属 *Embecovirus* 亚属的成员。以引起全身性疾病、心肌炎为主要特征的兔冠状病毒，以及以引起肠道损伤为主要特征的兔肠道冠状病毒，均无毒株基因序列的报道。

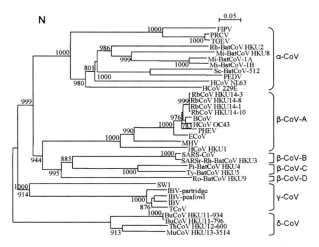

图 17-1 兔冠状病毒 RbCoV-HKU14 进化分析[1]

六、 基因组结构和功能

RbCoV HKU14 的基因组大小为 30 904～31 116 个碱基，GC 含量为 38％。基因组类似于其他 β 冠状病毒 A 亚群的病毒，具有典型的基因顺序，包括 5′ ORF1ab 复制酶、血凝素蛋白（HE）、纤突蛋白（S）、小膜蛋白（E）、膜蛋白（M）和 3′ 端的核衣壳蛋白（N）（图 17-2）。此外，其他的 ORF 编码非结构蛋白、NS2a 和 NS5a 已被鉴定[1]。

RbCoV HKU14 亚基因组 mRNA 已识别出 HE（8 650 bp）、S（7 350 bp）、NS5a（3 030 bp）、E（2 790 bp）、M（2 380 bp）和 N（1 680 bp）的亚基因组 mRNA。与其他 β 型冠状病毒 A 亚群相同，RbCoV HKU14 的亚基因组 mRNA 的转录调节核心序列为 5′-

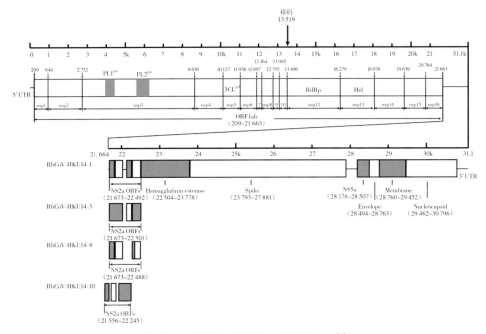

图 17-2　RbCoV HKU14 基因组结构[1]

UCUAAAC-3′。HE、S、N 基因的前导序列和亚基因组 mRNA A 亚群的其他病毒完全匹配，而 NS2a、NS5a、E 和 M 基因存在单碱基的不匹配。

　　RbCoV HKU14-1 的 ORF1 编码非结构蛋白（nsp's）及其特征见表 17-1。ORF1 编码多聚蛋白，与其他 β 冠状病毒 A 亚群的多聚蛋白具有 72.0%～87.2% 的氨基酸同源性，多聚蛋白的可能裂解位点在 RbCoV HKU14-1 和 β 冠状病毒 1 毒株中高度保守。RbCoV HKU14 的 nsp1、nsp2、nsp3、nsp13 和 nsp15 与 HCoV OC43、BCoV、ECoV 和 PHEV 不同，存在缺失或插入。RbCoV HKU14-10 的基因组 nsp3 区域与其他 3 个毒株的基因组不同，PL2pro 和 Y 区域之间存在 117 bp 的缺失，这是 CoVs 中的一个可变区域，功能未知。除了 HCoV HKU1 外，所有 β 冠状病毒 A 亚群在 ORF1ab 和 HE 之间均有 NS2a 基因，虽然 RbCoV HKU14 在该区域的核苷酸序列与亲缘关系较近的 β 冠状病毒 1 型具有较高的同源性，但 RbCoV HKU14 在该区域被分成几个小的 ORFs，RbCoV HKU14-1 和 RbCoV HKU14-8 含有 4 个 ORFs，RbCoV HKU14-3 和 RbCoV HKU14-10 含有 3 个 ORFs。

表 17-1　RbCoV HKU14 编码蛋白[1]

开放阅读框架	核苷酸位置（起始-终止）	核苷酸数量	氨基酸数量	阅读框架	预测功能域	位置（氨基酸）
ORF1ab	209～21 663	21 455	7 151	+1，+2		
NS2a1	21 673～21 804	132	43	+1		

（续）

开放阅读框架	核苷酸位置（起始-终止）	核苷酸数量	氨基酸数量	阅读框架	预测功能域	位置（氨基酸）
Ns2a2	21 829～22 020	192	63	＋1		
Ns2a3	22 126～22 254	129	42	＋1		
Ns2a4	22 277～22 492	216	71	＋2		
HE	22 504～23 778	1 275	424	＋1	血凝素结构域裂解位点 神经胺酸 O-乙酰酯酶活性位点	128～266,1～18 位具有信号肽的概率为 0.781 37～40
S	23 793～27 881	4 089	1 362	＋3	I 型膜糖蛋白 跨膜区 富含半胱氨酸残基的细胞质尾部 裂解位点 2 个 7 个重复	15～1 306 在外表面 1 307～1 327 763～768 990～1 091（HR1） 1 258～1 303（HR2）
NS5a	28 178～28 507	330	109	＋2		
E	28 494～28 763	270	89	＋3	2 个跨膜区	14～36 和 41～61
M	28 760～29 452	693	230	＋2	3 个跨膜区	35～45，57～77 和 81～101，N 端 24 个氨基酸在外表面，C 端 126 个氨基酸亲水域在内部
N	29 462～30 796	1 335	444	＋2		

RbCoV HKU14 的 S 蛋白氨基酸序列与 BCoV 最相似，同源性为 93.6%～94.1%。比较 RbCoV HKU14 和 BCoV S 蛋白的氨基酸序列显示 64 个氨基酸高度变异，其中 13 个氨基酸已被鉴定是 β 冠状病毒 A 亚群 S 蛋白中高度变异的区域。

七、 病毒的遗传变异

β 冠状病毒中 RbCoV HKU14 与 β 冠状病毒 1 型的亲缘关系接近，因复制酶保守区域的氨基酸序列相似度小于 90% 而被认定为一个独立的分支[6]。RbCoV HKU14 是近期才起源的病毒，可能于 2002 年左右才由共同祖先进化分支而来[6]。

八、 致病机制

兔冠状病毒的致病机制尚不清楚，已发现在胰蛋白酶存在的条件下，RbCoV HKU14 感染 HRT-18G 细胞中可观察到明显的细胞病变，表现为圆形、融合、颗粒状巨细胞。感染 RK13 细胞仅有极微小的细胞病变，细胞变圆。鸡胚不支持 RbCoV HKU14 的生长，

在此基础上应加强兔冠状病毒的致病机制研究。

第三节　流行病学

RbCoV 在自然界中普遍存在，兔本身就是 RbCoV 的天然宿主，为本病的主要传染源。通过被病毒污染的食料、饮水、用具、环境及空气等，经消化道与呼吸道感染。本病传播快，具有高度的流行性。

第四节　临床诊断

一、临床症状及剖检病变

调查发现家兔可能广泛存在 RbCoV 的亚临床感染。当家兔感染 RbCoV 后，临床上有两种不同形式的临床表现：一是全身性疾病，表现为发热、食欲减退、白细胞增多、淋巴细胞减少、贫血、高 γ-球蛋白和虹膜睫状体炎等，常伴随死亡；二是肠道感染，表现为水样腹泻、脱水、消瘦和精神沉郁等[3,7]。

兔冠状病毒感染出现急性期 2～5d，心脏出现肌细胞溶解、肺水肿、肌细胞变性和坏死。亚急性期 6～12d，亚急性期也可见心肌炎、胸腔积液、心肌细胞钙化、肝、肺充血[8-12]。研究显示，感染兔冠状病毒会导致心肌炎和充血性心力衰竭，感染幸存者会在慢性期发展成扩张型心肌病，且该病毒被作为病毒性诱导心肌炎和扩张型心肌病的研究模型。

二、病理变化

病理变化主要在心肌和胸膜。剖检可见右心室扩张，心外膜和心内膜出血，胸腔积液，肺水肿，肺泡内含有粉红色的蛋白质的液体，淋巴结肿大。组织学病变为心肌变性、肌细胞退化坏死以及扩张型心肌炎的器官组织病理学变化等。RbCoV 也可在小肠复制，引起肠绒毛坏死、脱落、隐窝肥大，上皮细胞坏死。

第五节　实验室诊断

根据流行病学特点、临床症状和病理变化，只能作为综合诊断的参考依据，确诊必须进行实验室诊断。采集动物粪便样本或血清，利用实时定量 PCR（RT-PCR）进行基因检测，确诊病例可用电镜技术及免疫电镜法（IEM）直接检查病料（粪便、血清等）中的病毒抗原，特异性强，检出率高。也可用间接 ELISA 法检测血清中的抗体，进行血清学调查及诊断等。

根据病原学检查，发现感染兔冠状病毒引起肠道疾病的家兔，其中 80% 的病例均有轮状病毒及细菌性病原体的共感染或继发感染，引发断奶后的仔兔发生严重肠炎，导致死亡率增高。利用 RT-PCR 扩增病毒特异性基因序列，与轮状病毒和细菌性感染区别鉴定。

第六节　预防与控制

一、疫苗及抗病毒药物

目前本病尚无可用疫苗，也没有特效的治疗药物。临床上结合兔养殖场实际情况，采取对症治疗与支持治疗，控制继发感染，提高机体免疫力等措施，控制疫情，减少死亡。

二、其他措施

综合防控措施主要是加强对兔群的科学饲养管理，严格隔离饲养；坚持消毒制度，落实各项生物安全措施；定期检疫，淘汰带毒兔，净化种群；引入种兔时要严格检疫，防止带入传染源等。发生疫情时可采取捕杀病兔、隔离饲养、全面消毒、控制兔群流行等措施。

▶ 主要参考文献

[1] Susanna K. P., Patrick C. Y., Cyril C. Y., et al. Isolation and characterization of a novel betacoronavirus subgroup a coronavirus, rabbit coronavirus HKU14, from domestic rabbits [J]. J Virol, 2012, 86 (10): 5481-5496.

[2] Small J. D., R. D. Woods. Relatedness of rabbit coronavirus to other coronaviruses [J]. Adv Exp Med Biol, 1987, 218: 521-527.

[3] Lapierre J., Marsolais G., Pilon P. Preliminary report on the observation of a coronavirus in the intestine of the laboratory rabbit [J]. Can J Microbiol, 1980, 26 (10): 1204-1208.

[4] Deeb B. J., DiGiacomo R. F., Evermann J. F., et al. Prevalence of coronavirus antibodies in rabbits [J]. Lab Anim Sci, 1993, 43 (5): 431-433.

[5] Monica Cerioli, Antonio Lavazza. Recent advances in rabbit sciences [M]. Merelbeke, Belgium, 2006: 181-186.

[6] Alekseev K. P., et al. Bovine-like coronaviruses isolated from four species of captive wild ruminants are homologous to bovine coronaviruses, based on complete genomic sequences [J]. J Virol, 2008, 82: 12422-12431.

［7］ Descôteaux J. P. ，Lussier G. Experimental infection of young rabbits with a rabbit enteric coronavirus ［J］. Can J Vet Res，1990，54（4）：473-476.

［8］ Small J. D. ，Woods R. D. Relatedness of rabbit coronavirus to other coronaviruses ［J］. Adv Exp Med Biol，1987，218：521-527.

［9］ Alexander L. K. ，Small J. D. ，Edwards S. ，et al. An experimental model for dilated cardiomyopathy after rabbit coronavirus infection ［J］. J Infect Dis，1992，166：978-985.

［10］ Alexander L. K. ，Keene B. W. ，Small J. D. ，et al. Electrocardiographic changes following rabbit coronavirus-induced myocarditis and dilated cardiomyopathy ［J］. Adv Exp Med Biol，342：365-370.

［11］ Alexander L. K. ，Keene B. W. ，Yount B. L. ，et al. ECG changes ater rbbit cronavirus infection ［J］. J Electrocardiol，1999，32（1）：21-32.

［12］ Edwards S. ，Small J. D. ，Geratz J. D. ，et al. An experimental model for myocarditis and congestive heart failure after rabbit coronavirus infection ［J］. J Infect Dis，1992，165（1）：134-140.

（王 芳）

第十八章
水貂和雪貂冠状病毒病

水貂和雪貂都可感染冠状病毒。水貂感染水貂冠状病毒后可导致冠状病毒性肠炎，雪貂可感染雪貂肠道冠状病毒和雪貂全身性冠状病毒，两者导致的临床表现存在一定差异。有研究证实，水貂和雪貂均可感染人新型冠状病毒 SARS-CoV-2，在荷兰、西班牙等还发生多起水貂感染新冠病毒并引发疫情的报道，引起行业高度关注。

第一节 水貂冠状病毒性肠炎

一、概述

（一）定义

水貂冠状病毒性肠炎（Mink coronaviral enteritis，MCE），又称水貂流行性卡他性胃肠炎（Mink epizootic catarrhal gastroenteritis，MECG），是由水貂冠状病毒（Mink coronavirus，MCV）引起的以流行性腹泻、卡他性肠炎、消瘦为特征的急性传染性疾病。

（二）流行与分布

该病最早于 1975 年发生在美国，称之为水貂流行性卡他性胃肠炎（ECG）或犹他州肠炎。之后在加拿大、苏联、丹麦、斯堪的纳维亚等国家和地区流行。1987 年从北美通过引种传入我国东部沿海地区[1,2]。目前国内辽宁、江苏、山东等多个地区部分貂场相继有该病的报道。该病原常与细小病毒、呼肠孤病毒等混合感染。

（三）危害

本病传播迅速，发病率可高达 100％，死亡率 30％。患貂常表现食欲缺乏，呈现黏液性腹泻，病程达 2～6d 或更长。尽管死亡率一般低于 5％，但如果混合感染阿留申病及细菌感染，死亡率则会增加[3]。因此，貂场一旦发病，常引起全群生长迟缓、生皮质量下降，给养貂业造成严重的经济损失。

二、病原学

（一）分类和命名

MCV 为冠状病毒科（*Coronaviridae*）、正冠状病毒亚科（*Orthocoronavirinae*）、α冠

状病毒属（*Alphacoronavirus*）、貂冠状病毒（*Minacovirus*）种的成员。

（二）形态结构和化学组成

与其他冠状病毒一样，MCV 是有囊膜的单股正链 RNA 病毒。病毒粒子呈圆形、椭圆形等多形性，直径 80～160nm，表面有长约 12nm 的纤突（图 18-1）[1]。

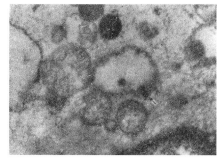

图 18-1　MCV 病毒粒子电镜图[1]

（三）生物学特性

MCV 对人、猪、牛、鸡、鸽、豚鼠、小鼠和兔等红细胞均无凝集作用。水貂冠状病毒的体外分离培养较为困难，可用貂肺细胞（ML）进行培养。MCV 在胞质中增殖，以出芽方式形成完整的病毒粒子[4,5]。

（四）对理化因子敏感性

MCV 对外界环境的抵抗力较强。对乙醚敏感。对温度敏感，37℃ 12h 可失去感染性。在粪便中病毒可存活 6～9d，污染物在水中可保持数天的感染性。对酸有一定抵抗力，在 pH3 条件下室温 3h 仍保持一定活力[4]。紫外线、来苏儿、过氧乙酸等常见的清洁剂和消毒剂都能杀灭环境中的病毒。

（五）抗原性

水貂冠状病毒（MCV）与猪传染性胃肠炎病毒（TGEV）、猪流行性腹泻病毒（PEDV）等 α 冠状病毒属成员之间具有一定的抗原交叉性[6]。

（六）基因组特性

MCV 具有典型的冠状病毒基因组结构。5′端具有帽子结构，3′端具有 poly（A）尾。MCV（Mink/China/1/2016，GenBank MF113046）的基因组全长为 28 924bp，G＋C 含量为 37.2%～39.1%，主要包含 ORF1a/1b、纤突蛋白（S）、3c、小膜蛋白（E）、膜蛋白（M）、核衣壳蛋白（N），以及其他附属编码非结构蛋白的基因（*ORF7a*、*3x* 和 *7b*）。基因组中的 *ORF1a* 和 *ORF1b* 相互重叠 42 bp，其长度分别是 12 030 和 8 034 bp，且在 *ORF1a*～*ORF1b* 重叠区域（12 262～12 304）形成一个基因三级结构，可由其引起核糖体阅读框移位。与其他冠状病毒相似，核糖体移动的滑动位点为 UUUAAAC；在非转录酶基因（*3x* 和 *7b* 除外）的上游均具有转录调控序列（CTAAAC），预测其是不间断合成亚基因组 RNA 所必需的[7]。MCV 基因组结构模式图见图 18-2。表 18-1 为 MCV 基因组结构。

水貂冠状病毒中国株 Mink/China/1/2016 与美国株 WD1127、WD1133 的 N 蛋白相似性分别为 97.61%、98.40%，M 蛋白相似性分别为 94.40%、97.01%，S 蛋白相似性分别为 87.48%、92.36%。而 Mink/China/1/2016 与雪貂冠状病毒 KX512810 株

（FRSCV，基因 1 型）和雪貂冠状病毒 KM347965 株（FRECV，基因 2 型）的 N 蛋白相
似性分别为 77.13％、76.92％，S 蛋白相似性仅为 66.55％、65.80％。

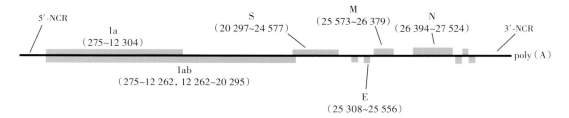

图 18-2　MCV 基因组结构模式图（Mink/China/1/2016，GenBank：MF113046）

表 18-1　MCV 基因组结构

蛋白	核苷酸位置			氨基酸数		
	Mink/1/2016/ China (MF113046)	Mink Cov WD1127 (NC023760)	Mink Cov WD1133 (HM245926)	Mink/1/2016/ China (MF113046)	Mink Cov WD1127 (NC023760)	Mink Cov WD1133 (HM245926)
ORF 1a	275～12 304	273～12 329	273～12 293	4 009	4 018	4 006
ORF 1ab	275～20 295	273～20 320	273～20 284	6 673	6 682	6 670
Spike	20 297～24 577	20 322～24 638	20 277～24 566	1 426	1 438	1 429
ORF3a（c）	NA	24 656～25 399	24 584～25 320	NI	247	NI
E	25 308～25 556	25 368～25 616	25 299～25 547	82	82	82
M	25 573～26 379	25 633～26 439	25 564～26 370	268	268	268
N	26 394～27 524	26 454～27 584	26 385～27 515	376	376	376
ORF6	NA	NA	NA	NI	NI	NI
ORF7a	27 529～27 825	27 589～27 885	27 520～27 816	98	98	98
ORF3x	27 810～28 031	27 870～28 091	27 801～28 022	73	73	73
ORF7b	27 973～28 587	28 033～28 647	27 964～28 578	204	204	204
ORF8	NA	NA	NA	NA	NA	NA
ORF10	NA	NA	NA	NA	NA	NA

注：S，纤突蛋白；E，小膜蛋白；M，膜蛋白；N，核衣壳蛋白；NI，未知蛋白；NA，序列未知；ORF，开放
性读码框。

（七）病毒的遗传变异

对水貂冠状病毒中国分离株 Mink/China/1/2016 基因组分析发现，该病毒与 2011 年
报道的 2 株美国分离株 WD1127 和 WD1133 基因组极为相似，同源性分别达 92.7％ 和
93.8％。但由于 3 株毒株基因组中，有一些 ORF 的翻译起始和终止位点发生了变化，同
一 ORF 在 3 株毒株中的大小存在差异，其翻译的蛋白大小也随之发生了改变。我国分离
株与美国分离株差异不大，这有可能与我国的种貂多从北美进口有关[7]。而 Mink/China/
1/2016 与 HCoV-19 的全基因组相似性为 50.57％，与 SARS-CoV 的相似性仅为
50.34％[8]，明显不在一个分支。遗传进化分析显示，水貂冠状病毒与雪貂冠状病毒属于

不同分支。图 18-3 是以貂源冠状病毒 N 蛋白基因构建的遗传进化树。

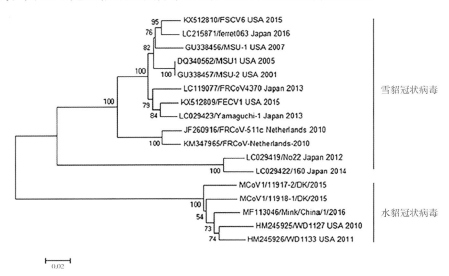

图 18-3　水貂和雪貂冠状病毒 N 蛋白基因遗传进化树

三、流行病学

（一）传染源

一旦感染 MCV，病貂会长期从粪便和唾液中排毒。病死貂、粪便、唾液、污染饲料是重要的传染来源。

（二）传播途径

该病主要通过消化道传播。

（三）易感动物

不同日龄的水貂都可感染，无母源抗体的水貂是高风险感染者[9]，而 4 月龄以上的育成貂或成年貂最易感。

（四）流行特点

该病传播迅速，季节性强，多在秋冬或早春季节发生。病貂耐过后 7～10d 即可康复。水貂一般感染 MCV 后 2～3d 开始排毒，排毒期至少持续 7d[5]。但感染貂仍会呈现间歇性排毒，二次感染可能对貂群持续发病起着重要的作用。

四、临床诊断

（一）临床症状

病貂精神迟钝、鼻镜干燥，被毛不光泽，食欲不振、呕吐，饮水量增加。一般体温不升高。排灰白色、绿色或黄色且无明显套管样稀便，部分病例排黑红色稀便。肛门、会阴部被稀便污染，腹泻严重的病貂最终因脱水、衰竭而死亡。

（二）剖检病变

病死貂表现消瘦和脱水。口腔黏膜、眼结膜苍白。剖检可见肝脾肿大，肾脏呈土黄色、质脆。肠道内容物从急性期的鲜绿色黏液粪便到慢性期的类似于禽类的颗粒状粪便。肠黏膜充血、肠壁变薄、肠系膜淋巴结肿大。

（三）鉴别诊断

应与水貂细小病毒性肠炎以及沙门氏菌感染等导致的腹泻进行区别。细小病毒感染貂的发病率和死亡率高，腹泻稀便中多数都有脱落的肠黏膜，且排出粉红色或黄粉色稀便，即所谓套管样稀便。而冠状病毒性肠炎没有这种临床表现。沙门氏菌引发的水貂腹泻，具有明显的季节性，一般夏季多发，呈急性经过，体温升高，下痢，妊娠母貂流产；剖检可见胃空虚或含有少量混有黏液的液体，黏膜肿胀、肥厚、出血，脾脏和肝脏显著肿大；魏氏梭菌引发的水貂腹泻主要表现为粪便有腥臭味，混有血液；常发生肢体不全麻痹，头震颤，呈昏迷状态；剖检可见胃肠黏膜肿胀、充血、出血，肝脏肿大并呈黄褐色。亦应注意与肠道球虫病相区别，球虫感染貂发病率和死亡率均不高，通常眼结膜苍白、贫血；排血性粪便，可从粪便中可检测到球虫卵囊。

五、实验室诊断

可采用电镜观察、病毒分离以及 RT-PCR 等核酸检测方法进行诊断。可以收集发病初期（2～3d）的病貂肠内容物和粪便，加入生理盐水稀释，离心取上清液，用磷钨酸负染，在电镜下可检查到有囊膜、表面呈花瓣样纤突病毒粒子[10]。病毒分离可以选用貂肺细胞，分离培养后包埋切片作电镜观察，可见病毒在细胞质内繁殖，感染细胞质内质网膜增厚，病毒在内质网膜上以出芽方式增殖。

利用 MCV 全病毒作为包被抗原建立的 ELISA 双抗体夹心法可检测水貂冠状病毒，其敏感度达 $0.625\mu gVP^*/mL$[11]。

RT-PCR 亦是常用于诊断 MCV 感染的核酸检测方法。

六、 预防与控制

目前没有商业化的 MCV 疫苗，亦没有抗 MCV 的特效药物。一种类 3C 蛋白酶（3CL^{pro}）抑制剂能够抑制病毒增殖[12]。

在高密度饲养环境下，MCV 发病率会明显增高，因此，改善饲养方式和数量是预防该病的措施之一。加强营养，补充维生素、铁、胃黏膜保护剂和免疫增强剂等都能取到一

---

* VP 指病毒颗粒。

定的治疗效果。

抗炎症药物如类固醇和抗菌作用药物如甲硝唑（20 mg／kg）等可用于预防或治疗继发性细菌感染。皮下或腹腔注射5％～10％葡萄糖注射液可缓解症状[13]。

加强卫生消毒是控制该病的重要手段。定期用百毒杀、0.1％过氧乙酸进行环境消毒。应将病貂进行隔离治疗，并对貂笼进行火焰消毒。同时防止犬、猫等动物进入养殖场。

第二节 雪貂冠状病毒感染

一、概述

雪貂冠状病毒感染存在两种致病型。一种是由雪貂肠道冠状病毒（Ferret enteric coronavirus，FRECV）引起的流行性卡他性肠炎（Epizootic catarrhal enteritis，ECE），又称为绿色黏液病或绿泥病（Green slime disease），感染雪貂表现以腹泻为主[9,14]。另一种是由雪貂全身性冠状病毒（Ferret systemic coronavirus，FRSCV）感染所致，类似于家猫传染性腹膜炎系统性疾病（Feline infectious peritonitis，FIP），感染雪貂表现为厌食、体重减轻、腹泻、大面积的腹腔内肿块[15-20]。有研究证实，雪貂也可感染人新型冠状病毒SARS-CoV-2[21]。目前雪貂感染的冠状病毒仍以FRSCV与FRECV为主。

二、病原学

雪貂冠状病毒与MCV较为相似。*FRSCV*与*FRECV*的*M*、*N*、*NS*、*ORF3*和*7b*基因的同源性高达96％，E蛋白基因亦显示出91.6％的序列相似性[22]，然而有些雪貂冠状病毒毒株已出现类似于猫Ⅱ型冠状病毒的S蛋白重组现象[23]。

通过*N*基因序列可以将雪貂冠状病毒分为美洲系（美国和日本）和欧洲系（荷兰和斯洛文尼亚）。RNA依赖RNA聚合酶基因系统发育树亦表明美国和日本出现的雪貂冠状病毒与荷兰毒株差异很大。

根据纤突蛋白（S）基因可以将雪貂冠状病毒分为两个基因型，基因1型与类似猫传染性腹膜炎的全身性疾病有关，基因2型与流行性卡他性肠炎（ECE）有关。然而，雪貂冠状病毒基因型与致病型之间的相关性并不明显，因为许多无症状的雪貂中亦能检测到基因1型FRCoV[24]。尽管它们的S蛋白基因同源性差异很大（仅79.6％），但S蛋白的195～199个氨基酸的C末端部分内的21个氨基酸差异是相对保守的[22]。

三、临床表现

FRECV呈现地方性流行，但很少引发严重的临床症状，血清学阳性或病毒核酸阳性并不代表貂群发病[25]。一些外观健康的雪貂在应激状态下可能出现温和性的 ECE，且从粪便中能够检测到 FRECV。初始临床体征包括食欲下降、体重减轻、嗜睡、呕吐等。腹泻物呈绿色和黏液状。雪貂可能会迅速脱水。慢性病例的粪便通常含有类似于鸟粪样颗粒状物质[26]。低龄雪貂比年长的病情更轻。一些雪貂出现肝酶升高和非特异性血液学异常[25]。有些感染貂会出现神经系统疾病诸如共济失调、轻瘫、震颤、头部倾斜和脑病发作。部分病例还表现虹膜睫状体炎、脉络膜视网膜炎、视神经炎和视网膜脱离等眼部病症[27]。

FRSCV 引起的系统性冠状病毒病与猫传染性腹膜炎（FIP）极为相似。

四、病理变化

FRECV 主要感染小肠，剖检可见肠道炎症伴有水样肠内容物和肠系膜淋巴结肿大。小肠绒毛尖端的上皮细胞变性、坏死，呈现弥漫性淋巴细胞性肠炎伴绒毛萎缩。在急性期，空肠球囊变性和根尖上皮坏死，感染后期发生肠绒毛融合和钝化。免疫组化和核酸原位杂交都可以检测到空肠黏膜的病毒。组织学病变为淋巴细胞性肠炎，呈现肠绒毛萎缩、坏死，肠黏膜细胞空泡化。病程后期会发生绒毛钝化或融合，在空肠、回肠中尤为明显[26]。

而 FRSCV 感染的组织学病变以严重的脓性肉芽肿性炎症为特征。在整个肠系膜和增大的肠系膜淋巴结分布着由多灶到合并的不规则结节或斑块，直径大小从 0.5cm 到 2.0cm 不等，呈白色到棕褐色，结节通常沿血管走向分布。在肝脏、肾脏、脾脏和肺脏等器官的浆膜面或延伸的薄壁组织中都能见到类似的结节。脓性肉芽肿的特征是坏死的中心区域由细胞碎片和变性中性粒细胞组成，周围有上皮样巨噬细胞，并伴有大量的淋巴细胞和浆细胞层。在大脑中，病变表现为脓性肉芽肿、脑膜脑脊髓炎，以血管为中心分布，实质脑室受损最严重[18,26,28]。

五、诊断

感染雪貂的血液和生化指标都是非特异性的。血液指标表现为非再生性贫血、高球蛋白血症、低白蛋白血症和血小板减少症。但是水貂阿留申病、恶性淋巴瘤、多发性骨髓瘤、慢性感染或其他炎性疾病如幽门螺杆菌、炎性肠病等亦会引发高球蛋白血症[25]。利用雪貂冠状病毒 1~179 位氨基酸建立的 ELISA，可用于雪貂冠状病毒抗体的检测[23,29]。RT-PCR 和电子显微镜都可以用于雪貂冠状病毒的粪便检测。同时 RT-PCR 和 Real time RT-PCR 都可以鉴别 FRSCV（基因 1 型）和类 FRECV（基因 2 型）[25,28]。

现有研究表明，雪貂可以感染人新型冠状病毒 SARS-CoV-2，已作为模式动物用于病毒感染研究[21]。水貂也可自然感染人新型冠状病毒 SARS-CoV-2，病貂临床表现为咳嗽、流涕，部分病例会出现严重的呼吸道症状，然后衰竭死亡[30]。

▶ 主要参考文献

[1] 韩慧民，杨盛华，刘维全，等．对水貂冠状病毒性肠炎的发现和初步调查研究[J]．电子显微学报，1988（3）：55．

[2] 马亚频．水貂冠状病毒病的报告[J]．特产研究，1991（1）：27．

[3] John R. Gorham，刘维全．从流行性长他性胃肠炎病貂粪便中发现类冠状病毒粒子[J]．毛皮动物饲养，1991（3）：55-56．

[4] 韩慧民，刘维全，杨盛华，等．水貂肠道冠状病毒的分离鉴定[J]．兽医大学学报，1992（1）：65-67．

[5] 刘维全，韩慧民，杨盛华，等．水貂肠道冠状病毒和呼肠病毒的病原性及在腹泻中的作用[J]．黑龙江畜牧兽医，1993（12）：27-29．

[6] Have P.，Moving V.，Svansson V.，et al. Coronavirus infection in mink（*Mustela vision*）. serological evidence of infection with a coronavirus related to transmissible gastroenteritis virus and porcine epidemic diarrhea virus[J]．Veterinary Microbiology，1992，31（1）：1-10．

[7] 王楷成，庄青叶，邱源，等．水貂冠状病毒中国分离株全基因序列测定及分析[J]．中国动物检疫，2017（12）：88-91．

[8] 杨艳玲，程世鹏，任林柱．貂源冠状病毒与2019新型冠状病毒的遗传进化关系[J]．中国动物检疫，2020（4）：21-26．

[9] Wise A. G.，Kiupel M.，Maes R. K. Molecular characterization of a novel coronavirus associated with epizootic catarrhal enteritis（ECE）in ferrets[J]．Virology，2006，349（1）：164-174．

[10] 闫喜军，肖家美，孟庆江．冠状病毒感染引起水貂肠炎的诊断[J]．特产研究，2003（1）：28-29．

[11] 刘维全，韩慧民，殷震，等．水貂冠状病毒性肠炎 ELISA 双抗体夹心法[J]．兽医大学学报，1990（3）：229-233．

[12] Perera K. D.，Galasiti Kankanamalage A. C.，Rathnayake A. D.，et al. Protease inhibitors broadly effective against feline，ferret and mink coronaviruses[J]．Antiviral Research，2018，160：79-86．

[13] 齐建超，马宗府．水貂冠状病毒性肠炎的防制[J]．北方牧业，2012（18）：27．

[14] Williams B. H.，Kiupel M.，West K. H.，et al. Coronavirus-associated epizootic catarrhal enteritis in ferrets[J]．J Am Vet Med Assoc，2000，217（4）：526-530．

[15] Terada Y.，Minami S.，Noguchi K.，et al. Genetic characterization of coronaviruses from domestic ferrets，Japan[J]．Emerg Infect Dis，2014，20（2）：284-287．

[16] Linsart A.，Nicolier A.，Sauvaget S. Unusual presentation of systemic coronavirosis in a ferret[J]．Pratique Médicale et Chirurgicale de I'Animal de Compagnie，2013，48（4）：123-128．

[17] Graham E.，Lamm C.，Denk D.，et al. Systemic coronavirus-associated disease resembling feline

infectious peritonitis in ferrets in the UK [J] . Vet Rec，2012，171 (8)：200-201.

[18] Michimae Y.，Mikami S.，Okimoto K.，et al. The first case of feline infectious peritonitis-like pyogranuloma in a ferret infected by coronavirus in Japan [J] . J Toxicol Pathol，2010，23 (2)：99-101.

[19] Lescano J.，Quevedo M.，Gonzales-Viera O.，et al. First case of systemic coronavirus infection in a domestic ferret (*Mustela putorius furo*) in Peru [J] . Transbound Emerg Dis，2015，62 (6)：581-585.

[20] Fujii Y.，Tochitani T.，Kouchi M.，et al. Glomerulonephritis in a ferret with feline coronavirus infection [J] . J Vet Diagn Invest，2015，27 (5)：637-640.

[21] Kim Y. I.，Kim S. G.，Kim S. M.，et al. Infection and rapid transmission of SARS-CoV-2 in ferrets [J] . Cell Host Microbe，2020，27 (5)：704-709.

[22] Wise A. G.，Kiupel M.，Garner M. M.，et al. Comparative sequence analysis of the distal one-third of the genomes of a systemic and an enteric ferret coronavirus [J] . Virus Res，2010，149 (1)：42-50.

[23] Minami S.，Kuroda Y.，Terada Y.，et al. Detection of novel ferret coronaviruses and evidence of recombination among ferret coronaviruses [J] . Virus Genes，2016，52 (6)：858-862.

[24] Provacia L. B.，Smits S. L.，Martina B. E.，et al. Enteric coronavirus in ferrets，the Netherlands [J] . Emerg Infect Dis，2011，17 (8)：1570-1571.

[25] Murray J.，Kiupel M.，Maes R. K. Ferret coronavirus-associated diseases [J] . Vet Clin North Am Exot Anim Pract，2010，13 (3)：543-560.

[26] James G. Fox，Robert P. Marini. Biology and diseases of the Ferret [M] . 3rd Edition. New Jersey：John Wiley & Sons Inc，2014.

[27] Lindemann D. M.，Eshar D.，Schumacher L. L.，et al. Pyogranulomatous panophthalmitis with systemic coronavirus disease in a domestic ferret (*Mustela putorius furo*) [J] . Vet Ophthalmol，2016，19 (2)：167-171.

[28] Garner M. M.，Ramsell K.，Morera N.，et al. Clinicopathologic features of a systemic coronavirus-associated disease resembling feline infectious peritonitis in the domestic ferret (*Mustela putorius*) [J] . Vet Pathol，2008，45 (2)：236-246.

[29] Minami S.，Terada Y.，Shimoda H.，et al. Establishment of serological test to detect antibody against ferret coronavirus [J] . J Vet Med Sci，2016，78 (6)：1013-1017.

[30] Oreshkova N.，Molenaar R. J.，Vreman S.，et al. SARS-CoV-2 infection in farmed minks，the Netherlands，April and May 2020 [J] . Euro Surveill，2020，25 (23)：2001005.

（黄　兵）

第十九章
鼠冠状病毒感染

鼠科多个种群都有冠状病毒的感染和流行，主要包括小鼠肝炎病毒、大鼠冠状病毒和大鼠涎泪腺炎病毒。其中研究最多是小鼠肝炎病毒，主要在小鼠种群中流行，传染性极强，可导致肝炎、肠炎、脱髓鞘性脑脊髓炎以及肾炎；在大鼠种群中流行的冠状病毒包括大鼠冠状病毒和大鼠涎泪腺炎病毒，二者理化性质和抗原性一致，但致病性和组织嗜性存在差异。由于小鼠和大鼠是重要的实验动物，被冠状病毒感染后动物的生理和免疫指标等均会发生改变，将严重影响以鼠类为实验模型的研究结果。因此，欧美、日本、中国等多个地区和国家都将这三种鼠源冠状病毒作为实验动物中需要排除的病原，并制定了相应的检测标准和检测方案。小鼠肝炎病毒、大鼠冠状病毒和大鼠涎泪腺炎病毒均属于 β 冠状病毒属的成员。2012 年从中国浙江野生鼠群中检测到一种 α 冠状病毒属的鼠冠状病毒，命名为鹿城褐家鼠冠状病毒。啮齿类动物是冠状病毒的重要宿主，目前对野生鼠类种群中冠状病毒的流行分布研究较少。

第一节　小鼠肝炎

一、概述

小鼠肝炎，又称为小鼠冠状病毒病，是由小鼠肝炎病毒（Mouse hepatitis virus，MHV）所引起的一种传染病，大多呈隐性感染，临床以小鼠发生肝炎、脑炎和消瘦等为特征。MHV 感染呈世界性分布，其危害程度与小鼠的年龄和品系等因素有关。新生幼鼠感染后易发病，成年鼠多数呈隐性感染。MHV 一直是研究冠状病毒的模式病毒，MHV 感染所致的脱髓鞘性脑膜炎和肝炎亦可作为人类病毒性脱髓鞘炎及病毒性肝炎的疾病模型。

小鼠冠状病毒最早发现于 1947 年，因为与小鼠的脑脊髓炎有关，被命名为 MHV JHM 株。此后在小鼠和新生乳鼠中分离到多株与 JHM 不同，但彼此间在抗原性、毒力、组织嗜性、免疫反应和致病性方面相似或存在差异的 MHV 毒株。1979 年，中国学者从裸鼠中首次分离到 MHV。早期因多数毒株都导致肝炎症状，该类病毒被命名为"小鼠肝炎病毒（Mouse hepatitis virus）"，但也有很多尤其是肠道嗜性的 MHV 毒株并不导致肝炎。根据感染的组织嗜性，目前学术界将 MHV 分为多嗜型（Polytropic）和嗜肠型（Enterotropic）。两种组织嗜性的毒株抗原性接近、基因组差异不大，其嗜性差异主要与 S 蛋白识别受体区域及其与受体的亲和力有关[1]。MHV 传染性极强，在世界各地广泛分布，小鼠种群感染率为 19%～83%，是威胁小鼠健康的主要病原之一。小鼠种群中 MHV 的高流行率一直是困扰世界各地实验小鼠养殖的一个严重问题。

　　MHV 主要经呼吸道或经口感染，并通过粪便、空气、直接接触、垫料等在鼠群中传播，某些生物材料和细胞株中可能有 MHV 污染，也会导致实验小鼠的感染。MHV 感染后引发的症状及在种群中的传播与毒株的类型、宿主品系、年龄、免疫状态、饲养环境等因素密切相关。实验小鼠养殖过程中某些药物的使用、手术或其他病原感染时也可导致小鼠对 MHV 易感性增强。多嗜型毒株可通过鼻腔感染，并经嗅神经感染中枢神经系统，亦可经血播散至全身，导致肝炎、肾炎等各脏器炎症。嗜肠型毒株，具有高度的传染性，首次进入易感鼠群时（如裸鼠）可造成毁灭性流行，在几天内引发广泛性腹泻，幼鼠死亡率接近 100%。存活小鼠携带病毒，并感染新的易感小鼠。断奶后的小鼠感染可能表现为亚临床感染，当其转移到其他群落时，成为新种群的病毒传染源。

　　成年小鼠感染 MHV 通常是无症状的，一般只能由血清学改变或对实验研究产生影响而检出。因此，对 MHV 的防控关键在于建立无 MHV 鼠群和严密监测。鼠群的常规检测可采用 ELISA 进行血清学检测。

二、病原学

（一）分类和命名

　　MHV 在分类上属于冠状病毒科（*Coronaviridae*）、正冠状病毒亚科（*Orthocoronavirinae*）、β 冠状病毒属（*Betacoronavirus*）、*Embecovirus* 亚属的鼠冠状病毒种（*Murine coronavirus*）。已经分离到的 MHV 至少有 25 株。根据组织嗜性，MHV 有多嗜型和嗜肠型两种。多嗜型毒株以前也被称为呼吸株（Respiratory MHV strain），包括 MHV-1、MHV-3、MHV-JHM、MHV-S 和 MHV-A59 等。嗜肠型又称为原型株（prototype），包括 MHV-Y、MHV-R1、MHV-V-DVIM 株等。鼠群中以 MHV-1、MHV-2、MH-3、JHM（MHV-4）、A59 及 S 等最为常见。早期因多个 MHV 分离株都导致小鼠发生肝炎，而被命名为小鼠"肝炎病毒"，但 MHV 亦可导致肠炎、肺炎、脑炎、肾炎等多器官损伤。

（二）病毒形态结构

　　MHV 为有囊膜的病毒，多呈球形，直径为 80～160nm，表面有突起的纤突呈放射状，长约 20nm，末端呈球棒状，间隔较宽，均匀地分布病毒粒子表面。内含有一条单股正链的 RNA 与病毒颗粒中的核衣壳蛋白 N 形成的螺旋衣壳与基因组 RNA 组成复合体。其表面有 4 种结构蛋白：纤突蛋白（Spike，S），膜蛋白（Member，M），小膜蛋白

(Envelop，E），血凝素酯酶（Hemagglutinin-esterase，HE）（图 19-1）。

1. 基因组

MHV 基因组为单股正链 RNA，长 27～31kb，具有类似 mRNA 的 5′帽子和 3′ployA 结构。其编码基因的排列与其他冠状病毒类似，其 5′端占整个基因组序列 2/3 的 ORF1a 和 1b 编码病毒转录和复制所需的酶，然后依次是辅助蛋白 2a，结构蛋白 HE、S、E、M、N 和辅助蛋白 4、5a 的 ORFs（图 19-2）。在复制过程

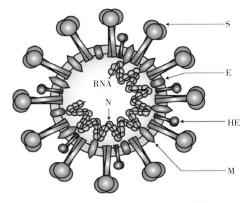

图 19-1　MHV 结构示意图[2]

中两个大的重叠编码的多聚蛋白 1a 和 1ab，可被自身编码的两个木瓜样蛋白酶（papain-like protease，PLP）和 3C 样蛋白酶（3CL[pro]）水解产生 16 个成熟的非结构蛋白 nsp1～nsp16。这些非结构蛋白在病毒的复制及参与宿主免疫调控方面发挥作用，如参与调节病毒基因组 RNA 的复制和亚基因组 RNA 的转录，参与蛋白翻译和翻译后的修饰调控，调控宿主免疫应答或抑制干扰素的产生等。辅助蛋白 2a、4、5 对病毒的复制是非必需的，在以 MHV 基因组为模型的冠状病毒研究中，对病毒进行反向遗传操作时，可用报告基因或外源蛋白基因取代 2a 或 ORF4，而不影响病毒的复制[3,4]。在基因组的 5′端还有约 70 个核苷酸的先导序列，功能是在转录时与每个 ORF 的转录起始区结合。所有 ORF 的上游都有一个极为保守的核苷酸序列 UCUAAAC，它是每个 ORF 的转录起始区。该序列在其他群的冠状病毒中也是保守的，功能也类似。

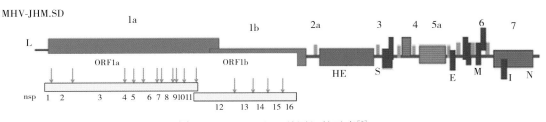

图 19-2　MHV-A59 基因组的示意[2]

2. 结构蛋白

（1）S蛋白　S 蛋白前体在宿主细胞加工过程中被切割成 S1 和 S2 两部分。S1 形成成熟蛋白的球状部分，S2 成为成熟蛋白的棒状部分，二者通过非共价键相连。成熟的纤突蛋白是典型的 I 型跨膜糖蛋白，分子质量约 180ku，以三聚体形式锚定在病毒粒子表面形成"冠"，其顶部球状结构含有病毒的受体结合区（receptor binding domain，RBD），与宿主细胞表面的受体结合，决定病毒的组织嗜性。MHV 不同毒株的组织嗜性差异和致病表型，与其 RBD 变异及受体的亲和力有关。S2 为螺旋结构，包括 1 个膜融合肽区

(fusion peptide，FP）、2 个疏水区七肽重复序列区（heptad repeat，HR）、跨膜区（transmembrane，TM）和膜内区。纤突蛋白与受体结合后在合适的 pH 或蛋白酶作用下，纤突蛋白的球部被切掉，暴露 FP，刺激 HR 折叠变构，介导病毒囊膜与细胞膜融合[5]。病毒膜内区富含半胱氨酸，参与病毒的组装与释放，其棕榈酰化程度与病毒的复制和病变相关。纤突蛋白还与病毒的致病性和毒力相关，如 FP 区还可能参与病毒在神经轴中的移位，与脱髓鞘炎的病变程度相关[6]。

（2）M 蛋白 是 MHV 表面最多的蛋白，N-末端为亲水性糖基化的 25 个氨基酸，暴露在病毒粒子外表面，随后是三个跨膜结构域和位于病毒内部的长 C-末端尾部。M 蛋白在病毒颗粒的组装和出芽过程中起着至关重要的作用。M 和 E 蛋白共同组成病毒的框架，参与病毒的组装。M 蛋白 C 末端与 N 蛋白相互作用，促进病毒的组装和出芽。同时 N 与 M 蛋白的相互作用还受 S 和 E 蛋白的调节。M 蛋白抗原性较保守，通常作为病毒血清学检测的抗原。

（3）小膜蛋白（Envelop，E） 由 76～109 个氨基酸组成，是一种疏水蛋白，在病毒组装过程中起着重要作用。E 蛋白包含三个结构域，一个短的 N-端结构域，一个超长的跨膜结构域和一个亲水的 C-端结构域。E 蛋白的 C-末端结构域可被棕榈糖基化和泛素化，正确的病毒组装需要棕榈酰化。E 蛋白跨膜结构域形成两亲性 α 螺旋，脂质双层中聚集成五聚束，形成功能性离子通道，在病毒复制中的具体作用尚不清楚，可能会改变宿主分泌机制。另有研究报道，过度表达 E 蛋白可导致细胞凋亡。

（4）血凝素酯酶（Hemagglutinin-exiansterase，HE） 与其他冠状病毒相比，MHV 具有一个额外的膜蛋白，即血凝素酯酶，糖基化后分子质量约为 65ku，与 C 型流感病毒血凝素酯酶融合蛋白（HEF）的 HA1 亚单位具有 30% 的序列同源性。HE 蛋白具有唾液酸结合和乙酰酯酶活性，这可能有助于病毒进入和/或通过与含唾液酸部分的相互作用从细胞表面释放。HE 为非必需蛋白，其在感染和致病中的机制尚未明确。

（5）核衣壳蛋白（Nucleocapsid，N） 是一种磷酸化蛋白，与 RNA 组成核糖核蛋白复合体（核衣壳）。N 蛋白由 401 个氨基酸构成，有三个结构域，Ⅱ、Ⅲ 结构域分别与病毒的正股 RNA 和 M 蛋白的 C 末端结合。N 蛋白是一个多功能蛋白，主要表现在两个方面：一是参与并调控病毒基因组复制和转录及蛋白翻译。N 蛋白与先导序列结合定位于基因组的 5′端和/或 3′端，这些区域又与病毒基因组的转录、复制和翻译相关[7]；另一方面，N 蛋白参与调控宿主的细胞周期及免疫应答等。N 蛋白可进入宿主的细胞核内，可抑制宿主核酸的复制，导致细胞周期延迟等。另外，N 蛋白还能激活 T 细胞，对完整的病毒粒子产生免疫应答，同时也能激活 T 辅助淋巴细胞，增强 B 淋巴细胞产生抗体。因此，N 蛋白也是免疫识别的相关靶位点，在细胞免疫和体液免疫中起重要作用。

此外，除 JHM 株外，几乎所有的 MHV 株都表达一个内部蛋白（internal protein，I），该蛋白是一种功能未知的 23ku 疏水性病毒膜相关结构蛋白。I 基因在 N-orf 的 +1 阅读框内，

可在 MHV 感染的细胞中表达，对病毒复制无明显影响[8]。

3. 非结构蛋白及辅助蛋白

MHV 的 ORF1a 和 1b 编码的多聚蛋白，可被其自身编码的两个木瓜样蛋白酶（papain-like protease，PLP）和 3C 样蛋白酶（3CL^pro）水解产生 16 个成熟的非结构蛋白（nsp1～nsp16）。在复制中多种非结构蛋白如 nsp7、8、9、10、12、14 等与 nsp13（解螺旋酶）一起组装形成冠状病毒复制转录酶复合体（replicase-transcriptase complex，RTC），负责 RNA 复制和亚基因组 RNA 的转录[9]。而一些非结构蛋白参与宿主的免疫调控，如 nsp1、5 可抑制干扰素的表达，下调宿主的免疫反应，使得病毒逃逸宿主的免疫清除。

MHV 还编码 3 个辅助蛋白（accessory proteins）ns2（ORF2a）、ns4（ORF4）和 ns5a（ORF5a）。这些辅助蛋白对病毒复制是非必需的[2]。ns2 和 ns5a 可以拮抗干扰素的抗病毒效应。研究发现 ns2 具有磷酸二酯酶活性，可水解 $2'$-$5'$ 寡腺苷酸（2-5A），阻断干扰素诱导的依赖于 2-5A 的核糖核酸内切酶 L 激活，从而阻止病毒 RNA 的降解，拮抗干扰素诱导的抗病毒效应[10]。目前未发现 ns4 的功能，其对病毒的复制和毒力几乎无影响，在以 MHV 为模型的研究中，常作为外源基因插入表达的位点。

（三）复制与遗传变异

1. 复制

MHV 主要通过 S 蛋白与受体 CEACAM1a 结合，介导膜融合进入细胞。一旦感染，冠状病毒广泛地将细胞膜重新排列成由双膜囊泡（double membrane vesicles，DMVs）和卷曲膜（convoluted membranes，CMs）组成的细胞器样复制结构，参与 RNA 合成的非结构蛋白定位在这些膜上[11]。

冠状病毒的基因组为线性单链正股 RNA，是一个多顺反子，由 8 个大小不等的 mRNA 组成。病毒复制时，病毒 RNA 先被转录成全长的负链 RNA，随后再转录出正链的子代基因组 RNA，是最大的 mRNA，其他的为亚基因组 mRNA（subgenomic mRNA），由母本基因组的不连续的序列组成。每个 mRNA 只有紧接先导序列的 ORF 可以被翻译成蛋白质，其他的 ORF 并不被翻译。每一个亚基因组 mRNAs 的 $5'$ 端都有一个极为保守的序列 UCUAAAC，是每个 ORF 的转录起始区。先导序列是不连续转录的亚基因组的信号序列，对转录起调控作用。这些转录调控序列（TRSs）包括一个核心序列（CS）$5'$-CUAAAC-$3'$ 和两侧的 $5'$ 和 $3'$ 侧翼序列。在 $3'$ 端的先导序列中也有该 CS 序列，它可与新生的负链碱基配对。mRNA 的转录以"先导-引物模式"进行，只有 CS 序列结合到合适的位置，亚基因组 mRNA 才能被正确的合成。这些亚基因组 mRNAs，除最小的 mRNA 外，都是结构上的多顺反子。但是每个 mRNA，只有紧接先导序列的 ORF 可以被翻译成蛋白质，其他的 ORF 极少或并不被翻译。

MHV 的核糖体上的 mRNA 可以通过移码机制在同一个转录子上合成另一种低丰度

的蛋白。如在翻译 ORF1a 的核糖体在到达某一 mRNA 的固定位置后会转而翻译另一个 ORF1b。这种翻译对合成病毒 RNA 依赖性的 RNA 聚合酶和其他复制元件是必需的。这种基因表达机制也确保了 ORF1b 的表达产物只有在 ORF1a 的表达产物达到一定量时才能表达。N 蛋白可通过与先导序列中 UCYAA 重复序列的相互作用来调节 MHV 蛋白的翻译。病毒蛋白的翻译同样也要依靠细胞的翻译因子[12]。

2. 遗传变异

MHV 基因组构成是固定的，但其是一个动态的基因组，经常发生碱基突变和基因重组。由于冠状病毒的基因组采用独特的套式转录方式，病毒在复制过程中还会产生大量的亚基因组 mRNAs，重组可能会发生在基因组或亚基因组之间，极大地增加了病毒 RNA 之间重组的概率。Baric 等研究认为 MHV 基因组在组织中复制时同源重组率可达到 25%[13]。小鼠种群中不同来源的毒株共感染，也可能造成毒株间基因组的重组和交换。另外，RNA 复制酶的高频率复制也会产生大量突变，突变的产生和积累，尤其是 S 蛋白某些位点的突变可能会导致病毒识别受体的改变，进而导致病毒对组织的亲嗜性发生改变。如 MHV 在容纳和非容纳细胞的交替感染，或持续性感染，导致 S 蛋白上某些位点突变，使 MHV 能够利用硫酸肝素或改变其识别的受体。病毒的高突变率和高重组率有利于病毒适应环境的选择压力和逃避宿主的免疫清除。

（四）生物学特性

1. 培养特性

许多细胞系可以用于 MHV 培养，如 L2、DBT、NCTC1469、17CL1、BALB/c-3T3、CMT-93、Nuro-2A、L929 等。MHV 不能在鸡胚中生长。MHV 在巨噬细胞和敏感细胞中培养时可导致细胞融合形成合胞体。在感染的小鼠肺部组织切片中亦可以观察到巨噬细胞形成的合胞体。在感染细胞中加入低熔点琼脂培养时，可形成噬斑，噬斑的形成能力与病毒的致病性不相关，与病毒在细胞内的复制相关。

2. 理化特性

MHV 在蔗糖中的浮密度为 $1.183 \mathrm{m/cm^3}$。

MHV 对乙醚、氯仿等脂质溶剂及 β-丙内酯敏感，脂质溶剂可破坏和降低病毒的感染性。3% 过氧乙酸、250mg/L 碘伏和含有效氯 10mg/L 复方二氯异氰尿酸钠 5min 可将 MHV 完全灭活。1% 新洁尔灭 10min 不能完全灭活 MHV。脱氧胆酸盐也对病毒有灭活作用，MHV 对酸性 pH 和胰酶有一定抵抗力。

MHV 在干燥环境下易失活，但在污染的垫料和笼具上可存活数天至十几天。

实验室培养的纯病毒对重复冷冻有一定抵抗力，但临床样本做病毒分离时应注意避免多次冻融。某些 MHV 毒株 56℃、30min 不能完全灭活。MHV 保存于 4℃ 可存活 30d，-70℃ 可永久保存。

（五）致病机制

大部分多嗜型的 MHV 株，如 MHV-1、MHV-2、A59、S、JHM、wt-1 等，主要通过口鼻吸入感染，病毒在呼吸道黏膜增殖，病毒在体内播散的顺序依次为鼻黏膜、肺脏、再经血或淋巴至其他器官，如淋巴结、胸腺、脾脏、骨骼、脑、肝脏、肠道、子宫及胎盘等，多个器官都可检测到病毒。嗜肠型 MHV 主要在肠黏膜上皮中复制，如 LIVIM，MVH-S/CDC、MHV-D、DVIM、MHV-Y、wt-2 等，少数会经血或淋巴扩散至肝脏及淋巴结，但不感染肺脏，某些亚株也可能感染脑[14]。某些 MHV 毒株主要表现为对某一组织的高度嗜性，如神经、肝脏、或肺部高嗜性，通常作为某些人类疾病的动物模型。高神经嗜性的 MHV（如 JHM 株）感染的一般模式可归纳如下：在颅内或鼻内接种后，嗜神经 MHV 感染所有主要的中枢神经系统（CNS）细胞类型，包括最常感染的细胞类型神经元，以及胶质细胞、星形胶质细胞、少突胶质细胞和小胶质细胞。病毒滴度通常在感染后第 5 天在中枢神经系统中达到高峰，然后开始下降，感染后约 2 周内无法检测到感染病毒。受感染的小鼠可表现轻度至重度脑脊髓炎，以多种炎症细胞浸润为特征。感染后最初几天可检测到先天性免疫反应，随后出现适应性免疫反应。病毒主要由 CD8+ T 细胞清除，尽管清除了感染性病毒，病毒 RNA、基因组和 mRNA 可能仍然存在于中枢神经系统和脱髓鞘中[2]。高度肝脏嗜性的毒株（如 MHV-3、MHV-2）可导致乳鼠暴发肝炎，易感小鼠感染后病程迅速发展，在感染后 3～4d 达到高峰，与病毒复制高峰同时出现，感染后 4～7d 死亡。MHV-3 引起的肝炎特征是血流异常，包括肝窦微血栓的形成，病理变化表现为中性粒细胞和单核细胞的坏死灶和炎性浸润。病理程度取决于小鼠的年龄和品系，多数品系对该毒株高度敏感[2]。嗜肺性的 MHV-1 感染 A/J 小鼠的可作为人类 SARS-CoV 的发病机制模型。MHV-1 鼻腔感染后，A/J 小鼠出现以透明膜、纤维蛋白沉积、淋巴细胞和巨噬细胞浸润为特征的巩固性肺炎，感染后 7d 死亡。病毒主要定位于肺巨噬细胞，肺炎的发生是宿主免疫反应的结果[15,16]。

尽管不同毒株有不同的组织亲嗜性，但所有 MHV 株使用相同的细胞受体（CEACAM-1），这表明 MHV 的亲嗜性在一定程度上是由病毒进入宿主细胞后的事件决定的。如嗜神经的 MHV，在易感小鼠颅内感染后，病毒可在星形胶质细胞和少突胶质细胞内复制。在最早对感染作出反应的免疫细胞中，中性粒细胞被招募到中枢神经系统，通过释放基质金属蛋白酶来降解血脑屏障从而促进随后的免疫细胞进入。活化的星形胶质细胞分泌 T 细胞和巨噬细胞趋化因子 CXCL9、CXCL10 和 CCL5，将病毒特异性 CD4+ 和 CD8+ T 细胞和巨噬细胞导入中枢神经系统。CD8+ T 细胞的直接溶细胞活性，通过穿孔素和颗粒酶 B 的分泌介导，有助于病毒清除受感染的星形胶质细胞。CD4+ 和 CD8+ T 细胞也分泌 IFN-γ，激活巨噬细胞和小胶质细胞，促进感染少突胶质细胞内的病毒控制。病毒从少突胶质细胞的清除不完全，MHV 抗原和/或 RNA 在少突胶质细胞内持续存在。慢性 MHV 持续存在促使 CXCL10/CCL5 在中枢神经系统内持续分泌和 T 细胞/巨噬细胞浸润，导致免疫介导的脱髓鞘形成。白质内的活化巨噬细胞/小胶质细胞消化髓鞘碎片，进一步促进脱髓鞘[17]。

（六）免疫应答

MHV 感染小鼠的免疫应答与 MHV 毒株的类型及其毒力强弱、小鼠的品系及年龄、免疫途径的选择等因素有关。通常 MHV 感染 10d 后，即可检测到 MHV 抗体，小鼠血清中 IgG 滴度会上升并稳定维持 6 个月左右，从而对被免疫的小鼠在 1～6 个月内产生保护作用，防止同种毒株的再次感染[18]。T 淋巴细胞和 B 淋巴细胞对限制 MHV 的感染非常重要。B 细胞缺陷小鼠能够清除体内 MHV 病毒，而不产生中和抗体。裸鼠和 SCID（严重的联合免疫缺陷）小鼠不能清除体内的病毒，提示 T 淋巴细胞在清除 MHV 过程中具有重要作用。

MHV 毒株感染急性期，感染部位巨噬细胞浸润及单核细胞迅速激活和上调 MHC-Ⅰ类和Ⅱ类分子的表达，导致炎性因子、趋化因子、IFN 等细胞因子释放。过度的免疫应答、过量炎性反应和炎性细胞浸润、细胞凋亡等是导致脱髓鞘炎、肝脏衰竭的主要因素。本质上 MHV 所致的感染是一种免疫调节障碍性疾病。

（七）MHV 在科学研究中的应用

1. 冠状病毒研究的模式病毒

MHV 一直是研究冠状病毒的模式病毒。对冠状病毒的基因组结构、蛋白功能、病毒复制、致病机制、免疫应答及免疫调控等方面的研究多以 MHV 为研究对象。由于冠状病毒的基因组庞大，早期冠状病毒研究的一个主要障碍是缺乏反向遗传学系统。Paul Masters 实验室开发了一个定点 RNA 靶向重组系统[19]。Ralph Baric 团队利用多质粒克隆基因组，多片段连接构建了全长感染性 cDNA 克隆[20]。基于这些遗传学研究方法，揭示了冠状病毒的基础生物学特征和致病机理，也为 SARS-CoV、MERS-CoV、SARS-CoV-2 等新现病毒基因组研究提供了借鉴。

2. 人类疾病的动物模型

MHV 感染小鼠可作为人类某些疾病模型研究。如嗜神经 MHV 株可诱发急性脑炎和慢性脱髓鞘疾病，是目前公认的少数几种小鼠模型之一。嗜肝 MHV 株为病毒性肝炎的少数小动物模型之一。嗜肺 MHV-1 株可诱发严重肺炎，被作为 SARS 研究的动物模型。

另外，MHV 一旦感染将导致小鼠免疫状态改变，B 细胞和 T 细胞应答改变，增加或抑制巨噬细胞活性，导致细胞因子释放过量或被抑制，从而改变了对其他病原的易感性，降低或增加对药物敏感性等。这将严重干扰小鼠实验结果的准确性和可靠性。因此，在以小鼠为模型的研究中，应绝对避免使用 MHV 感染的小鼠。

三、流行病学

（一）传染源

MHV 的传染源主要为患病小鼠和隐性感染小鼠。MHV 感染小鼠经粪便向环境中排出病毒，病毒在宿主体外的粪便或器具上可存活数天。直接接触感染小鼠或污染的粪便和垫料是群体内的传染源。某些实验中的生物材料中也可能污染 MHV 成为传染源，如移植的肿瘤细胞等。

（二）传播途径

MHV 主要经口和呼吸道途径传播，传播方式包括空气传播和直接接触传播两种，可借由空气和直接接触感染小鼠、污染的粪便、垫料、笼具等传播。生物实验小鼠也可能被 MHV 污染的生物材料、器具或细胞株感染。感染小鼠的子宫和胎盘中可检测到病毒，提示 MHV 有垂直感染的可能。

（三）易感动物

MHV 的宿主范围尚未完全确定，一般感染仅限于小鼠，非人畜共患性病原。小鼠是其自然宿主（小家鼠）。这种病毒可以在世界各地的野生和实验室小鼠种群中发现。仓鼠、大鼠和棉鼠也可实验感染。多数小鼠品种对 MHV 易感，尤其是 BALB/c、nude、SCID、FVB、B6129 杂交小鼠等品系小鼠。某些品系的小鼠可表现出对某一毒株的抗性。如因缺乏易感受体的等位基因，SJL/J 小鼠对 A59 株具有抵抗性[1]。自然情况下 MHV 仅感染小鼠，未见其他动物自然感染 MHV 的报道。一般情况下裸鼠、免疫缺陷小鼠、乳鼠和幼龄小鼠对 MHV 易感，成年小鼠感染通常表现为隐性感染。

（四）流行特点

MHV 具有高度传染性，感染后在小鼠群中传播速度很快，无明显的季节性和地域性，在世界范围内流行，调查发现全球小鼠群的 MHV 感染率在 $19\%\sim83\%$ 之间[21]。早期流行病学调查显示，我国小鼠群的感染率曾为 $20\%\sim100\%$[22]。引入 IVC 笼具等屏障设施后，采用严格管理和检测，饲养环境可以完全屏蔽 MHV 感染。

在开放笼具饲养环境下，MHV 一旦感染，传播速度很快，可迅速传播至整个种群，在群体中流行，整个种群在 2 周内有血清抗体阳转现象。小鼠感染后的发病率和死亡率变化不定，在 $0\sim100\%$ 之间，取决于小鼠的品种、年龄、免疫状况、健康状况、饲养环境等及感染 MHV 毒株的毒力等。大部分成年小鼠感染 MHV 呈隐性感染，而乳鼠感染表现为急性发病，并可能导致 100% 的小鼠死亡。小鼠对 MHV-3 感染表现为三种类型：抵抗型、完全易感型和半易感型[23]。DBA/2 小鼠被认为是易感型，感染 $4\sim6d$ 开始死亡，90日龄的小鼠仍表现为易感和死亡。A/J 品系小鼠对病毒有抵抗力。C3H 品系小鼠则被认为是半易感性的，约 50% 的动物能抵抗急性发病，但存活下来的小鼠则伴有消瘦、麻痹等慢性症状。BALB/c 小鼠被认为对所有 MHV 株高度敏感。SJL 小鼠对肠嗜性 MHV 引起的疾病有抵抗力。

（五）分子流行病学

在 MHV 研究早期，分离、命名和鉴定了大量毒株。由于冠状病毒具有高突变率，后来人们认识到 MHV 的每一个新分离株实际上都是一个新毒株。过去 10 年中分离的 MHV 几乎都是嗜肠型，似乎 20 世纪五六十年代占优势的多嗜型毒株已逐渐被嗜肠型毒毒株所取代。这可能由于嗜肠型毒株似乎更具传染性且多数隐性感染，在目前饲养条件下更容易污染小鼠种群；相对的，多嗜型毒株更容易引起急性暴发或显性感染，更容易被认知，通常成为根除的目标，而临床表现不太明显的嗜肠型 MHV 感染则容易被忽视。

目前，嗜肠型毒株在小鼠种群中最常见，是小鼠种群中流行的优势毒株，是啮齿动物群体中 MHV 暴发的常见原因，但对此类 MHV 毒株的实验研究较少。某些多嗜型的 MHV 可作为冠状病毒的模式毒株，且某些 MHV 毒株感染的小鼠可作为人类疾病的动物模型，因此对多嗜型毒株的研究较多。但是，对这些毒株的命名较混乱，以最早分离的 JHM 株为例，最初的 JHM 分离物具有高度的神经毒力，可引起广泛脱髓鞘的脑脊髓炎。随后通过小鼠大脑多次传代，从该毒株的小鼠脑适应库中分离出多种致病表型迥异的克隆，并在多个实验室中使用，均以 JHM 为名，引起了对 JHM 实际表型的混淆。在各种 JHM 分离株中，一些可诱发严重的脑脊髓炎和高死亡率，另一些可诱发慢性脱髓鞘引起的较轻的急性疾病[24]。

四、临床诊断与预防控制

（一）临床症状

MHV 感染病程通常为 2～3 周，临床表现受毒株致病性、对器官的亲嗜性、宿主年龄、基因型、健康状态和实验诱导等因素影响，一般分为潜伏型、流行型和免疫缺陷型三种型[21]。

1. 潜伏型

MHV 感染成年小鼠通常呈隐性感染，无症状。如果种群中没有哺乳期小鼠，常常被忽略，但病毒可以在种群中存在几年。另外，如果初生鼠有母源性抗体，则出生至 3 周内不易感。

2. 流行型

乳鼠及一般环境饲养的繁殖鼠，传染速度很快，尤其是感染强毒的嗜肠型毒株时，可表现为腹泻，并导致很高的死亡率，死亡率可达 100%。弱毒株感染，患鼠死亡率较低，病死率不一。MHV 感染无典型的临床症状，通常表现有：被毛粗乱、抑郁或倦怠、营养不良、脱水、体重减轻、肌肉震颤、尿色变深、针刺不动等。也可能发生结膜炎、惊厥和高度兴奋不常见，偶见转圈运动。这些症状可能以各种各样的组合出现。老龄动物倾向于发生腹水和消瘦。嗜神经性的毒株如 MHV-4 可能导致小鼠的脱髓鞘性脑脊髓炎，并伴发局限性肝坏死。感染嗜神经毒株 JHM 时，断乳鼠和成年鼠可能表现为后肢迟缓性麻痹。

3. 免疫缺陷型鼠感染

裸鼠、SCID 小鼠（重症联合免疫缺陷）等免疫缺陷小鼠感染后可能临床症状表现更严重，如消瘦、麻痹等，死亡率高。如裸鼠感染，会持续性消瘦（又称消瘦综合征、矮小症），伴有高跷步态、拱背、呼吸困难，先后躯麻痹后可能会扩展到前肢。有些小鼠伴有黄疸、下痢，严重的可导致死亡。

（二）剖检病变

成年小鼠或断乳的小鼠感染 MHV，最显著的特征是肝脏病变，表现为肝脏大面积皱缩，表面出现深色凹痕（干细胞丧失）及淡色（正常细胞）斑驳相间变化。乳鼠可能肝脏病变不明显，也可能会表现淡黄色或白色斑点。有些急性感染，可能在感染后 2d 左右就出现肝部病变。其他剖检病变还包括：腹水和肝表面渗出，肾脏肿胀苍白，尿深黄色，偶发黄疸，有时有出血性腹腔渗出液。肠道型 MHV 病变一般局限于消化道且在初生小鼠中，因为相对黏膜上皮代换速率较慢，所以病变较严重。乳鼠整个肠道都可出现病变，胃可表现皱缩空虚，回肠充满水样液至黏液样淡黄色液体，有时含气体，肠壁变薄。严重者可见小肠溃疡和盲结肠炎。

（三）病理变化

多核巨细胞（合胞体）几乎在有炎症的所有器官或组织中出现。急性期小鼠肝内可见灶性坏死。在正常干细胞和发生玻璃样变性的细胞之间，病灶周围显示出明确界限。感染早期可见嗜碱性细胞内包涵体。在坏死灶中心，肝细胞消失，只留下崩溃的网状组织和充满脂肪的吞噬细胞、并可见多核巨细胞。存活时间较久的动物肝脏坏死灶可见钙化，除坏死灶外，其他肝实质可能不受损。

MHV 嗜肠型毒株倾向于选择性地感染肠细胞，很少传播到除肠系膜淋巴结以外的其他组织。MHV 感染乳鼠的小肠绒毛上皮溶解，绒毛钝化甚至消失，在小肠末端、盲肠和近端结肠等发现上皮细胞的多核巨细胞[21]。成年小鼠病变较轻，可能仅在肠道上皮出现少量多核巨细胞，有些病例可见多发性坏死性肝炎或脑炎。嗜神经性毒株，病变主要出现在中枢神经系统，在脑内各个区域都可能发现病变，但表现程度有所不同。在脑干主要表现为脱髓鞘，在嗅球和海马区可见坏死性病变。在与病变相连的血管周围可发生渗出性病变，亦可能见到增生性外膜细胞和少量淋巴细胞套。

裸鼠一旦发生 MHV 感染，病变更为严重，表现为多器官炎症或微小坏死，如脑、肝、肺、骨髓、淋巴组织、血管内皮及肠道。肝脏出现多发性坏死，炎症细胞及程度不等的多核细胞，部分肝细胞被取代，形成慢性进行性肝炎[21]。肺脏及脑的血管内皮细胞增生，并有多核巨细胞，多核巨细胞也可能出现在淋巴结、间皮层及其他部位。代偿性骨髓细胞增生可造成脾脏肿大及肝脏浸润。

（四）实验室诊断

MHV 在鼠群传播严重危害小鼠健康，也严重影响以小鼠为研究对象的实验结果的准确性和可靠性。因此，一些国家和地区实验动物机构建议实验动物生产和使用单位制定 MHV 检测净化方案。国际实验动物科学协会（ICLAS）、欧洲实验动物科学联合会（FELASA），以及全球最有实力的实验动物产品和技术服务商 Charles River、日本实验动物中央研究所等制定的动物健康检测方案均包含了 MHV 检测。我国实验动物国家标准（GB 14922.2—2011）也规定 MHV 是小鼠的必检项目。

1. 样品采集

根据我国实验动物国家标准（GB 14922.2—2011）要求，普通级、清洁级和 SPF 级小鼠应每三个月至少检测一次；无菌动物每年检测一次，每 2～4 周检测一次环境标本和粪便标本。每次取样根据繁殖单元动物的数量采样，少于 100 只的种群应检测不少于 5只，100～500 只的种群检测样本应不少于 10 只，大于 500 只的种群检测采样应不少于 20只。取样时应在繁殖单元的不同方位取样，选择成年小鼠进行检测。

2. 血清学检测方法

我国实验动物国家标准（GB/T 14926.22—2001）对 MHV 的规定是使用 ELISA、IFA、IEA 等检测感染后的特异性抗体。检测的抗原应包括 MHV-1、MHV-3、MHV-A59、MHV-JHM 株。ELISA 检测 MHV 时具有高度的敏感性、易操作和耗时短等优点。实验室常用 ELISA 方法做初步检测，ELISA 检测出的阳性样本通常用 IFA 来确诊。由于 MHV 的毒株较多，彼此间抗原的交叉保护性不一。另外，血清学阳性在感染后 7～10d 出现，实际检测时可能因检测抗原的局限性和采样时机的选择造成漏检情况。某些免疫缺陷小鼠可能不产生或不能产生足够的抗体，应采用 IFA、免疫组化方法或 RT-PCR 方法进行诊断。

患鼠痊愈后可再重复感染不同的 MHV 病毒亚株。某些小鼠也可能在抗体阳性后，仍很长时间内会持续带毒、排毒。有条件的可以结合 RT-PCR 方法进行检测。

3. 病原学检测技术

常利用 NCT1496、17CH、DBT、BALB/c-3T3 或 CMT-93 细胞株进行病毒分离。病毒分离时最好将裸鼠与感染动物接触，待发病后，利用裸鼠的肝脏进行病毒分离。某些肠道型 MHV 组织亲和性差，不易分离。病毒在易感细胞上的病变表现为细胞融合，形成多核巨细胞（合胞体）、细胞脱落等现象。然后采用免疫荧光、RT-PCR 及基因测序方法进行鉴定。

由于感染后 MHV 的排毒有一定时限，一般不采用 RT-PCR 方法作为筛查手段。常作为血清学检测的补充和患病鼠群的确诊方法。通常取感染动物的肝脏、结肠前段内容物或粪便，进行 RT-PCR 或荧光定量 RT-PCR 检测。由于每个实验室的引物序列不同、反应条件不一，其检测结果的特异性、敏感性需要不同实验室间进行验证。常用保守的 M、N 等作为目的基因（表 19-1）。

表 19-1　MHV RT-PCR 检测引物

基因	引物序列	产物大小(bp)	参考文献
M	正向引物：5′-AATGGAACTTCTCGTTGGG-3′	375	[25]
	反向引物：5′-TAGTGGCTGTTAGTGTATGG-3′		
M^*	正向引物：5′-GGAACTTCTCGTTGGGCATTATACT-3′	80	[26]
	反向引物：5′-ACCACAAGATTATCATTTTCACAACATA-3′		
	探针：5′-ACATGCTACGGCTCGTGTAACCGAACTGT-3′		
N	正向引物：5′-CCAAGCTTCTGCACCTGCTAGTCGATCTG-3′	664	[27]
	反向引物：5′-CCGGTACCACCATCTTGATTCTGGTAGGC-3′		
	巢式 RT-PCR 正向引物：5′-ATGAATTCAGCGCCAGCCTGCCTCTAC TG-3′		
	巢式 RT-PCR 反向引物：5′-ATGGATCCTGAATATTGCAGCTCATACAC-3′	379	

注：＊可用于检测大鼠冠状病毒。

日本学者曾在研究中使用诊断 N 基因的 RT-PCR 检测小鼠粪便中 MHV，然后利用 Acc I、Alu I、$EcoR$ I 和 Mbo I 酶进行的限制性片段长度多态性（RFLP）分析检测鼠群中的 MHV，共检出 36 株 MHV，经 RFLP 鉴定的这些菌株可分为 5 个不同的亚群[28]。RFLP 是一种快速、有效的 MHV 株系鉴别方法，是对 MHV 检测和鉴定的一个补充。国内赵婷婷等建立了 MHV 检测的 SNaPshot 分型技术[29]。也有用微电子芯片检测 MHV 等鼠群中的病原[30]。另外，也有学者探讨采用逆转录环介导等温扩增技术（RT-LAMP）检测粪便中的 MHV，其特异性可达 100%，敏感性 85.7%[31]。

4. 鉴别诊断

MHV 感染一般无典型的临床症状，应根据基本临床诊断并结合实验室诊断，同时需要与其他病原，如多瘤病毒、仙台病毒、腺病毒等感染所致的疾病进行鉴别诊断。

（五）预防与控制

MHV 疫苗研发意义不大，目前尚无相关疫苗研究。抗病毒药物治疗意义亦不大。抗病毒药物研究多以 MHV 模型研发抗人类或其他经济型或伴侣型动物冠状病毒感染的药物。

对 MHV 预防与控制的重点在于对鼠群的管理与日常检测。预防方法包括：①对所有实验小鼠必须进行定期健康检测，我国实验动物国家标准（GB/T 14926.22—2001）规定 SPF 级及以下的动物每 3 个月必需检测一次；②确保移植的肿瘤或初生仔鼠细胞株等生物材料无

MHV 污染；③新引进小鼠必需有隔离检疫措施 2～3 周，且进行定期监测；④使用独立饲养加过滤网的笼盖笼具（IVC），同时避免野生老鼠进入饲养场所；⑤尽量避免人员操作带来的交叉感染；⑥用敏感品系小鼠或免疫缺陷小鼠如裸鼠作为"哨兵"，敏感小鼠在无症状感染小鼠群中，可很快表现出临床症状，可起到监测作用。也用 BALB/c、C57BL/6 ICR 敏感品系小鼠作为裸鼠房或转基因繁殖鼠的监测鼠，每 2～3 周进行 ELISA 检测。

鼠群一旦感染，最彻底的清除办法是全群安乐致死，对饲养场所进行彻底消毒。如果不能做到全群扑杀，清除鼠群已感染的 MHV 需要做到：①停止感染动物房的所有配种操作；②安乐致死所有初生至 3 周龄内乳鼠；③暂停引进新动物；④已怀孕母鼠必需隔离或安乐致死出生仔鼠；⑤必需留种的动物则考虑采用无菌剖宫产或胚胎移植来重新建立无 MHV 种群。

第二节　大鼠冠状病毒感染

一、概述

能感染大鼠的冠状病毒包括大鼠冠状病毒（Rat Coronavirus，RCoV）和大鼠涎泪腺炎病毒（Sialodacryoadenitis virus，SDAV）。二者与 MHV 相近，抗原性有交叉，理化性质一致，同属于 β 冠状病毒属 *Embecovirus* 亚属，但 RCoV 和 SDAV 均不能自然跨物种感染小鼠，MHV 亦不能自然感染大鼠。RCoV 和 SDAV 理化性质和抗原性一致，但致病性和组织嗜性存在差异。其中 RCoV 可引起大鼠呼吸道和肺部炎症，而 SDAV 主要侵犯大鼠的唾液腺和泪腺。RCoV 和 SDAV 具有高度的传染性，也是各国和地区实验动物中需要排除并要常规监测的重要病原。

SDAV 最早于 1961 年由 Innes 和 Stanton 发现大鼠中存在一种感染性疾病，并根据症状命名为涎泪腺炎。1972 年 Bhatt 等在大鼠肾脏细胞中分离到病毒，并命名为大鼠涎泪腺炎病毒（SDAV）[21]。Parker 等于 1970 年从大鼠的肺中分离到一株大鼠冠状病毒（RCoV），因此有些 RCoV 毒株又称为帕克大鼠冠状病毒（Parker's rat coronavirus）[32]。1982 年，日本学者从患唾液腺炎的大鼠中分到一株冠状病毒（Causative agent of rat sialoadenitis，CARS），与 SDAV 有抗原交叉，但是该毒株可在小鼠的 Balb/c-3T3 细胞上增殖，并保持对大鼠的感染性[33]。

二、病原学

RCoV 和 SDAV 同属于 β 冠状病毒属，其基因组与 MHV 类似，基因组全长为 27～32kb，至少有三种结构蛋白（N、S、M）。病毒形态结构与 MHV 类似，且与 MHV 有交叉保护性抗原。对比 N 蛋白氨基酸序列发现，SDAV-681 株与不同 MHV 毒株的同源性在 90.1%～93.8% 之间，而不同 MHV 毒株之间 N 蛋白氨基酸的同源性在 91.8%～97.1%。分析发现，大鼠冠状病毒可能来源于 MHV，且可能由二者在自然界的重组演化而来。另外，与 MHV 类似，SDAV 的 N 基因内部也存在一个 +1 ORF，编码 207 个氨基酸[34]，功能尚不明确。

RCoV 和 SDAV 对热敏感，对乙醚和氯仿敏感。56℃ 30min 可灭活。在 -20℃ 很快失活，可在 -70℃ 以下低温长期保存。

SDAV 初次分离常用大鼠肾脏原代细胞，L-2、LBC 细胞适合培养 RCoV[35,36]。病毒导致的细胞病变与 MHV 类似，可导致细胞融合形成合胞体、进而导致融合的细胞脱落。二乙氨乙基葡聚糖（DEAE-D）和胰酶单独或联合使用可以促进 RCV 在细胞上的复制，并显著提高噬斑形成的数量[37]。

三、流行病学

患病和隐性感染的带毒大鼠是传染源，可通过污染病毒的食料、饮水、用具、环境、气溶胶进行传播，以呼吸道和接触传播为主，未见垂直传播的报道。所有大鼠均易感，乳鼠多呈急性感染，传播迅速，病程一般为 7d 左右，常在鼠群内呈地方流行性。成年大鼠感染后症状较轻或呈隐性感染。血清学调查发现，人工饲养环境下的大鼠感染率在 17%～100%，野生大鼠的阳性率约为 39.8%[32]。

四、临床症状及病理变化

大鼠冠状病毒在新生大鼠种群中具有高度传染性。原发性感染倾向于鼻呼吸上皮，继发于泪腺、唾液腺和肺。大鼠各年龄段均可诱发疾病，幼鼠发病最为严重。临床上常分为潜伏型和流行型感染两种类型[21]。

1. 潜伏型感染

常见于繁殖种群，可能会出现短暂感染，症状轻微。病程通常少于 7d。SDAV 感染大鼠可能会出现频繁眨眼、眼睑粘连等。成年大鼠对 RCoV 一般具有抵抗力，发病轻微或呈现隐性感染，常不易被发现而忽略，可自行恢复。

2. 流行型感染

SDAV 感染潜伏期不超过 7d，常呈急性感染，病程 3～7d。患鼠表现为颈部变粗，食欲减退，体重减轻，雌鼠性周期显著紊乱，10%～30% 的患鼠出现眼部病变。幼鼠可见到明显的眼炎症状。老年大鼠可能会出现鼻和眼分泌物增多、颈部肿胀、畏光、角膜炎和呼吸困难等。眼睛周围的泪腺分泌物呈红紫色。剖检可见唾液腺周围明胶样水肿和哈德氏腺肿胀。病变还包括坏死性鼻炎，唾液腺、泪腺、腺周水肿和间质性肺炎。溶解性病变常表现为明显的鳞状上皮化生，特别是在哈德氏腺。无胸腺和严重联合免疫缺陷大鼠，可能出现慢性消瘦综合征，死于进行性肺炎。RCoV 感染主要是乳鼠发病，临床症状可引起大鼠发生呼吸道和肺部炎症，也可能出现唾液腺和泪腺炎。剖检可见淋巴结肿大，鼻气管炎，支气管淋巴组织样增生及灶性间质性肺炎。

五、诊断

临床诊断通常结合颈部水肿、眼炎等临床症状和病变进行初步诊断。眼眶周围红紫色分泌物不是 SDAV 的特异性症状，维生素 A 缺乏、其他呼吸道疾病或饲养环境总氨浓度高也会引起类似症状。RCoV 通常易引起间质性肺炎。因为 SDAV 和 RCoV 均缺乏典型症状，临床上需与仙台病毒、小鼠肺炎病毒、大鼠呼吸道病毒等进行鉴别诊断。

实验室诊断通常采用 ELISA 或间接免疫荧光方法进行血清学回顾性诊断。因大鼠不会自然感染 MHV，也常用与大鼠冠状病毒有交叉抗原的 MHV 抗原进行检测，MHV 抗原更容易获得和制备。对实验用大鼠，我国实验动物国家标准（GB/T 14926.22—2001）中规定采用血清学方法对大鼠冠状病毒进行常规检测。但一些免疫缺陷大鼠不能产生抗体，需要用其他方法进行检测或诊断。

RT-PCR 方法也常用于检测和鉴定大鼠冠状病毒感染。常用的目的基因为 M 和 N 基因。某些用于检测 MHV 的引物亦可用于检测大鼠冠状病毒[26]。国内孟钰榕等建立了大鼠冠状病毒和仙台病毒的双重 RT-PCR 方法，设计了针对 N 基因的引物检测大鼠冠状病毒（上游引物 5′-TGGAATCCTCAAGAAGACCAC-3′，下游引物 5′-ATGCCCGAAAACCAAGAG-3′）[38]。病毒分离和免疫组化等方法也可进行诊断，但较少使用。病毒分离可采集患病 4~5d 的动物下颌唾液腺、泪腺、哈德氏腺、鼻腔冲洗物、肺等组织，采用原代大鼠肾细胞进行病毒分离，然后根据合胞体病变、RT-PCR 或结合免疫荧光实验进行鉴定。

六、 预防与控制

大鼠冠状病毒感染常表现为一过性，恢复较快，多数患鼠无须治疗。发病严重的可结合实际情况进行对症或支持疗法。对实验用的大鼠，一旦感染救治意义不大。

目前对大鼠冠状病毒感染无有效疫苗。主要通过加强管理和检测来预防感染，防控措施与 MHV 类似，隔离饲养，定期检测与监测，利用敏感鼠作为检测鼠，淘汰带毒鼠，严格隔离和消毒制度和生物安全制度等。

▶ **主要参考文献**

［1］MacLachlan N. J. Coronaviridae ［M］. Fenner's Veterinary Virology，2017：435-461.

［2］ Weiss S. R. ，Leibowitz J. L. Coronavirus pathogenesis［J］. Adv Virus Res，2011，81：85-164.

［3］ Yokomori K. ，Lai M. M. Mouse hepatitis virus S RNA sequence reveals that nonstructural proteins ns4 and ns5a are not essential for murine coronavirus replication［J］. J Virol，1991，65（10）：5605-5608.

［4］ Yang J. ，Sun Z. ，Wang Y. ，et al. Partial deletion in the spike endodomain of mouse hepatitis virus decreases the cytopathic effect but maintains foreign protein expression in infected cells［J］. J Virol Methods，2011，172（1-2）：46-53.

［5］ Li F. Structure，function，and evolution of coronavirus spike proteins［J］. Annu Rev Virol，2016，3（1）：237-261.

［6］ Rout S. S. ，Singh M. ，Shindler K. S. ，et al. One proline deletion in the fusion peptide of neurotropic mouse hepatitis virus（MHV）restricts retrograde axonal transport and neurodegeneration［J］. J Biol Chem，2020，295（20）：6926-6935.

［7］ Stohlman S. A. ，Baric R. S. ，Nelson G. N. ，et al. Specific interaction between coronavirus leader RNA and nucleocapsid protein［J］. J Virol，1988，62（11）：4288-4295.

［8］ Fischer F. ，Peng D. ，Hingley S. T. ，et al. The internal open reading frame within the nucleocapsid gene of mouse hepatitis virus encodes a structural protein that is not essential for viral replication［J］. J Virol，1997，71（2）：996-1003.

［9］ Sola I. ，Almazan F. ，Zuniga S. ，et al. Continuous and discontinuous RNA synthesis in coronaviruses［J］. Annu Rev Virol，2015，2（1）：265-288.

［10］ Zhao L. ，Jha B. K. ，Wu A. ，et al. Antagonism of the interferon-induced OAS-RNase L pathway by murine coronavirus ns2 protein is required for virus replication and liver pathology［J］. Cell Host Microbe，2012，11（6）：607-616.

［11］ Hagemeijer M. C. ，Rottier P. J. ，de Haan C. A. Biogenesis and dynamics of the coronavirus replicative structures［J］. Viruses，2012，4（11）：3245-3269.

［12］ Enjuanes L. ，Almazan F. ，Sola I. ，et al. Biochemical aspects of coronavirus replication and virus-host interaction［J］. Annual Review of Microbiology，2006，60：211-230.

［13］ Baric R. S. ，Fu K. ，Schaad M. C. ，et al. Establishing a genetic-recombination map for murine coronavirus strain A59 complementation groups［J］. Virology，1990，177（2）：646-656.

［14］ Compton S. R. ，Barthold S. W. ，Smith A. L. The cellular and molecular pathogenesis of coronaviruses［J］. Lab Anim Sci，1993，43（1）：15-28.

［15］ Khanolkar A. ，Hartwig S. M. ，Haag B. A. ，et al. Protective and pathologic roles of the immune response to mouse hepatitis virus type 1：implications for severe acute respiratory syndrome［J］. J Virol，2009，83（18）：9258-9272.

［16］ De Albuquerque N. ，Baig E. ，Ma X. ，et al. Murine hepatitis virus strain 1 produces a clinically relevant model of severe acute respiratory syndrome in A/J mice［J］. J Virol，2006，80（21）：10382-10394.

［17］ Lane T. E. ，Hosking M. P. The pathogenesis of murine coronavirus infection of the central nervous system［J］. Crit Rev Immunol，2010，30（2）：119-130.

［18］ Homberger F. R. Maternally-derived passive immunity to enterotropic mouse hepatitis virus［J］. Arch Virol，1992，122（1-2）：133-141.

［19］ Koetzner C. A. ，Parker M. M. ，Ricard C. S. ，et al. Repair and mutagenesis of the genome of a deletion mutant of the coronavirus mouse hepatitis virus by targeted RNA recombination［J］. J Virol，1992，66（4）：1841-1848.

［20］ Yount B. ，Denison M. R. ，Weiss S. R. ，et al. Systematic assembly of a full-length infectious cDNA of mouse hepatitis virus strain A59［J］. J Virol，2002，76（21）：11065-11078.

［21］ 刘振轩，阙玲玲. 动物冠状病毒疾病［M］. 台北："台湾行政院农业委员会动植物防疫检疫局"，2003：71-84.

［22］ 傅兴伦，曾林. 小鼠冠状病毒的研究进展［J］. 实用医药杂志，2003，20（11）：856-857.

［23］ Le Prevost C. ，Levy-Leblond E. ，Virelizier J. L. ，et al. Immunopathology of mouse hepatitis virus type 3 infection. Ⅰ. Role of humoral and cell-mediated immunity in resistance mechanisms［J］. J Immunol，1975，114（1 Pt 1）：221-225.

［24］ Phillips J. M. ，Weiss S. R. Pathogenesis of neurotropic murine coronavirus is multifactorial［J］. Trends Pharmacol Sci，2011，32（1）：2-7.

［25］ Homberger F. R. ，Smith A. L. ，Barthold S. W. Detection of rodent coronaviruses in tissues and cell cultures by using polymerase chain reaction［J］. J Clin Microbiol，1991，29（12）：2789-2793.

［26］ Besselsen D. G. ，Wagner A. M. ，Loganbill J. K. Detection of rodent coronaviruses by use of fluorogenic reverse transcriptase-polymerase chain reaction analysis［J］. Comp Med，2002，52（2）：111-116.

［27］ Schoenike B. ，Franta A. K. ，Fleming J. O. Quantitative sense-specific determination of murine coronavirus RNA by reverse transcription polymerase chain reaction［J］. J Virol Methods，1999，78（1-2）：35-49.

［28］ Nakamura N. ，Yoshizumi S. ，Urano T. ，et al. Differentiation of mouse hepatitis virus genotypes by restriction fragment length polymorphism analysis［J］. Lab Anim，2005，39（1）：107-110.

［29］ 赵婷婷 王会娟，王蕾，等. 小鼠肝炎病毒的 SNaPshot 分型技术及其应用［J］. 动物学杂志，2016，51（6）：1084-1091.

［30］ Goto K. ，Horiuchi H. ，Shinohara H. ，et al. Specific and quantitative detection of PCR products from *Clostridium piliforme*，*Helicobacter bilis*，*H. hepaticus*，and mouse hepatitis virus infected mouse samples using a newly developed electrochemical DNA chip［J］. J Microbiol Methods，2007，69（1）：93-99.

［31］ Hanaki K. ，Ike F. ，Hatakeyama R. ，et al. Reverse transcription-loop-mediated isothermal amplification for the detection of rodent coronaviruses［J］. J Virol Methods，2013，187（2）：222-227.

［32］ Parker J. C.，Cross S. S.，Rowe W. P. Rat coronavirus（RCV）：a prevalent，naturally occurring pneumotropic virus of rats［J］. Arch Gesamte Virusforsch，1970，31（3）：293-302.

［33］ Maru M.，Sato K. Characterization of a coronavirus isolated from rats with sialoadenitis［J］. Arch Virol，1982，73（1）：33-43.

［34］ Kunita S.，Mori M.，Terada E. Sequence analysis of the nucleocapsid protein gene of rat coronavirus SDAV-681［J］. Virology，1993，193（1）：520-523.

［35］ Hirano N.，Ono K.，Sada Y.，et al. Replication of rat coronavirus in a rat cell line，LBC.［J］. Arch Virol，1985，85（3-4）：301-304.

［36］ Percy D. H.，Williams K. L.，Bond S. J.，et al. Characteristics of Parker's rat coronavirus（PRC）replicated in L-2 cells［J］. Arch Virol，1990，112（3-4）：195-202.

［37］ Gaertner D. J.，Winograd D. F.，Compton S. R.，et al. Development and optimization of plaque assays for rat coronaviruses［J］. J Virol Methods，1993，43（1）：53-64.

［38］ 孟钰榕，郑龙，祝岩波，等. 大鼠冠状病毒和仙台病毒的双重 PCR 检测方法的建立与应用［J］. 中国实验动物学报，2019，27（2）：181-186.

（王玉燕）

第二十章
水生动物冠状病毒感染

水生动物感染冠状病毒的报道相对较少，可能一方面与水生动物本身对冠状病毒不易感有关，也可能与水生动物病毒难于分离培养有关。目前关于水生动物冠状病毒的研究报道大多是通过宏基因组测序等方法检测到冠状病毒特异性核酸，如白鲸冠状病毒、宽吻海豚冠状病毒、太平洋鲑套式病毒、麻斑海豹冠状病毒等。此外，有一些水生动物临床疑似感染冠状病毒的报道，但由于没有病毒基因序列和形态学研究报告等关键信息，所以没有被广泛认可。本章对已确定的水生动物冠状病毒进行了介绍，并将水生动物冠状病毒与新型冠状病毒 SARS-CoV-2 进行了比较。

一、水生动物感染冠状病毒概况

相关研究人员先后从白鲸（*Delphinapterus leucas*）、宽吻海豚（*Tursiops truncatus*）等水生哺乳动物以及鲑科鱼的三文鱼（*Oncorhynchus keta*）等水生动物中检测到冠状病毒特异性核酸，分别被命名为白鲸冠状病毒（Beluga Whale Coronavirus，BWCoV）、宽吻海豚冠状病毒（Bottlenose dolphin Coronavirus，BdCoV）、太平洋鲑套式病毒（Pacific salmon Nidovirus，PsNV）和麻斑海豹冠状病毒（Harbor Seal Coronavirus）等（表 20-1）。此外，在鲤科鱼中也有检测到疑似感染冠状病毒的报道，但由于没有明确的病毒形态学报告以及病毒基因序列等关键信息，所以并未被国际病毒分类委员会（ICTV）所认可。

表 20-1　水生动物冠状病毒

亚科	属	病毒	文献	GenBank 登录号
正冠状病毒亚科	α 冠状病毒属	麻斑海豹冠状病毒	[1]	FJ766501
	γ 冠状病毒属	白鲸冠状病毒 SW1	[2]	EU111742
	γ 冠状病毒属	宽吻海豚冠状病毒 HKU22	[3]	KF793824
Letovirinae 病毒亚科	*Alphaletovirus* 属	太平洋鲑套式病毒 PsNV	[4]	MK611985

新冠疫情暴发后，北京新发地批发市场从切割进口三文鱼案板上检测到人新型冠状病毒 SARS-CoV-2 核酸，水生动物能否感染人新型冠状病毒引起全球高度关注，整个三文鱼产业链乃至其他水产品都受到严重冲击。目前来看，水生动物感染新型冠状病毒 SARS-CoV-2 的可能性较低：第一，从病毒分类地位来看，SARS-CoV-2 属于 β 冠状病毒属，研究表

明 β 冠状病毒属只感染哺乳动物；第二，从病毒主要靶器官及其分布来看，SARS-CoV-2 主要作用于上呼吸道和下呼吸道，其病理影响主要集中于肺部，但除肺鱼以外的其他鱼类没有肺，因此不易感染该病毒[4]；第三，从受体分布来看，SARS-CoV-2 的受体为血管紧张素转化酶 2（ACE2），这类受体主要存在于哺乳动物，而鱼类、鸟类和爬行类动物一般没有这种受体[9]。因此，三文鱼案板通过人员或者物品污染的可能性较大。水生动物及其产品可能会通过人员或者物品污染 SARS-CoV-2，尤其是被新冠肺炎感染者接触后，或者环境中存在大量病毒也可通过气溶胶等方式污染。福建、辽宁、江西、重庆、云南、山东、安徽等地多次从厄瓜多尔进口的冻南美白虾外包装样本中检出新冠病毒核酸，但对于冻南美白虾虾体和内包装样本，新冠病毒核酸检测均为阴性。检测结果提示，厄瓜多尔部分企业产品的集装箱环境、货物外包装存在被新冠病毒污染的风险。食品在生产加工销售的各个环节，如果周围的环境被新型冠状病毒污染，或者食品从业人员本身就是新型冠状病毒感染者，都有可能对食品造成污染。新型冠状病毒在食品表面一般不会生长繁殖。冠状病毒在外环境中的存活时间可能从数小时到数天不等，虽然目前尚未有 SARS-CoV-2 在水产品表面存活时间的数据，由于冠状病毒不耐热，无法在正常烹饪温度（大于 70℃）下存活。因此，只要做好个人防护措施，水生动物及其产品是在符合卫生标准和食品安全条件下制作、供应的，就可以安全食用。

二、白鲸冠状病毒

2008 年首次公布了一株海洋哺乳动物白鲸冠状病毒 SW1（BWCoV SW1）的全基因组序列[2]。一头人工饲养的白鲸在患上肺脏疾病后死于急性肝功能衰竭。组织学检测显示肝脏出现严重坏死，肝细胞内存在大量圆形病毒颗粒。病毒粒子大小（直径 60～80 nm，核心 45～50 nm）与已知的冠状病毒存在明显差异。该病毒具有宿主特异性，无法用非同源细胞系分离病毒。病毒基因组长约 31.7 kb，编码非结构蛋白（复制酶，ORF 1a 和 1b）和结构蛋白 S（ORF2）、E（ORF3）、M（ORF4）和 N（ORF11），两端具有非编码区。编码 M 和 N 蛋白的基因之间可能还有 8 个 ORF，推测出的氨基酸序列与已知冠状病毒蛋白并不相同。结构蛋白基因和复制酶基因的遗传进化分析显示，该病毒与禽冠状病毒亲缘关系较近。尽管其复制酶基因同源性（＜67%）明显低于物种划分的临界值（90%），SW1 仍被划分为 γ 冠状病毒属[5]。目前仅检测到 BWCoV SW1 的核酸，其对于水生动物的致病性仍有待进一步研究。

三、宽吻海豚冠状病毒

2008—2010 年在香港海洋公园进行的一项研究显示，从 3 只表面健康的印度太平洋宽吻海豚粪便样品中检测出一种新型冠状病毒核酸，命名为 HKU22[3]。与白鲸分离株 SW1 不同，HKU22 没有引发任何明显的临床症状，宽吻海豚仅为无症状或轻度感染。在

感染期检测到病毒基因组，在感染后 4~8 周的血清样本中检测到 N 蛋白特异性抗体。从
3 只宽吻海豚体内检测到的病毒基因组基本相同，均属于 γ 冠状病毒属。病毒无法在非宿
主特异性细胞系中复制，也没有病原体超微结构的详细信息。遗传进化分析显示，
HKU22 与白鲸冠状病毒 SW1 具有类似的基因组结构，基因组大小约为 31.7 kb，同源性
极高，其中 N 蛋白和复制酶多蛋白保守区同源性为 99.3%~99.6%，但与禽冠状病毒同
源性较低（35.4%~74.9%）。两种病毒的纤突蛋白 S 同源性仅有 74.3%~74.7% [3]。基
因组分析显示，宽吻海豚冠状病毒 HKU22 和白鲸冠状病毒 SW1 属于 γ 冠状病毒属的不
同分支（图 20-1）。两种病毒的宿主都属于鲸目，这一发现也与其宿主之间的亲缘关系一
致。因此，Woo 等人建议将 BWCoV SW1 和宽吻海豚冠状病毒列为 γ 冠状病毒属中一个
单独的病毒种，即鲸类动物冠状病毒[3]。

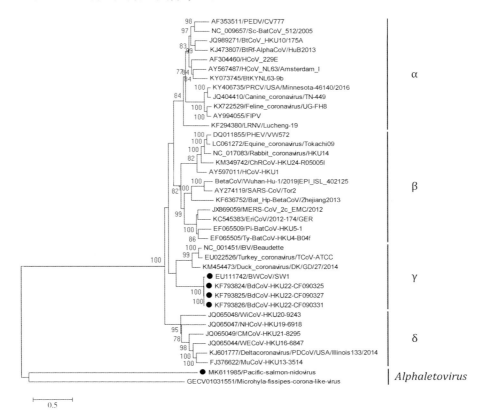

图 20-1　水生动物冠状病毒基因组遗传进化分析
水生动物冠状病毒分离株用●标记

四、太平洋鲑套式病毒

2019 年，Mordecai[4]等人利用宏转录组测序技术，从三文鱼体内首次发现了一种冠
状病毒，命名为太平洋鲑套式病毒（PsNV），其在孵化场、水产养殖和野生的大鳞大麻

哈鱼上都可检测到。PsNV 主要分布在三文鱼的鳃组织。PsNV 在进化上与呼吸系统冠状病毒相关，与冠状病毒科、*Letovirinae* 病毒亚科、*Alphaletovirus* 属的姬蛙甲型勒托病毒 1 型（Microhyla letovirus 1，MLeV）同源性最高，形成单独的进化分支，与正冠状病毒亚科形成姐妹群（图 20-1）。PsNV 病毒基因组长约 36.7 kb，编码非结构蛋白（复制酶，ORF 1a 和 1b）和结构蛋白 LAB1C-like 蛋白、S 蛋白、E 蛋白、M 蛋白和 N 蛋白，两端具有非编码区。该基因组结构比正冠状病毒亚科病毒多出 LAB1C-like 蛋白，其具体功能有待进一步研究。基因组进化分析结果显示（图 20-1），PsNV 与 MLeV 虽然属于同一个分支，但它们之间较长的分支长度、较远的遗传距离表明它们可能属于不同的属。

五、麻斑海豹冠状病毒

1987 年，迈阿密水族馆饲养的 3 只海豹突发急性坏死性肠炎[1]，其中 2 只海豹死亡前未表现出任何临床症状，另外一只海豹出现白细胞显著增多、脱水、高钠血症和高氯血症。病理切片显示局灶性支气管肺泡出血和水肿，以及严重的弥散性肺淤血。脾脏和外周淋巴结出现中度至重度淋巴细胞减少，肠黏膜检测到冠状病毒特异性抗原。用猪传染性胃肠炎病毒（Transmissible gastroenteritis virus，TGEV）、猫传染性腹膜炎病毒（Feline infectious peritonitis virus，FIPV）和犬冠状病毒（Canine coronavirus，CCoV）抗体进行免疫荧光检测均为阳性，但用牛冠状病毒（Bovine coronavirus，BCoV）抗体检测结果为阴性。根据抗原交叉反应结果分析，感染麻斑海豹的冠状病毒很可能属于 α 冠状病毒属。由于此麻斑海豹冠状病毒 RdRp 基因序列较短（208 bp），未有基因组信息，所以还未被 ICTV 正式认可，仍需进一步研究证实。

六、 未确认的其他水生动物冠状病毒

1997 年至 1998 年，一种冠状病毒样病毒，命名为鲤鱼病毒血症相关的 ana-aki-byo 病毒，造成日本锦鲤（*Cyprinus carpio*）较高的死亡率[6]。病死鱼内脏器官可见坏死病变，造血组织及脾脏可见病毒颗粒。病毒对 IUdR 耐药，但对乙醚敏感，提示病毒为有囊膜 RNA 病毒。病毒呈圆形，表面呈尖状突起。病毒粒子的直径为 100～180 nm。在感染细胞的细胞质中观察到不同长度的管状结构（直径 60～70 nm）和晶体包裹体。Sano 等人[7]从一种死于急性感染的鲤身上分离出一种冠状病毒样病毒，病死鱼临床表现为腹部红斑及肝、肾坏死。该病毒可通过 20℃ 的水传播给鲤鱼苗。从鲤肾脏、肝脏和脾脏中可检出该病原体，病毒粒子直径为 60～100 nm。牙鲆、鳗鲡等鱼类中也有疑似感染冠状病毒的报道[8]。从超微结构和形态发生的角度来看，这些病毒与冠状病毒相似。但值得注意的是，这些分离物不符合分类学分类标准（缺少基因组和/或形态学数据），因此没有被正式确认为冠状病毒，相关的分类鉴定、流行病学及病毒生态学等还有待深入研究。

目前，冠状病毒相继从白鲸、宽吻海豚等海洋动物以及鲑科鱼、鲤科鱼中检测到，并对水生动物的健康繁殖造成了一定的影响。随着各种生物技术的发展与应用，我们对水生动物冠状病毒的认识也将有进一步的提升。进一步了解冠状病毒在水生动物中的流行、分布和传播机制，以及其宿主特性和相关生态因素，将有助于我们对水生动物冠状病毒的监测、控制和传播风险评估。

▶ 主要参考文献

［1］ Bossart，G. D.，J. C. Schwartz acute necrotizing enteritis associated with suspected coronavirus infection in three harbor seals（*Phoca vitulina*）［J］. Journal of Zoo and Wildlife Medicine，1990，21：84-87.

［2］ Mihindukulasuriya，K. A.，G. Wu，J. St Leger，et al. Identification of a novel coronavirus from a beluga whale by using a panviral microarray［J］. J Virol，2008，82（10）：5084-5088.

［3］ Woo，P. C.，S. K. Lau，C. S. Lam，et al. Discovery of a novel bottlenose dolphin coronavirus reveals a distinct species of marine mammal coronavirus in gammacoronavirus［J］. J Virol，2014，88（2）：1318-1331.

［4］ Marthaler，D.，L. Raymond，Y. Jiang，et al. Rapid detection，complete genome sequencing，and phylogenetic analysis of porcine deltacoronavirus［J］. Emerg Infect Dis，2014，20（8）：1347-1350.

［5］ de Groot，R. J.，S. C. Baker，R. Baric，et al. Family coronaviridae. In：King A. M. Q.，Adams M. J.，Carstens E. B.，Lefkowitz E. J.（Eds.）. Virus taxonomy，classification and nomenclature of viruses. Ninth report of the International Committee on Taxonomy of Viruses［M］. San Diego：Elsevier Academic Press，806-828.

［6］ Miyazaki T.，H. Okamoto，T. Kageyama，et al. Viremia-associated ana-aki-byo，a new viral disease in color carp *Cyprinus carpio* in Japan［J］. Diseases of Aquatic Organisms，2000，39（3）：183-192.

［7］ Sano T.，Yamaki T.，Fukuda H. A novel carp coronavirus，characterization and pathogenicity［C］. Vancouver：International Fish Health Conference，1988：160.

［8］ 袁军法，李莉娟. 区别认识 2019 新型冠状病毒与水生动物病毒［J］. 当代水产，2020，45（3）：73.

［9］ Bukhari K.，G. Mulley，A. A. Gulyaeva，et al. Description and initial characterization of metatranscriptomic nidovirus-like genomes from the proposed new family *Abyssoviridae*，and from a sister group to the *Coronavirinae*，the proposed genus *Alphaletovirus*［J］. Virology，2018，524：160-171.

（于晓慧、王静静）

第二十一章
动物新型冠状病毒感染

2019 年 12 月以来，由人感染新型冠状病毒（SARS-CoV-2）导致的新型冠状病毒肺炎（COVID-19）疫情不断扩大。截至 2021 年 2 月 1 日，已导致全球 221 个国家和地区一亿多人感染，230 多万人死亡，病死率高达 2.2%。COVID-19 全球大流行，给人类生产和生活方式带来巨大挑战。除了严重影响人民生命健康之外，对全球食物供应链和畜牧业健康发展都造成巨大影响。新冠疫情发生后，国内多个单位先后开展了 SARS-CoV-2 的动物溯源监测和流行病学调查，在禽、猪、犬、猫、水貂等家养动物中均未发现病毒感染的证据，基本排除病毒来源于家养畜禽的可能性[1-4]。尽管还没有 SARS-CoV-2 确切来源的证据，但推测来源于蝙蝠的可能性较大[5,6]。人工感染试验证实，犬、猫、雪貂、仓鼠、恒河猴、树鼩、食蟹猴、果蝠等动物对 SARS-CoV-2 均易感，病毒在人工感染的猫、树鼩、仓鼠和雪貂等动物间还可以水平传播[7-12]。至今，世界动物卫生组织（OIE）已接到 470 余起水貂、犬、猫、狮子、老虎等动物感染新型冠状病毒的报告，荷兰、丹麦等国家还出现了人-动物-人的传播链条[13,14]。尽管目前 SARS-CoV-2 主要在人群中传播流行，但其作为一种人畜共患病，动物感染并造成传播流行的风险较大，甚至会导致从动物再传播到人的可能性。因此，对于动物感染新型冠状病毒的情况应引起高度重视。本章对全球动物感染 SARS-CoV-2 的情况进行了总结分析，评估了国内动物新型冠状病毒的风险，并提出了针对性的防控措施建议，为新型冠状病毒联防联控以及养殖业健康安全提供借鉴。

一、国际流行特点

2020 年 3 月 18 日，中国香港首次发生犬感染 SARS-CoV-2 事件，3 月 20 日确诊，3 月 21 日向 OIE 进行了通报。同时，比利时于 2020 年 3 月 18 日从一名 SARS-CoV-2 确诊患者饲养的猫检测到新型冠状病毒，并且感染猫还出现了消化道和呼吸道症状。自此，动物感染 SARS-CoV-2 引发全球高度关注。国内外研究表明，犬、猫、雪貂等动物对 SARS-CoV-2 高度易感。目前全球多个国家向 OIE 通报了多种动物感染 SARS-CoV-2 疫情。总体来看，全球动物感染 SARS-CoV-2 表现为三个主要的流行特点：

1. 流行范围不断扩大

2020 年 3 月以来，先后有中国香港、比利时、美国、荷兰、法国、西班牙、德国、俄罗斯、丹麦、英国、日本、南非、意大利、瑞典、智利、加拿大、巴西、希腊、阿根廷、立陶宛、瑞士、墨西哥、斯洛文尼亚和爱沙尼亚等 24 个地区/国家向 OIE 通报了动物感染新型冠状病毒疫情，在亚洲、欧洲、美洲、非洲都有发生（图 21-1）。随着全球人感染 SARS-CoV-2 疫情形势日趋严峻，不排除有更多的地区和国家出现动物感染 SARS-CoV-2 的报道。

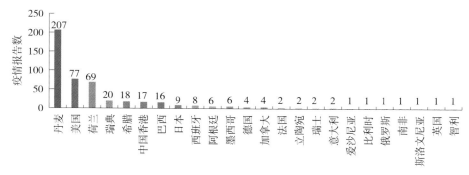

图 21-1　全球动物确诊新冠病毒感染地区和国家分布

2. 感染动物种类不断增多

先后有犬、猫、水貂、雪貂、雪豹、老虎、狮子和大猩猩等多种动物感染的报告，新型冠状病毒动物感染谱不断扩大（图 21-2）。其中水貂引发的疫情最为严重，有 10 个国家和地区报告 330 起疫情。犬、猫等伴侣动物由于与人接触密切，感染的报道也较多，尤其是猫，已经有 16 个国家和地区报告了疫情。随着国际人感染新冠疫情形势日趋复杂，不排除有更多的动物感染新型冠状病毒的报道。

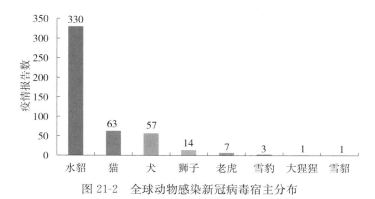

图 21-2　全球动物感染新冠病毒宿主分布

3. 人-动物-人传播链条得到证实

荷兰、丹麦等国家的研究表明，水貂感染新冠病毒最初是由确诊的患者密切接触引起的，随后引发水貂大面积疫情暴发，最后导致疫情由染疫的水貂向人传播。对于水貂、雪貂等高度易感的动物，一旦感染，疫情扩散风险很高，继而感染人的风险较大。如果人间疫情得不到有效控制，则在人-动物-人进行循环感染的可能性很大，基于同一健康的防控

理念尤为重要。

二、动物感染新冠病毒分布

大多数国家研究证实，动物感染 SARS-CoV-2 是由 COVID-19 患者传染的。自 2020 年 3 月以来，已经有犬、猫、水貂、雪貂、雪豹、狮子、老虎和大猩猩等多种动物自然感染 SARS-CoV-2 的报告。在荷兰、丹麦等国还出现了人传染给水貂，染疫水貂又传播给人的跨种传播[13、14]。

1. 犬

中国香港于 2020 年 3 月 20 日首次向 OIE 通报犬感染新冠病毒，阳性犬为 COVID-19 确诊患者饲养的宠物犬，随后又确认了多起犬感染新冠病毒。随后多个国家报告犬感染新冠病毒病例。截至 2021 年 2 月 1 日，累计有 57 起，分布在中国香港、美国、德国、日本、加拿大、巴西、阿根廷和墨西哥等 8 个地区和国家（图 21-3）。其中美国最多，达 16 起，其次是巴西（11 起）、中国香港（9 起）和日本（8 起）。

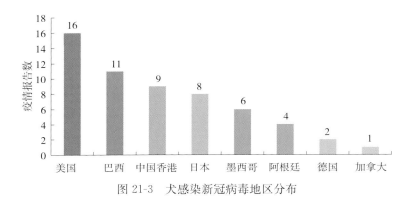

图 21-3　犬感染新冠病毒地区分布

2. 猫

比利时于 2020 年 3 月 28 日首次报告猫感染新冠病毒确诊病例，患猫表现消化道和呼吸道症状，为 COVID-19 确诊患者饲养。随后多个国家先后报告多起猫感染病例，至 2021 年 2 月 1 日，累计确诊 63 起，分布在中国香港、比利时、美国、法国、西班牙、德国、俄罗斯、英国、日本、意大利、智利、加拿大、巴西、希腊、阿根廷和瑞士等 16 个地区和国家，其中美国确诊数量最多，高达 32 起（图 21-4）。此外，意大利一项研究表明，3.3％犬和 5.8％猫可检测到新冠病毒中和抗体，而且新冠确诊患者饲养的犬、猫检测出抗体阳性的概率更高[15]。

3. 水貂

荷兰于 2020 年 4 月 23 日首次从一个水貂养殖场的 3 只水貂中检测出 SARS-CoV-2。随后多个国家先后发生水貂感染新冠病毒疫情，至 2021 年 2 月 1 日，全球累计确诊水

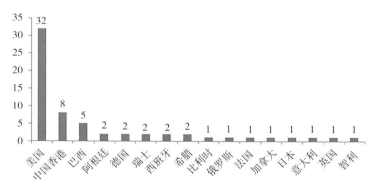

图 21-4　猫感染新冠病毒地区分布

貂感染新冠病毒 330 起，分布在美国、荷兰、法国、西班牙、丹麦、意大利、瑞典、加拿大、希腊和立陶宛等 10 个国家。其中丹麦确诊的水貂疫情最多，高达 207 起，其次是荷兰（69 起）、美国（17 起）、希腊（16 起）、瑞典（13 起）。美国在感染的水貂养殖场周边还发现野生水貂感染新冠病毒（图 21-5）。荷兰感染水貂起初表现胃肠道和呼吸道症状，死亡率迅速升高，随后疫情在不同的养殖场迅速扩散，导致 69 个水貂养殖场感染，甚至出现了水貂跨种传播给人[13]。2020 年 12 月荷兰对其余的水貂全部进行了处理，扑杀数量超过 270 万，并出台了从 2021 年 1 月 8 日禁止饲养水貂的法律。丹麦于 2020 年 6 月 15 日首次发现水貂感染，随后疫情迅速扩散，截至 2020 年 11 月 4 日，已导致 207 个水貂养殖场感染，并在水貂和周围居民中发现了新型冠状病毒变异，证实了人-动物-人传播链条[14]。随后丹麦宣布将对所有水貂进行扑杀，扑杀数量将超过 1700 万。值得关注的是，有的国家水貂感染之后并不表现临床症状，如西班牙于 2020 年 7 月 16 日通过主动监测发现水貂隐性感染新冠病毒。意大利从水貂检出新冠病毒之后，在全国范围暂停水貂养殖活动，同时将养殖水貂感染新冠病毒列入受监管的动物传染病名单。

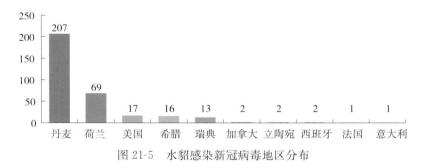

图 21-5　水貂感染新冠病毒地区分布

4. 雪貂

斯洛文尼亚于 2020 年 12 月 1 日首次确诊了人工饲养的宠物雪貂自然感染新冠病毒。感染雪貂表现胃肠道临床症状，为一名 COVID-19 确诊患者饲养的宠物。因此，人传染给雪貂的可能性较大。

5. 雪豹

美国于 2020 年 11 月 27 日首次从肯塔基州一个动物园的 3 只成年雪豹检测到新冠病毒，雪豹表现轻微的呼吸道症状，如干咳、气喘等。推测由人员感染引起。

6. 狮子

美国于 2020 年 4 月 5 日首次向 OIE 报告纽约州一动物园的狮子感染新冠病毒。该动物园饲养的老虎也同时感染。随后，南非、西班牙、瑞典和爱沙尼亚等国先后报告狮子确诊感染新冠病毒，至 2021 年 2 月 1 日累计确诊 14 起。

7. 老虎

老虎感染新冠病例较少，全部来自动物园，先后有美国和瑞典等两个国家报告确诊病例 7 起。美国于 2020 年 4 月 5 日首次向 OIE 报告纽约州一动物园的老虎感染新冠病毒。该动物园共饲养老虎 5 只、狮子 3 只，3 月 27 日一只老虎首先出现临床症状，随后 3 只老虎和 3 只狮子均出现临床症状，表现为干咳、气喘、食欲不振等。推测为无症状的动物园管理人员传染导致。瑞典于 2021 年 1 月 13 日首次确诊老虎感染新冠病毒，随后该动物园饲养的 5 只狮子也确诊感染。

8. 大猩猩

美国于 2021 年 1 月 21 日从一个动物园饲养的 3 只西部低地大猩猩中检测到新冠病毒，有 2 只表现轻微的呼吸道症状，推测通过人员感染的可能性大。随后，当地关闭了该动物园，并采取了隔离消毒和加强监测等措施。

三、国内形势分析及防控措施建议

新冠疫情发生以来，国内多个单位先后通过溯源监测和流行现状调查，在禽、猪、牛、羊、水貂等动物中暂未发现家养动物感染新型冠状病毒情况。我国尽管在人感染新冠疫情防控方面取得显著成效，但随着国际疫情日趋复杂，进口冻品等冷链污染的风险持续存在，犬、猫等易感动物分布广泛，加上冬季病毒存活时间延长、春节期间人员流动频繁，人员感染的不确定性增加，人向犬、猫等易感动物传播的风险不能完全排除，动物感染新冠病毒的风险持续升高，不能完全排除在农村或牧区出现人-动物-人的传播风险。因此，建议积极采取相关防控措施：

1. 加强国际疫情监视，及时开展疫情传入风险评估

疫情发生以来，国内从进口的海产品、畜禽产品等冷链外包装上多次检出 SARS-CoV-2 污染，在北京、大连、青岛等地还引发小规模聚集性疫情，说明冷链运输已经成为一种传播的新途径。因此，应加强国际疫情监视，密切关注国际动物疫情流行动态，及时开展动物和动物产品传入风险评估。

2. 加强动物新冠疫情监测预警，降低传播风险

犬、猫等易感动物在我国数量巨大，加上与人接触密切，应引起高度关注。水貂在黑龙江、辽宁、吉林和山东等地养殖量较大，由于大多为密集型庭院饲养，养殖人员与水貂密切接触概率较大。因此，应持续开展主动监测，加强对易感动物的监测预警，争取早发现、早报告、早处置。加强对相关从业人员的健康监测，强化联防联控，开展动物感染风险评估，加强对易感动物的主动监测，降低感染和传播风险。

3. 加强常见动物冠状病毒防控，防止混合感染

动物冠状病毒具有遗传多样性，容易发生变异，鸡传染性支气管炎、猪流行性腹泻等畜禽常见冠状病毒所致疾病在我国部分地区呈地方流行。建议加强疫苗免疫、强化生物安全防护等关键防控措施，防止混合感染和继发感染。

4. 加强宣传教育，提升防护意识

国外研究表明，动物感染新型冠状病毒最初大多都是通过人员感染的。动物一旦感染，可通过移动等迅速扩散，防控难度较大。此外，还有人与染疫的易感动物循环感染的风险。因此，要加强对相关从业人员的宣传培训，引导养殖场户等从业人员做好生物安全防护，加强养殖场的隔离、消毒等生物安全措施，防止从人向动物传播。

▶ 主要参考文献

［1］ 王楷宬，李阳，庄青叶，等 . 禽源冠状病毒监测简报［J］. 中国动物检疫，2020，37（2）：1-2.

［2］ 董雅琴，张慧，张锋，等 . 猪源冠状病毒监测简报［J］. 中国动物检疫，2020，37（3）：1-2.

［3］ 崔尚金，赵花芬，纪志辉，等 . 对 24 例宠物临诊病例检测未发现新型冠状病毒（SARS-CoV-2）核酸阳性［J］. 病毒学报，2020，36（2）：170-175.

［4］ 曹海旭，胡博，张海玲，等 . 毛皮动物新冠病毒监测简报［J］. 中国动物检疫，2020，37（12）：1-2.

［5］ Zhou P.，Yang X. L.，Wang X. G.，et al. A pneumonia outbreak associated with a new coronavirus of probable bat origin［J］. Nature，2020，579（7798）：270-273.

［6］ 王楷宬，庄青叶，李阳，等 . 新型冠状病毒 2019-nCoV 与动物冠状病毒进化关系分析［J］. 中国动物检疫，2020，37（3）：3-12.

［7］ Shi J.，Wen Z.，Zhong G.，et al. Susceptibility of ferrets，cats，dogs，and other domesticated animals to SARS-coronavirus 2［J］. Science，2020，368（6494）：1016-1020.

［8］ Sia S. F.，Yan L. M.，Chin A. W. H.，et al. Pathogenesis and transmission of SARS-CoV-2 in golden hamsters［J］. Nature，2020，583（7818）：834-838.

［9］ Munster V. J.，Feldmann F.，Williamson B. N.，et al. Respiratory disease in rhesus macaques inoculated with SARS-CoV-2［J］. Nature，2020，585（7824）：268-272.

［10］Zhao Y.，Wang J.，Kuang D.，et al. Susceptibility of tree shrew to SARS-CoV-2 infection［J］. Sci Rep，2020，10（1）：16007.

［11］Rockx B.，Kuiken T.，Herfst S.，et al. Comparative pathogenesis of COVID-19，MERS，and SARS in a nonhuman primate model［J］. Science，2020，368（6494）：1012-1015.

［12］Schlottau K.，Rissmann M.，Graaf A.，et al. SARS-CoV-2 in fruit bats，ferrets，pigs，and chickens：An experimental transmission study［J］. Lancet Microbe，2020，1（5）：e218-e225.

［13］Oude Munnink B. B.，Sikkema R. S.，Nieuwenhuijse D. F.，et al. Transmission of SARS-CoV-2 on mink farms between humans and mink and back to humans［J］. Science，2021，371（6525）：172-177.

［14］Hammer A. S.，Quaade M. L.，Rasmussen T. B.，et al. SARS-CoV-2 transmission between mink (*Neovison vison*) and humans，Denmark［J］. Emerg Infect Dis，2021，27（2）：547-551.

［15］Patterson E. I.，Elia G.，Grassi A.，et al. Evidence of exposure to SARS-CoV-2 in cats and dogs from households in Italy［J］. Nat Commun，2020，11（1）：6231.

（刘华雷）